风景园林理论与实践系列丛书
北京林业大学园林学院　主编

Plain Village Green Space System Planning Based on the Theory of Green Infrastructure Facilities

基于绿色基础设施理论的平原村镇绿地系统规划

张云路　著

中国建筑工业出版社

图书在版编目（CIP）数据

基于绿色基础设施理论的平原村镇绿地系统规划 = Plain Village Green Space System Planning Based on the Theory of Green Infrastructure Facilities / 张云路著. -- 北京：中国建筑工业出版社，2024. 6.（风景园林理论与实践系列丛书）. -- ISBN 978-7-112-30117-1

Ⅰ. TU985.12

中国国家版本馆CIP数据核字第2024Q250E4号

责任编辑：兰丽婷　杜　洁
书籍设计：张悟静
责任校对：王　烨

风景园林理论与实践系列丛书
基于绿色基础设施理论的平原村镇绿地系统规划
Plain Village Green Space System Planning Based on the Theory of Green Infrastructure Facilities
张云路　著

*

中国建筑工业出版社出版、发行（北京海淀三里河路9号）
各地新华书店、建筑书店经销
北京锋尚制版有限公司制版
建工社（河北）印刷有限公司印刷

*

开本：880毫米×1230毫米　1/32　印张：8¼　字数：282千字
2024年8月第一版　2024年8月第一次印刷
定价：**45.00**元
ISBN 978-7-112-30117-1
（43134）

序　学到广深时，天必奖辛勤

——挚贺风景园林学科博士论文选集出版

人生学无止境，却有成长过程的节点。博士生毕业论文是一个阶段性的重要节点。不仅是毕业与否的问题，而且通过毕业答辩决定是否授予博士学位。而今出版的论文集是博士答辩后的成果，都是专利性的学术成果，实在宝贵，所以首先要对论文作者们和指导博士毕业论文的导师们，以及完成此书的全体工作人员表示诚挚的祝贺和衷心的感谢。前几年我门下的博士毕业生就建议将他们的论文出专集，由于知行合一之难点未突破而只停留在理想阶段。此丛书则知行合一地付梓出版，值得庆贺。

以往都用“十年寒窗”比喻学生学习艰苦。可是作为博士生，学习时间接近二十年了。小学全面启蒙，中学打下综合的科学基础，大学本科打下专业全面、系统、扎实的基础，攻读硕士学位培养了学科专题科学研究的基础，而博士学位学习是在博大的科学基础上寻求专题精深。我唯恐“博大精深”评价太高，因为尚处于学习的最后阶段，博士后属于工作站的性质。所以我作序的题目是有所抑制的“学到广深时，天必奖辛勤”，就是自然要受到人们的褒奖和深谢他们的辛勤。

“广”是学习的境界，而不仅是数量的统计。1951年汪菊渊、吴良镛两位前辈创立学科时汇集了生物学、观赏园艺学、建筑学和美学多学科的优秀师资对学生进行了综合、全面、系统的本科教育。这是可持续的、根本性的“广”，是由风景园林学科特色与生俱来的。就东西方的文化分野和古今的时域而言，基本是东方的、中国的、古代传统的。汪菊渊先生和周维权先生奠定了中国园林史的全面基石。虽也有西方园林史的内容，但缺少亲身体验的机会，因而对西方园林传授相对要弱些。伴随改革开放，我们公派了骨干师资到欧洲攻读博士学位。王向荣教授在德国荣获博士学位，回国工作后带动更多的青年教师留学、进修和考察，这样学科的广度在中西的经纬方面有了很大发展。硕士生增加了欧洲园林的教学实习。西方哲学、建筑学、观赏园艺学、美学和管理学都不同程度地纳入博士毕业论文中。水的源头多了，水流自然就宽广绵长了。充分发挥中国传统文化包容的特色，化西为中，以中为体，以外为用。中西园林各有千秋。对于学科的认识西比中更广一些，西方园林除一方风水的自然因素外，是由城市规划学发展而来的风景园林学。中国则相对有独立发展的体系，基于导师引进西方园林的推动和影响，博士论文的内容从研究传统名园名景扩展到城市规划所属城市基础设施的内容，拉近了学科与现代社会生活的距离。诸如《城市规划区绿地系统规划》《基于绿色基础理论的村镇绿地系统规划研究》《盐水湿地“生物—生态”景观修复设计》《基于自然进程的城市水空间整治研究》《留存乡愁——风景园林的场所策略》《建筑遗产的环境设计研究》《现代城市景观基础建设理论与实践》《从风景园到园林城市》《乡村景观在风景园林规划与设计中的意义》《城市公园绿地用水的可持续发展设计理论与方法》《城市边缘区绿地空间的景观生态规划设计》《森林资源评估在中国传统木结构建筑修复中的应用》等。从广度言，显然从园林扩展到园林城市乃至大地景物。唯一不足是论题文字繁琐，没有言简意赅地表达。

学问广是深的基础，但广不直接等于深。以上论文的深度表现在历史文献的收集和研究、理出研究内容和方法的逻辑性框架、论述中西历史经验、归纳现时我国的现状成就与不足、提出解决实际问题的策略和途径。鉴于学科是研究空间环境形象的，所以都以图纸和照片印证观点，使人得到从立意构思到通过意匠创造出生动的形象。这是有所创造的，应充分肯定。城市绿地系统规划深入到城市间空白中间层次规划，即从城市发展到城市群去策划绿地。而且城市扩展到村镇绿地系统规划。进一步而言，研究城乡各类型土地资源的利用和改造。含城市水空间、盐水湿地、建筑遗产的环境、城市基础设施用地、乡村景观等。广中有深，深中有广。学到广深时是数十年学科教育的积淀，是几代师生员工共铸的成果。

反映传承和创新中国风景园林传统文化艺术内容的博士论文诸如《景以境出，因借体宜——风景园林规划设计精髓》是吸收、消化后用学生自己的语言总结的传统理论。通过说文解字深探词义、归纳手法、调查研究和投入社会设计实践来探讨这一精髓。《乡村景观在风景园林规划与设计中的意义》从山水画、古园中的乡村景观并结合绍兴水渠滨水绿地等作了中西合璧的研究。《基于自然进程的城市水空间研究》把道法自然落实到自然适应论、自然生态与城市建设、水域自然化，从而得出流域与城市水系结构、水的自然循环和湖泊自然演化诸多的、有所创新的论证。《江南古典园林植物景观地域性特色研究》发挥了从观赏园艺学研究园林设计学的优势。从史出论，别开蹊径，挖掘魏晋建康植物景观格局图、南宋临安皇家园林中之梅堂、元代南村别墅、明清八景文化中与论题相符的内容和“松下焚香、竹间拨阮”“春涨流江”等文化内容。一些似曾相见又不曾相见的史实。

为本丛书写序对我是很好的学习。以往我都局限于指导自己的博士生，而这套书现收集的文章是其他导师指导的论文。不了解就没有发言权，评价文章难在掌握分寸，也就是“度”、火候。艺术最难是火候，希望在这方面得到大家的帮助。致力于本书的人已圆满地完成了任务，希望得到广大读者的支持。广无边、深无崖，敬希不吝批评指正，是所至盼。

孟兆祯
2015 年 1 月

前　言

当前，快速的城镇化发展对村镇土地空间和自然资源需求的增长与村镇有限的土地资源和自然环境承载力之间的矛盾日益突出。村镇绿地系统规划作为村镇发展建设工作的重要环节，协调着村镇和自然，并服务于人类，保障着村镇的健康发展，其合理性和科学性将直接影响到我国村镇社会建设和经济发展的质量。目前我国村镇绿地系统规划理论和方法相对滞后，大多沿用传统的城市绿地系统规划理论和方法，与我国村镇实际需要严重脱节，亟须一套能够基于我国村镇现状，解决村镇实际问题的村镇绿地系统规划理论和方法。绿色基础设施理论作为一项强调土地最优化利用和功能效益最大化的规划理论，可以对绿地系统规划实践给予有益的指导，在我国村镇绿地系统规划中的应用前景广阔。

纵观中国正在进行的城乡一体化建设，村镇同时面临着新的机遇和挑战。作为村镇中重要的组成部分，村镇绿地在维持村镇生态平衡、构建城乡之间有机联系、延续村镇地域文化、保障农业生产、满足游憩休闲等多个方面起着关键性的作用。当今中国的村镇城镇化正处于高速发展期，各种弊病已初见端倪，村镇绿地建设也面临着更为激烈的冲击。如不认识到问题并加以改进，轻则影响当地村镇的生态环境，重则会阻碍我国村镇可持续发展目标的实现。

而另一方面，在现阶段快速城镇化的背景下，村镇绿地诸多问题的产生与相对滞后的村镇绿地系统规划理论有着必然的联系。没有较为健全且具有实际指导意义的村镇绿地系统规划理论，导致了村镇绿地系统规划方法的落后，这也势必影响我国村镇绿地的建设和村镇的健康发展。而在西方国家的绿地空间规划实践中，绿色基础设施已成为运用较为普遍的理论，其理论指导下的实践也取得了较为多元化和复合化的效益，这将给我国村镇绿地系统规划研究提供一个新的思路来重新认识村镇绿地的本质内涵，建立符合我国特征的村镇绿地系统规划方法体系，科学合理地推进村镇绿地系统的规划建设。这对于促进村镇绿地系统规划与村镇建设的融合与互动，从而最终推动村镇人居环境的健康发展具有重要的现实意义。

为此，本书聚焦于我国平原村镇绿地，对现行绿地系统规划中的问题进行了多方面的深入总结，并通过引入绿色基础设施理论，力图建立能够符合现今我国平原村镇发展需求的规划方法体系，从规划技术角度解决平原村镇绿地发展中的现实问题，为我国村镇建设和城乡一体化发展提供一个科学而合理的参考。

目 录

第 1 章

绪论

1.1 研究缘起

1.1.1 从“美丽中国”到“美丽村镇”

在2012年11月召开的中国共产党第十八次全国代表大会上，“美丽中国”成为社会各界关注的热词。党和政府高瞻远瞩地将生态文明建设放在突出地位，把可持续发展提升到绿色发展高度。

众所周知，中国是个农业大国，进行农业生产的土地和人口占有较大比例。在中国辽阔的大地上星罗棋布地分布着许多小规模的乡镇居民点和村庄居民点，它们既是农业用地的主要分布之地和农业人口的主要聚集区域，也是与大自然最亲近的人居环境，具有较为复杂的功能组织、特殊的地域文化和独特的景观风貌格局。城镇化是现代化的必由之路，也是我国最大的内需潜力和发展动能所在，在这一背景下，村镇的发展直接关系着国家的发展，村镇工作必然成为我国建设发展的首要任务。如果说党的十八大提出的“美丽中国”是我国生态文明建设的宏伟目标，那么建设“美丽村镇”则是建设“美丽中国”的生动实践。

1.1.2 建设“美丽中国”，风景园林人应该做什么？

作为一名风景园林人，笔者一直在思索风景园林师这个职业的本质是什么。风景园林师作为人类环境保护、营造和维护的工作者，肩负着与人类生存环境、生活质量息息相关的责任，也面临着许多挑战。风景园林人在努力地保护地球的同时，也在努力构建美好的生活环境。面对日益严峻的环境问题，我国风景园林行业应该承担起新的重任，风景园林人更应该秉持对社会、对公众负责的态度，以低碳的理念去实践，以生态的技术去诠释，以科学的眼光去探索，以社会的视角去研究，保护我们共同的生存环境。在快速城镇化的当下，在我国村镇人居环境建设面临新挑战之时，风景园林人更应该贡献自己的力量。

建设“美丽中国”，建设“美丽村镇”，中国风景园林人不能缺席。

1.2 研究背景

1.2.1 快速的城镇化让中国村镇的发展进入了新的阶段

中国作为发展中国家，城镇化现象尤为明显。截止到2023年，我国的常住人口城镇化率为66.16%。城镇化的发展给我国，尤其是处在城镇化最前沿的乡镇与农村，带来了新的发展机遇，同时也带来了新的挑战。

1. 国家政策的倾斜

中国是一个农业人口占大多数、经济发展很不平衡的大国。“三农”（农业、农村、农民）问题成为制约中国现代化的主要因素，也是中国国情的重要表现之一。中国的现代化，实质上就是“三农”问题的解决。党的十六届五中全会提出“生产发展、生活宽裕、乡风文明、村容整洁、管理民主”的社会主义新农村建设目标和要求，坚持城乡统筹发展的方针，切实推进社会主义新农村建设。将人居环境的建设作为新农村建设的重要内容之一，这对于改善农村整体生态、生活、生产条件，促进新农村建设具有十分重要的意义。党的十八大报告中也提出要深入推进农村建设，全面改善农村生产生活条件。

2. 相关法律条规的确立

2007年10月28日，第十届全国人民代表大会常务委员会第十三次会议表决通过了《中华人民共和国城乡规划法》（简称《城乡规划法》），并于2008年1月1日正式施行。《城乡规划法》的颁布与实施在我国城乡规划领域具有里程碑式的意义，为我国加强城乡规划管理、协调城乡空间布局、改善人居环境、促进城乡经济社会全面协调可持续发展带来了新的契机。作为城乡规划有机组成部分，人居环境的规划建设同样也在此完成了历史性的跨越。法律的制定、实施、修订及完善是社会经济发展和运行体制健全的产物，这对于今后的村镇规划起着积极的规范作用。

3. 村镇体系化建设日益加强

在城乡一体化建设的推进下，农村道路、公共服务、水电等基础设施建设正改变着农村过去落后的面貌。在城镇化建设的驱动下，建制镇与周边的乡集镇、村庄联系更为密切，镇与周边的村统筹考虑、一体发展，这让村与镇的体系化建设日益加强。

4. 城镇化让农村居民对生活质量的要求日益提高

随着城镇化进程的加快，广大的农村人口开始走出村镇来到城市，这带来的不仅仅是收入的提高，更重要的是村民对其所处居住环境认知的改变和审美的升华。村民对村镇环境的要求会越来越高，而不再只是停留在种花种树的低层次绿化认识上。

1.2.2 “城乡二元制”影响下的村镇人居环境建设面临严峻的挑战

城镇化给村镇带来诸多改变，我们必须要看到其中存在的问题。一方面，很多村镇的城镇化发展一定程度上破坏了人居绿色环境；另一方面，在村镇环境改善中，现阶段我国特殊的城乡二元制度使村镇的人居环境，特别是村镇的绿地建设受到了影响。

1．以往“经济为先”主导下的村镇建设忽略了村镇人居绿色环境的改善

重城市、轻农村的传统意识让村镇发展在城乡统筹中始终处于盲目地追赶城市的跑道上，且以往“经济为先”的建设模式给人居绿色环境建设埋下了隐患。

为了村镇经济的发展，村镇政府大力招商引资、兴办工程，而工业废水和工业废气的排放，导致村镇生态环境受到严重破坏。一方面“发展”是村镇的必由之路，另一方面村镇居民赖以生存的自然环境受到灭顶之灾；如何在这两方面找到一个平衡点，是否应该在村镇发展的同时重视村镇人居绿色环境的改善，是村镇建设与和谐发展中应该思考的问题。

2．城乡一体化不应该使村镇自然资源遭到消耗和破坏

目前中国村镇的城镇化大多停留在就地城镇化的状态，这其中存在一个误区，即为了尽快实现城乡一体化，村镇的城镇化一定要对原先的资源格局进行调整。城乡发展需要土地，而城市土地已经饱和，需特别警惕的是，目前城市也存在向生态脆弱区扩散的趋势，这将使自然资源受到破坏。

在经济利益的驱使下，一些工厂随意占用村镇土地，不断侵蚀村镇良好的绿色环境。这造成了严重的后果：我国村镇区域的耕地和林地遭到蚕食，村镇自然资源布局日趋零散和无序，天然植被资源受到破坏，田园风光受损，严重影响了村镇居民的身心健康和生存环境。

3．村镇环境建设的盲目城镇化导致“无序化”和“平庸化”

随着农村社会经济的发展，村镇居民的生活发生了翻天覆地的改变，村镇环境“面貌一新”。在这样的“急行军”中，村镇环境建设往往盲目地追随城市绿地的建设模式，很多的村镇中随处可见市民大广场、欧式大喷泉等景观要素，部分村镇无视所在自然环境现状，把村镇环境建设当成在“白纸”上作图，随意地规划和设计。

一些村镇的环境建设照搬城市，直接进行快捷而简单的复制粘贴。这样单一的村镇环境建设模式，让如今很多村镇的风格千篇一律、平庸低俗，村镇特有的自然风貌和乡土特色正在消失。大面积的自然河道和池塘被填平成广场，甚至有些村镇直接模仿现代大都市的滨水空间，将蜿蜒曲折的自然河道做成貌似“大气、现代”的

混凝土滨水护岸。由此可见，村镇的盲目城镇化将导致“无序化”与“平庸化”，最终的结果就是村镇毫无地域特色。

1.2.3 村镇绿地建设是保障村镇健康发展的关键因素

1. 村镇绿地支撑村镇最基础的生态格局

由于城市的快速发展，以及村镇内部不合理的土地开发利用模式，导致建设用地无序地向村镇空间蔓延。这些都使得原本良好的村镇生态系统受到破坏，产生诸如大气污染、水污染、村镇动植物多样性降低等问题。

一个健康的村镇需要拥有一个健康并稳定的生态系统。村镇绿地作为村镇人居绿色环境的基本要素，承担着维持村镇生态平衡、构建良好生态格局、保护村镇居民生活环境的诸多重任。国际土地多种利用研究组（The International Study Group on Multiple Use of Land）主席利耶（Van Lier）指出：“在推进镇、村规划的时候，尤为重要的是要认识到绿地在保护和恢复乡村自然和生态价值、协调城乡边缘绿色土地利用中直接的关键作用。”绿地构成了村镇生态格局的基础，也成为保障村镇生物多样性、稳定村镇生态结构、完善村镇生态服务功能的堡垒，其重要性不言而喻。

2. 村镇绿地是连接城乡之间的绿色纽带

《城乡规划法》开宗明义地指出：“为了加强城乡规划管理，协调城乡空间布局，改善人居环境，促进城乡经济社会全面协调发展，制定本法”。城乡一体化建设不仅可以协调城市的经济建设和健康发展，也能为村镇地区的发展进步注入活力，引导村镇地区的良好发展，从而实现城乡统筹、协调发展、相互依托、共同繁荣的目标。

值得一提的是，城乡一体化不仅仅是城市与村镇之间经济的流通和交通的连接，还包括绿色空间的联系。绿地看似是城市与村镇之间的隔离空间，但站在城乡区域结构、功能和形态整合的高度，我们可以认为绿地构建了一个联系生态环境和人类活动的综合平台，在不同的区域之间，绿地发挥着密切连接生态和经济的作用，承载着频繁和密集的能量、物质等的转换功能。所以，绿地让城乡和谐地融合在一起，成为一个完整有机的系统，最终绿地也将成为城乡之间生态、生产、生活联系的绿色纽带。

3. 村镇绿地引导村镇空间形态构成

村镇空间布局是指村镇平面形态布局及村镇内部功能组织结构，它是村镇建设发展的基本条件。一个合理的村镇空间形态将为村镇各个功能的可持续开展创造良好的外部环境。

近年来，快速的城镇化让中国很多村镇的空间形态发生了剧烈的变化。土地的紧张让村镇建设倍感压力，盲目城镇化又直接导致了村镇土地资源的浪费和村镇空间体系的混乱。面对城镇化建设的契机，如何对村镇空间布局进行合理规划和引导成为当前亟须解决的问题。值得庆幸的是绿地能够在其中扮演重要的角色。按照城乡一体化“集中、集聚、集约”的基本原则，绿地作为基本的开敞空间，既能够保持各组团之间的相互联系，又能够通过绿地空间防止各组团无序地连成一片；由此引导村镇空间布局的优化和调整，促进村镇空间良性发展，避免对村镇目前较为紧张的土地资源造成浪费。所以，村镇绿地作为一种促进土地节约和集约利用的方式，对于实现新增建设用地与节约用地之间的动态平衡有着重要意义。

4. 村镇绿地满足游憩休闲需要

随着我国经济的蓬勃发展，人民生活水平的日益提高，人民生活、消费方式及观念也日渐转变。远离城市来到绿色的村镇游憩休闲，已得到大多数人的青睐。村镇的绿色价值也逐步得到了市场的认可，人们对村镇的生态绿色、休闲体验的需求日趋增长。目前，以“绿色旅游”“乡情体验”“采摘观光”等为主题的村镇旅游已成为火爆的旅游项目。村镇绿地作为承载村镇游憩的重要载体，为村镇旅游奠定了坚实的物质基础。

而对于村镇本地居民，绿地是日常休闲游憩、锻炼健身、交流聚会的主要场所。和城市不同，较小的生活尺度让村镇绿地之“绿色开放空间”的功能更为凸显。

5. 村镇绿地搭建生态与生产相结合的平台

城市与村镇区别之一在于城市所处的大环境以较为纯粹的城市功能系统为基础，而村镇所处的大环境则是综合了居民点、生产农田、森林等多重系统的复合体。村镇绿地与农业用地、村镇建设用地等共同搭建起了多用途、高效能的平台，以保持村镇生态系统平衡、保护生物多样性及生产性斑块（如农田、牧场、果林等）。

以北京为例，《北京城市总体规划（2016年—2035年）》中提到村镇的基本农田保护可以部分与绿色隔离带、生态走廊相结合。在这一规划的指导下，北京市在多个村镇建立起了多功能田园式农业景观格局。村镇绿地将实现景观、生态、经济的高度统一，将村镇的基本农业生产特色进行合理的保留和继承，进而形成多样化的村镇农田林网生态体系。

6. 村镇绿地塑造村镇地域景观风貌

特色化是避免村镇建设千篇一律、重复单调的重要措施，而特色化同样也是村镇科学发展的重要参考指标。吴良镛院士曾说："特色是生活的反映，特色有地域的分界，特色是历史的构成，特色是文化的积淀，特色是民族的凝结，特色是一定时间、地点、条件下典型事物的最集中、最典型的表现，因此它能引起人们不同的感受、心灵上的共鸣、感情上的陶醉。"村镇的特色可以通过自然环境、村镇风貌、民俗文化等多渠道进行表达，而村镇绿地作为村镇的重要展示窗口和形象门户，对于村镇地域景观的塑造具有积极的作用。在村镇绿地建设中保留地域特征、使用当地景观元素符号、记载当地村镇风土民俗等，都是村镇绿地积极塑造地域景观风貌、应对村镇城镇化过程中地域特色流失的主动行为。

7. 村镇绿地保障村镇安全空间的存在

2008年5月12日在我国四川省汶川县发生了震惊全球的8.0级特大地震，给当地带来了空前的损失和灾难，死亡人数近7万人，受伤人数约40万人。地震使人民的生命财产遭受重创，当地的基础设施受到严重破坏，文化遗产遭到重大损毁。

由此可见，防灾避灾工作绝不应仅限于城市范围，我国广大的村镇同样需要进行防灾避灾规划。在各种用地类型中，绿地是公共空间，具有开敞的特性，且人工建（构）筑物少，在灾害突发时可以作为良好的防灾避灾场所。因此，村镇绿地建设在进一步完善村镇的防灾避险功能、提高村镇综合避险能力、确保村镇安全空间方面扮演着重要角色。

1.3 国内外相关理论研究及实践

1.3.1 国外相关理论研究

西方发达国家城乡一体化建设早已成熟，城市与村镇之间差异较小。例如美国在19世纪至20世纪期间，就从农村社会转变为城市社会，至今已是一个高度城镇化的国家，在其持续的城镇化过程中，城乡一体化的趋势明显；在欧洲，目前德国以及其他一些西欧工业化国家已经形成一种城乡统筹、分布合理、均衡发展的独特模式，其城镇化水平高达90%左右。这是由于西方发达国家对城乡发展已作通盘考虑，且拥有成熟的城乡一体化和城乡空间（包含绿色空间）一体化理论基础。在此，对其中的一些主要理论加以介绍。

1. 霍华德（Ebenezer Howard）与"田园城市"理论（Garden City Theory）

"田园城市"理论是西方发达国家应对城市扩张和村镇危机的

最早的指导理论之一，19世纪末由霍华德先生提出。在霍华德的著作《明日，一条通向真正改革的和平道路》中，他认为理想城市，即其所谓的“田园城市”，应该兼有城市和乡村的优点；霍华德还认为城市要与田舍相结合，这种结合能够产生新的希望、新的生活和新的文明。霍华德的“田园城市”理论提出了应对大都市发展过程中无序扩张的策略，也揭示了在这个过程中，城市建设与乡村之间正确的发展关系。

2. 派特里克·盖迪斯（Patrick Geddes）与《进化中的城市——城市规划与城市研究导论》

《进化中的城市——城市规划与城市研究导论》（*Cities in Evolution: An Introduction to the Town Planning Movement and to the Study of Civics*）是派特里克·盖迪斯在1912年出版的一本关于城市规划的著作，这本书深刻影响着现代城市规划理论。盖迪斯提出西方发达国家的城市在经济发展和社会进步不断作用的背景下，城市规划思想应该变革，应将城市和乡村统筹考虑，纳入到整体规划之中，或者说一并成为城市地区的规划，即城市规划的范围包括若干城镇和它们周围受到其影响的区域。

该思想从区域观念出发，立足于分析地域环境的潜力和承载力，突破城市的常规范围，强调把自然地区作为规划的基本框架，通过自然绿地将城市与村镇有机联系到一起。这是西方城市城乡整合的重要理念之一。基于这样的理念，1929年的大纽约地区规划、1944年的大伦敦地区规划，都将区域规划作为首要任务，尽可能降低城市与村镇的边界效应。

3. 泰勒（Taylor）与“卫星城”理论（Satellite Town Theory）

20世纪初，在西方城市膨胀的背景下，1915年泰勒提出了“卫星城”理论，即在大城市周围建立卫星城以疏散人口来控制大城市的发展规模。“卫星城”理论是在城市和农村统筹建设的基础上发展起来的，其主要目的是控制中心城市的人口规模和工业发展指标，解决城市过度膨胀的问题。“卫星城”理论是对“田园城市”理论的进一步发展。

英国的伦敦作为世界上最早发生城镇郊区化的大城市，在“田园城市”理论和“卫星城”理论的指导下率先建立了卫星城。继英国之后，法国巴黎、日本东京、意大利罗马、苏联莫斯科、美国纽约等大都市周边都陆续建立起卫星城。卫星城的大规模实践为城市规划及城市形态研究提供了丰富的试验场地，相应地也产生了许多与卫星城的发展紧密相关的绿地建设构想与实践，如城镇内部开放空间、卫星城与周围自然绿地的融合、“子城”与“母城”之间的联系绿带等。

4．沙里宁（Eero Saarinen）与“有机疏散”理论（*Theory of Organic Decentralization*）

为了缓解城市过分集中产生的问题，沙里宁在他的著作《城市：它的发展、衰败和未来》中提出了关于城市发展及其布局结构的理论——“有机疏散”理论。

该理论的核心是把扩大的城市范围划分为不同的区域，单个区域内又可分成不同活动所需要的地段。“有机疏散”就是把一个拥挤的大城市分解成为若干个集中单元，每个单元组织就是“在活动上相互关联的有功能的集中点”。由此，构架起了城市“有机疏散”的最显著特点，即将原先密集的城区分成一个一个的集镇，它们彼此之间通过保护性的绿化地带隔离开来。

5．麦克哈格（Lan Lennox Mcharg）与《设计结合自然》（*Design with Nature*）

第二次世界大战以后，随着战后经济的复兴，工业化和城镇化让西方国家的发展达到了新的高峰。郊区化导致了城市蔓延，村镇空间受到侵蚀，村镇周边的自然环境与生态系统遭到破坏，人类和其他生物的生存空间受到了严重的威胁。在此背景下，美国著名景观设计师麦克哈格在其著作《设计结合自然》中提出了景观规划的一项基本原则，即在土地利用规划中应遵从自然固有的价值和自然过程。这一理念的提出对于景观规划设计来说是一次重要的理论革命，它将规划设计的发展置于科学的高度进行讨论，深刻地影响着世界和人类。对于村镇绿地系统建设来说，这个理念也为科学而理性地发挥村镇自然本底的价值和城市的发展提供了很好的理论支持。

6．查理斯·莱托（Charles Little）与绿道理论（Greenway Theory）

美国著名景观设计师查理斯·莱托将“绿道”定义为：沿着诸如河滨、溪谷、山脊线等自然走廊，或是沿着诸如用作游憩活动的废弃铁路线、沟渠、风景道路等人工走廊所建立的线性开敞空间，包括所有可供行人和骑车者进入的自然景观线路和人工景观线路。它是连接公园、自然保护地、名胜区、历史古迹，以及使其与高密度聚居区之间进行连接的开敞空间纽带。

绿道作为一种线性空间具有连接的作用，也集合了生态、文化、社会等多种功能。绿道对于城乡一体化建设具有重要的意义，对于优化城乡结构、合理利用村镇资源环境都有积极的作用。绿道在我国珠三角地区的实践，已经表明珠三角地区的绿道建设对于当地的城乡统筹和城乡一体化建设作出了积极的贡献，成为我国城市与村镇协同发展的成功案例。

7. 绿色基础设施理论（Green Infrastructure）

作为一个新的规划理论，绿色基础设施理论起源于20世纪90年代中期的美国。绿色基础设施理论强调城市生态要素、绿色开敞空间的整体性和有机性，以联系的观点强调交换中心之间通过通道而建立的生命体系的流动性和关联性。

绿色基础设施理论提倡将发展、基础建设、生态保护等一系列理念融为一体；它是一种兼顾各种利益的土地空间利用理论，在多种利益参与的情况下，关注土地利用规划的整体效益，强调自然环境与社会经济发展目标的叠合；它定义的空间是一个多功能的绿色空间网络，如何维持绿色空间网络的连接性是该理论的重点。目前在西方国家的绿地空间规划实践中，绿色基础设施理论已成为运用较为普遍的理论，该理论指导下的实践也取得了显著的成效。

国外主要的城乡绿地系统理论如表1-1所示。

国外主要的城乡绿地系统理论一览表　　表 1-1

时期	理论	内容	影响
1890年代	霍华德“田园城市”理论	理想城市应该兼有城市和乡村的优点，他称之为“田园城市”。他认为城市要与田舍相结合，城市内部有绿核和绿带，它们和周围的农业用地连接形成网状的绿色开敞空间	针对城市规模、布局结构、人口密度、绿带等城市规划问题，提出一系列独创性的见解，对现代城乡一体化建设思想起到了重要的启蒙作用
1910年代	派特里克·盖迪斯“进化中的城市”理论	提倡“区域观念”。西方发达国家的城市在经济和社会压力不断作用的情况下，城市规划应该把城市和乡村的规划都纳入进来，或者说一并成为城市地区的规划，即城市规划的范围应包括若干城镇和它们周围受到其影响的区域	在分析地域环境潜力和限度的基础上，突破城市的常规范围，强调把自然地区作为规划的基本框架，通过自然绿地将城市与村镇有机联系到一起
1920年代	泰勒“卫星城”理论	在大城市周围建立卫星城以疏散人口来控制大城市的规模。相应地产生了许多与卫星城发展紧密相关的城市绿地建设的构想与实践，如城镇内部开放空间、卫星城与其周围自然绿地的融合、“子城”与“母城”之间的联系绿带等	一种积极的城市规划理论；依据该理论建立的城镇是限制大城市恶性膨胀的方法之一；在此基础上，也为城乡绿地一体化格局构建创造了条件

续表

时期	理论	内容	影响
1940年代	沙里宁“有机疏散”理论	构架起了城市“有机疏散”的最显著特点，即将原先密集的城区分成一个一个的集镇，它们彼此之间通过保护性的绿化地带隔离开来	基于有机分解思想，把扩大的城市范围分解为若干个集中单元，再通过绿地建设将之融为一体
1970年代	麦克哈格“设计结合自然”	强调土地的适应性，并提出以生态原理进行规划操作和分析的方法，并完善了以分层分析和地图叠加技术为核心的规划方法论；阐述了人与自然环境之间不可分割的依赖关系和大自然演进的规律	强调了土地利用规划应遵从自然固有的价值和自然过程，这一理念的提出对于景观规划设计来说是一次重要的理论革命，它将规划设计的发展置于一个科学的高度进行讨论
1980年代	查理斯·莱托绿道理论	创造一种具有连接作用的线性空间，该线性空间也是一种集合了生态、文化、社会等多种功能的特定空间	绿道对于城乡一体化建设具有重要的意义，对于优化城乡结构、合理利用村镇资源环境都有积极的作用
1990年代	绿色基础设施理论	关注土地利用规划的整体效益，强调自然环境与社会经济发展目标的叠合；打造多功能的绿色空间网络；维持绿色空间网络的连接性成为规划的重点	在西方国家的绿地空间规划实践中，绿色基础设施理论已成为运用较为普遍的理论，用以实现土地利用的最优化和相关利益的最大化；土地功能的多元化和集约化需求得到实现

资料来源：笔者根据相关资料整理而成。

1.3.2 国外相关实践

本文主要选择美国、英国、日本和韩国四个经济发达的国家作为对象进行相关实践的研究。

1. 美国

美国是一个农业资源丰富的国家，其有1/5的人口生活在乡村，而乡村面积大约占美国国土面积的95%。现今美国用来种植农作物的土地面积与50年前相同，可见其对耕地的保护非常重视。美国是一个农业生产高度发达的国家，农业成为国家经济发展的重要支撑。

基于此，美国的村镇绿化以经济功能为主，体现出在单纯的农业生产功能的基础上打造农业综合产业的村镇发展模式，并且这种经济性也是建立在良好的生态基础上的。在“保护自然的荒野状态”的思想下，还有一部分村镇用地转换为野生动物栖息地和自然游憩地。

在美国，村镇绿地建设是村镇重要的发展计划之一，是保护自然开敞空间和发展周围村镇经济的重要工作。构建一个村镇未来的开放空间系统，并实施保护与开发协调的政策措施，以实现该系统的发展愿景，是美国村镇绿地建设的一大核心思想。美国在村镇绿地建设中充分利用自然环境资源，强调生态环境与农业生产生活环境的融合；保留场地中原有的林地、水系和湿地等资源，并对村镇独特的植物群和动物群采取保护措施；兼顾农业的经济生产和居民生活，形成可以服务社会、保护自然资源的绿色开放空间（图1-1、图1-2）。

通过保护村镇现有的环境资源以推动自然环境生态服务功能和村镇社会性文化建设的共同发展，这也是美国村镇绿地建设的一大特征。村镇的休憩用地计划与自然资源保护相结合，有助于村镇绿地的多功能化建设。1962年以后，以休闲、度假为主要经营项目的游憩型乡村在美国迅速发展起来，并逐渐风靡全美。在部分村镇的绿地建设中，将农业机械展示、耕作方式普及、作物种类和农庄动物展示、农舍体验等作为绿地建设的附带内容，更为注重村镇绿地的综合发展。

美国的村镇绿地建设实践将自然资源与人工绿化紧密结合，充分发挥村镇绿地在农业生产、乡村游憩、动植物资源保护等方面的综合作用。不同功能作用之间相互呼应，成为有序的机体。

2．英国

英国是欧洲自然风景园的发源地，拥有广袤的农田和自然林地。英国这个世界上曾经最强大的工业国一直在维持其农业追求，3/4的土地作为耕地进行集约化生产，种植着小麦、大麦、甜菜和土豆等。

工业的发展彻底改变了英国传统的经济与农业模式。20世纪二三十年代，随着人口的增长，英国新建住宅的数量逐年上升，进而被侵占的乡村土地面积也就逐年上升。工厂、建筑，铁路、道路、污

图1-1 美国村镇绿地实景（一）（图片来源：周啸）

图1-2 美国村镇绿地实景（二）（图片来源：周啸）

染和噪声，最终造成乡村景色的剧烈变化。与此同时，技术革命提升了农业的单位产量，机械化耕作大规模施行。杀虫剂、拖拉机和有保证的农业收益把土地变成了大农场，技术可以在一夜之间清除草坪、草甸和树篱，但随之减少甚至消失的是长久以来农庄伴生的鸟类和岛国古代农业文化的象征。在英国乡村土地受到侵蚀、乡村景观逐渐失去之时，人们才开始思考英国乡村存在的真正意义。

正是在这样的背景下，保护英国村镇的自然风景和传统文化，遏制城市扩张所造成的土地大规模占用，成为英国村镇绿地建设的初衷。

从结构上看，英国村镇具有一定的地域特征，传统上村镇由大片的森林和牧场包围，其内部散落着村居民舍、绿荫环绕。通常，围绕村镇中心的绿地呈环形，即环形绿地村落，每户农民的房舍都有规则地围绕着村中心的绿地大体呈环形排列，中心绿地是村镇的公共用地，可以用作牧场或草坪，也可以用作教堂的建筑用地（图1-3、图1-4）。英国的村镇绿地建设十分重视村镇的环境保护和生态系统的维系。1949年，《国家公园和乡村土地使用法案》（*The National Parks and Access to the Countryside Act*）得以颁布和实施。这项法案规定将村镇空间中具有代表性风景或动植物群落的地区划为国家公园，由国家对其进行保护和管理。像英国达特穆尔国家公园（Dartmoor National Park）内的土地，多处仍属于当地农民所有，村镇绿地成为村镇生态保育与当地农业生产共存的土地利用方式。科兹窝（Cotswolds）村镇也采取了同样的村镇绿地建设模式，它距离伦敦约100km，南北长126km，总面积为2038km^2，跨越英格兰和威尔士；这个区域是英国明令保护的41个国家自然资源保护区（Areas of Outstanding Natural Beauty，AONB）中的一个，通过村镇绿地的建设，将该区域内自然资源的保护利用和村镇用地的土地适度开发结合在一起。

远离城市喧嚣和污染的村镇是英国人渴望回归的故乡。在村镇

图1-3 英国村镇绿地实景（一）（图片来源：钱云）

图1-4 英国村镇绿地实景（二）（图片来源：钱云）

图1-3

图1-4

发展过程中不容许外在力量对自然作破坏，田园景观被很好地保留，村镇没有因为工业的发展而大面积地破坏自然资源，也没有因为经济贸易的国际化冲击而进行全面的休耕。这一切都归功于英国村镇绿地的建设，其核心在于通过村镇绿地的建设来维护村镇生态与物种群之间的平衡，保存村镇建筑等各项村镇资源，让村镇成为可持续发展之地。

3. 日本

日本是一个土地资源十分有限的岛国，对有限的土地进行综合开发和高效利用是改变其资源紧缺现状的必由之路。

利用自然资源构建高利用价值的村镇绿地是20世纪50年代中期开始的日本新农村建设的重要环节（图1-5、图1-6）。为实现村镇经济转型，日本的村镇绿地建设突破了原有的单一绿化的模式，积极推动农村居民点之间的联系，构建一个有机的整体，并通过绿地系统的整体建设重塑村镇的形象，最终形成一个景观体系。

同时，高科技的引入也是日本新农村建设的一大特点。通过村镇绿地建设将生态技术、旅游业、农贸交易等相结合，利用农、林、渔、牧等资源以及对自然环境资源保护的通力合作开发经营观光果园、农园等旅游事业，还运用现代科技和先进农艺一年四季生产各类农副产品，建设有特色的农副产品基地，以形成具有国际市场竞争力的特色农业。通过在村镇绿地建设中结合乡村旅游和生态旅游，在绿地建设中有机融入经济参与模式，由此提出将村镇建设成具有魅力的绿色旅游空间。

这种生态结合科技、经济的村镇绿地建设模式在日本多地普及。各个地区都在积极挖掘并充分利用本土资源，体现地域文化传统特色，努力开发和塑造村镇绿地的形象。由此所带来的不仅仅是生态环境的恢复和村镇景观的塑造，也给村镇带来经济利益，促进了当地的农业发展，给村镇居民带来了实际效益。

图1-5 日本村镇绿地实景（一）

图1-6 日本村镇绿地实景（二）

图1-5

图1-6

4. 韩国

20世纪60—70年代，韩国为了解决高速工业化、城镇化进程中村镇所面临的困境，开展了瞩目的“新村运动”。随着韩国村镇基础设施的完善，村镇人居环境也在不断地改善，村镇绿地在其中扮演着重要的角色。在政府的积极支援和鼓励下，村镇进行了广泛的植树造林工程，以加强森林的防护功能，抵御干旱和洪水的危害，协调环境保护和资源开发的关系。“新村运动”通过优化村镇的环境来提高村镇的竞争能力、改善生活环境和保护优美景观（图1-7、图1-8）。

韩国的“新村运动”提倡村镇绿化建设与其他基础设施建设的和谐同步，不以牺牲环境资源为代价。和日本一样，韩国在村镇绿地建设过程也适当融合了旅游、农业生产等经济模式，如今这种经济建设模式已经在韩国村镇相当成熟。保留村镇自然特色和地域风貌是韩国村镇绿地建设的基本原则，在此基础上，充分与周边资源相结合，力求村镇绿地的本土化展现，避免千篇一律，让不同的基础设施发挥各自的功能效益或文化价值，使村镇绿地建设成为推进村镇全面整体发展的动力。

美英日韩四国村镇绿地建设模式及内容如表1-2所示。

图1-7 韩国村镇绿地实景（一）（图片来源：孔明亮）

图1-8 韩国村镇绿地实景（二）（图片来源：孔明亮）

图1-7

图1-8

美英日韩四国村镇绿地建设模式及内容一览表 表1-2

国家	村镇绿地建设模式	主要内容
美国	自然保护+生产、生活服务	将自然资源与人工绿化紧密结合，充分发挥村镇绿地在农业生产、乡村游憩、动植物等资源保护上的综合作用。不同资源之间相互呼应，成为有序的机体
英国	生态系统保护+村镇社会发展的维系	通过村镇绿地的建设维护了村镇生态与生物种群的平衡、保存了村镇的建筑等各项村镇资源，让村镇成为可持续发展之地

续表

国家	村镇绿地建设模式	主要内容
日本	一体化建设+多价值利用+高科技介入	突破了原有的单一绿化的模式；积极推动农村居民点之间的联系，构建一个有机的整体；通过在村镇绿地建设中结合高科技、乡村旅游和生态旅游，在绿地建设中有机融入经济参与模式
韩国	环境保育+地域风貌保留+经济参与模式建设	不以牺牲环境资源为代价，保留村镇自然特色和地域风貌；适当融合了旅游、农业生产等经济模式

资料来源：笔者根据相关资料整理而成。

1.3.3 国内相关理论研究

与国外相比，国内近年，已开始关注城市以外的镇和村的环境建设，并已开展相关的环境绿化建设实践，但相对于城市而言，村镇绿地系统规划起步晚，研究成果十分有限。我国村镇绿地系统规划仍是我国人居环境建设研究的薄弱环节。

1. 科研论文统计数据对比分析

通过中国知网学术文献检索平台进行检索，并进行数据对比分析，结果见图1-9。

(1)“城市绿地”与“村镇绿地”数据对比（截至2023年底）

截至2023年底，以“城市绿地”为主题词检索到的科研论文（包含学术期刊及我国硕士、博士学位论文，下同）共16930篇，其中学术期刊论文10208篇，硕士、博士学位论文4550篇。以“村镇

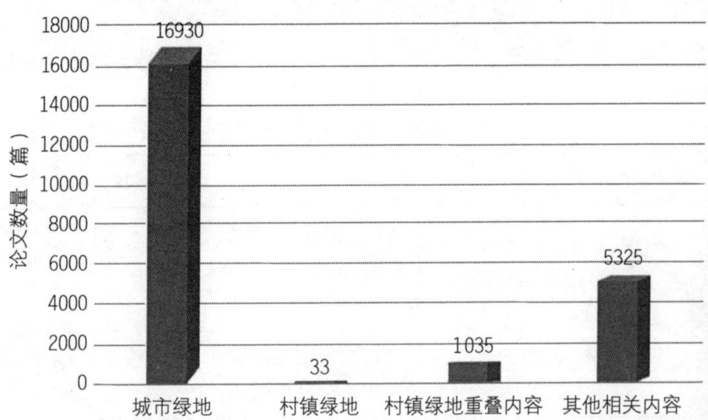

图1-9 我国现阶段村镇绿地相关文献数量对比图（图片来源：根据知网数据绘制）

绿地”（或“镇村绿地”）为主题词检索到的科研论文仅33篇，其中学术期刊论文21篇，硕士、博士学位论文9篇。

（2）与“村镇绿地”有重叠内容的其他一些研究数据统计（截至2023年底）

截至2023年底，与“村镇绿地”有重叠内容的科研论文共1035篇，具体如下。

城乡绿地：以“城乡绿地”作为主题词检索到的科研论文一共305篇。

城镇绿地：以“城镇绿地”作为主题词检索到的科研论文一共499篇。

乡村绿地：以“乡村绿地”作为主题词检索到的科研论文一共172篇。

农村绿地：以“农村绿地”作为主题词检索到的科研论文一共59篇。

（3）与“村镇绿地”相关内容有关联的研究数据统计（截至2023年底）

与“村镇绿地”相关内容有关联的科研论文共5325篇，具体如下。

村镇规划：以“村镇规划”作为主题词检索到的科研论文一共3202篇。

村镇绿化：以“村镇绿化”作为主题词检索到的科研论文一共61篇。

乡村绿化：以“乡村绿化”作为主题词检索到的科研论文一共149篇。

乡村景观（农村景观）：以“乡村景观”或“农村景观”等作为主题词检索到的科研论文一共1913篇。

从“城市绿地”与“村镇绿地”的论文数据对比中我们可以看到，现阶段在我国研究方向主要放在城市，对村镇绿地的研究比较欠缺，这是因为新中国成立以来很长一段时间受到苏联的影响，在绿地规划方面也一直沿用苏联城市游憩绿地的规划思想，着眼于城市休闲绿地的建设。同时，改革开放后我国经济发展模式以城市为发展重心，绿地系统的相关研究也都局限于城市建成区。

从与“村镇绿地”有重叠内容的科研论文统计数据可以到，实际针对绿地系统规划方面的研究多把城、镇、村三者加以区分，分别进行农村绿地规划、小城镇绿地规划等研究，真正把快速城镇化发展下的村镇作为一个空间、经济、社会共同体进行整体绿地系统规划建设的研究相对较少。

从与“村镇绿地”有关联的一些相关内容的研究数据统计中可以看到，学界近几年才开始关注村镇人居环境建设，针对村镇人居环境建设的研究内容多是关于乡村景观、农村生态环境建设等较大领域的研究，或者是对村镇绿化模式、植树造林技术等基础方面进行研究。

2. 现有的学术论文列举

目前在我国绿地系统研究范畴中，研究“村镇绿地”（或“镇村绿地”）的主要学术论文（表1-3）基本沿用城市绿地系统规划的方法思路和思维模式来进行村镇绿地系统规划相关内容的讨论和研究。

我国现阶段村镇绿地研究论文相关信息 表1-3

题名	作者及单位	文献来源	发表时间	主要内容
镇村绿地系统规划研究	杨宏波，河南农业大学	河南农业大学（硕士论文）	2011年6月	（1）借鉴城市绿地系统规划，对镇村绿地的内容和功能作出界定。 （2）提出了5大类、24小类的镇村绿地分类方法，涵盖了镇村范围内所有的绿地类型。 （3）提出了生态最优的“多维立体、有机连续”的宏观镇村绿地系统布局模式，联系最优的“一主核、多次核、绿色网络”的中观镇村绿地系统布局模式和景观最优的“一中心，多散点、放射带”的微观镇村绿地系统布局模式
村镇绿地布局的研究	温和等，黑龙江建筑职业技术学院等	科技创新导报	2011年4月	提出了块状均匀分布、散点状均匀分布、块状和散点状相结合、网状布局、环状布局和放射状布局等几种村镇绿地布局模式
村镇绿地分类的探讨	李文等，东北林业大学	黑龙江农业科学	2010年5月	提出了4大类（公园绿地、防护绿地、附属绿地和生态绿地）、9中类和2小类的村镇绿地分类方法
村镇绿地规划研究	才大伟，东北林业大学	东北林业大学（硕士论文）	2010年4月	（1）指出了村镇绿地与城市绿地的区别及主要功能。 （2）结合黑龙江特点，总结了村镇绿地的布局形式。 （3）提出了村镇绿地的分类方法，将村镇绿地分为：公园绿地、防护绿地、附属绿地和生态绿地

续表

题名	作者及单位	文献来源	发表时间	主要内容
镇村一体化绿地系统规划初探	朱雯，西南大学	西南大学（硕士论文）	2009年5月	（1）将镇村绿地规划的范围扩大到广义的绿地层面上进行初探，提出了有别于城市的绿地分类标准。 （2）提出了生态最优的“立体、连续”的宏观绿地系统布局形式，联系最优的“一主核、多次核、多点、网状”的中观绿地系统布局形式和景观最优的“一中心，多散点、放射状”的微观绿地系统布局形式，使不同的部门和镇村可以根据自己的实际情况分期规划和实施

资料来源：笔者根据相关资料整理而成。

3. 现有的专著列举

目前，在我国系统性介绍村镇绿地系统规划的专业书籍有《村镇规划原理》《乡村规划原理》等，以及关于乡村景观、农村生态环境建设等领域的研究著作，如表1-4所示。

我国现阶段村镇绿地相关内容专著信息　表1-4

书名	主编	出版社	出版时间	备注
《村镇规划原理》	金兆森，等	东南大学出版社	2019年	系统介绍了村镇规划的基本原理和方法
《乡村规划原理》	李京生	中国建筑工业出版社	2018年	指导乡村地区规划，理论与实践相结合
《乡村生态景观建设理论和方法》	宇振荣，等	中国林业出版社	2011年	乡村生态景观建设领域的专业书籍
《农村美化设计——新农村绿化理论与实践》	赵兵	中国林业出版社	2010年	关于“社会主义新农村建设与村庄绿化模式”的科研项目书籍
《村庄绿化》	倪琪	中国建筑工业出版社	2010年	住房和城乡建设部的村镇建设课题书籍
《村庄景观规划》	赵德义，等	中国农业出版社	2009年	《新农村建设与发展规划指导》丛书

资料来源：笔者根据相关资料整理而成。

1.3.4 国内相关实践

我国幅员辽阔，广袤无垠，地理条件复杂，东部与西部、北方与南方，甚至同一个区域的不同村镇，在地理位置、自然条件、农业结构、经济状况等各方面都存在很大的差异，加上当地政府或居民的主观因素，这些都直接影响到了村镇绿地的建设。

随着城乡统筹发展成为国家发展战略，新农村建设在不断推进，村镇人居环境建设也逐渐受到重视。在我国一些经济较为发达的省、市、县（区）陆续出台了包括集镇绿化和村庄绿化在内的村镇绿地建设的相关政策法规和规范标准。表1-5列举了其中的一些政策法规和规范标准。

从全国范围来看，经济较为发达地区的村镇绿地建设较受重视，绿地建设也较为全面，尚可称之为“绿地系统”建设。

截至2022年底，北京市的森林覆盖率已经跃升至44.8%，村镇绿化在其中所产生的效果十分显著。北京村镇绿地建设发展较快的原因在于政府的大力支持。建设时将北京城市与村镇绿地整体考虑，认识到郊区村镇是推动北京生态建设的主空间，农民是拥有生态资本的新市民。北京围绕打造“山区绿屏、平原绿网、城市绿景”的总体策略，借助环城郊野公园建设、百万亩大造林等大型城市周边绿化建设工程，将村镇连接起来，达到全方位生态绿化、环境美化的效果。

我国部分省（自治区、直辖市）、市、县（区）的村镇绿地相关政策法规和规范标准　　表1-5

题名	颁布单位	时间
乡村绿化美化设计方案编制指导意见	北京市园林绿化局	2020年
江苏省绿美村庄211提升工程建设标准	江苏省林业局	2023年
高青县常家镇人民政府关于持续推进村庄绿化的实施方案	高青县常家镇人民政府	2023年
湖北省乡村绿化技术导则（征求意见稿）	湖北省林业局	2022年
姚安县农村美化绿化五年行动工作计划	姚安县林业和草原局	2022年
福建省“百城千村”绿化美化宜居工程实施方案	福建省林业局	2021年
苏州市绿美乡村造林绿化技术导则	苏州市林业局	2019年
安徽省农村环境连片整治示范项目技术指南（试行）	安徽省环境保护厅	2011年
杭州市市级生态（文明）村创建管理暂行办法	杭州市环保局	2012年

资料来源：笔者根据相关资料整理而成。

北京各区（县）村镇的绿地建设都有各自的特点，都有典型，都有精品，或将生态效益与经济效益相结合，或与旅游发展结合在一起。例如，延庆区的村镇绿化建设在分类施策上颇有特色，全县新农村绿化建设被分为拟创市级绿色村、拟创县级绿色村、绿化完善村、见缝插绿村、绿化延后村5种类型，分类施策、分类管理、整体推进。房山区的特点体现在整体推进上，其提出打造新农村群落的绿化思路，2009年在全面推进205个新农村绿化美化的基础上，明确重点打造“两个新农村群落、20个示范村”的目标。顺义区启动“百村万户”庭院绿化美化示范工程，在3年内，对全区398个行政村的9万户庭院进行绿化美化❶。

再以海南省为例。海南省是我国重要的热带农业基地，村镇绿地工程是“绿化宝岛”大行动的八大工程之一。近年来海南省村镇绿地建设取得明显成效，省内涌现出一批绿色旅游小镇，49.7%的自然村建成为文明生态村。此外，一些村镇还积极拓展区域内的绿地系统化建设，以改善农村生产生活条件、提高农民生活质量、建设森林生态镇和绿色村庄为目标，以“四旁”（宅旁、村旁、路旁、水旁）绿化为建设重点，通过村边绿化、村中绿化、庭院绿化和农田林网建设，使村镇美化与庭院林业经济发展有机结合，为新农村建设创造良好的生态环境❷。

而在我国台湾地区，村镇绿地系统建设与大陆地区表现出较大的差异（图1-10、图1-11）。1990年台湾地区制定了发展农业的12项措施，其中最主要的一项结合农村建设来发展“休闲农业”，生

❶ 北京召开全市新农村绿化工作会议文件，首都园林绿化政务网。

❷《海南省人民政府办公厅关于印发海南省百镇建设计划实施方案的通知》（琼府办〔2000〕24号）。

图1-10 台湾清境农场实景图（一）（图片来源：网络）

图1-11 台湾清境农场实景图（二）（图片来源：网络）

产、休闲、科普教育等功能的融合让村镇绿地不只是单纯的游憩场所，而是把具有观光资源潜力的农业、渔业等当地农业资源与田园景观，甚至与当地的农村文化结合起来，组成一个自然、人文景观交相呼应，兼顾绿色游憩、生态保护与绿色经济的多元功能的绿色空间。

第 2 章

村镇绿地系统规划相关内容解析

2.1 村镇与村镇体系

2.1.1 作为中国基本居民点和行政管理单元的城、镇和村

一方面，人类按照生产和生活的需要而形成的聚集定居地点称为居民点[1]。另一方面如果从管理的角度来说，按照社会政治和经济发展的需要形成的管辖范围称为行政管理单元。鉴于中国的国情和发展状况，城、镇、村这三级既可以理解为基本的居民点体系，同时也可以理解为行政管理单位。

[1]《城市规划基本术语标准》GB/T 50280—98，第2.0.1条。

如图2-1所示，我国的居民点依据其政治、经济地位、人口规模及其特征分为城镇型居民点和乡村型居民点两大类。城镇型居民点分为城市（特大城市、大城市、中等城市、小城市）和建制镇（县城镇、一般建制镇）；乡村型居民点分为乡村集镇（中心集镇、一般集镇）和村（中心村、基层村）。在这里，镇包括建制镇和乡村集镇，前者属于城市范畴，后者为乡村范畴。客观上，镇属于城乡过渡的中间状态。

而从行政管理单位的角度讨论（图2-2），按照我国一般情况，“城”是指直辖市、地级市；“镇”是指建制镇；“村”是指行政村。中国很多城市一直实行着“市带县”“镇带村”的行政管理体制。但近几年随着中国经济的快速发展，不少县级市是属于“改县建市”，因此往下一层级也可以直接带乡镇；而大量建制镇也属于“撤乡建镇”，所以镇也包含了村庄。

因此，面对这一复杂的情况，有必要先确定一个具体的概念范围来界定“村镇”这个专业术语，以此作为本次研究的前提。

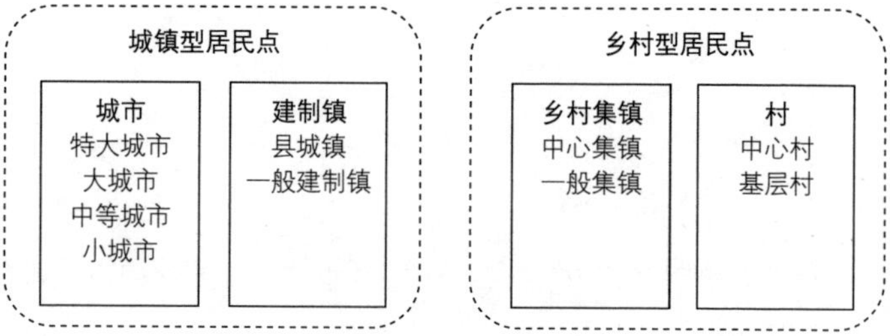

城镇型居民点
城市：特大城市、大城市、中等城市、小城市
建制镇：县城镇、一般建制镇

乡村型居民点
乡村集镇：中心集镇、一般集镇
村：中心村、基层村

图2-1 中国居民点分类（图片来源：根据《城市规划基本术语标准》相关定义整理）

直辖市、地级市 — 城
建制镇 — 镇
行政村 — 村

图2-2 中国行政管理单位分类（图片来源：根据《城市规划基本术语标准》相关定义整理）

2.1.2 “村镇体系”概念及地理空间所涵盖的内容

1. 村镇体系

不管从居民点还是从行政单位的角度来讨论，村和镇都是两个不同的概念。与城市完整而成熟的体系架构有所不同，根据我国农业生产水平和便于耕作管理的要求，现有村和镇规模较小，分布松散，其职能作用、设施数量，均各不相同。但正如《镇规划标准》GB 50188—2007中所指出的，虽然许多规模大小不等的村庄和集镇，形式上是分散的个体，但实质上是互相联系的有机整体，它们在行政组织、经济发展、生活服务、文化教育、生产贸易等各方面形成一定的结构体系。城市规划大多关注行政规划区范围内的问题，而特殊的村与镇的环境让这样的规划方法难以独善其身。村镇规划必须要放到更大的范围来讨论村与镇的问题，而不能“以村论村、以镇论镇”。

按照本文2.1.1对城、镇和村的界定，虽然村与镇是两个概念。但从居民点的等级、层次、性质、规模、空间组合上来看，镇与周围的村庄关系密切，在城镇化建设驱动下，村和镇已经成为一个相互联系的综合体。除了县城镇（已具备城市特征）外，通常将镇里面的一般建制镇和乡村集镇与村庄放在一起讨论。所以本研究中的“村镇”是一个多元素组成的、彼此相互作用的、统一而协调的体系结构。

综上所述，基于我国村镇发展现状，本研究提出一个以镇（一般建制镇、乡村集镇）和村（中心村、基层村）两级单位为核心的“村镇体系”概念，作为本论文中“村镇”研究的概念范畴（图2-3）。

2.“村镇体系”区域的层级划分

如图2-4所示，“村镇体系”区域的层级划分如下：

（1）一般建制镇

镇包含县城镇和一般建制镇两个概念。由于县城镇为县政府所在地，已具有小城市的大多数基本特征，而一般建制镇因为与周围

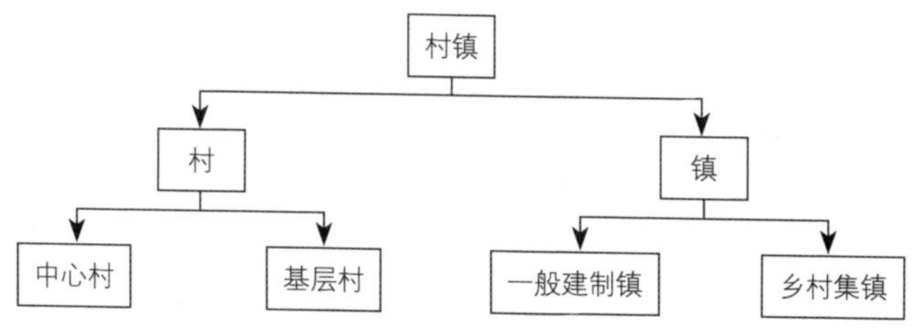

图2-3 本研究中村镇的分类

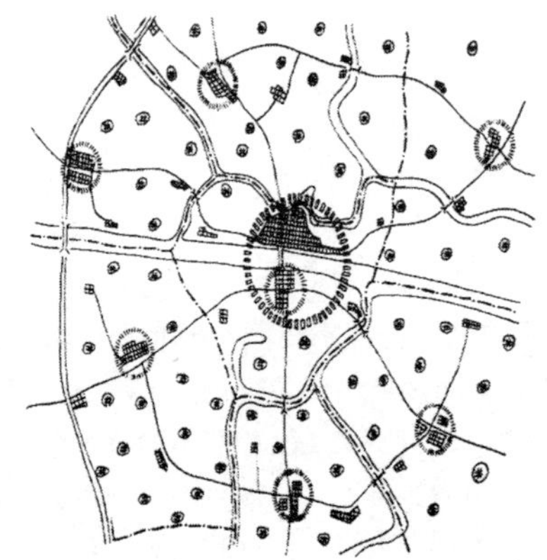

图2-4 村镇体系结构示意图（图片来源：《村镇规划》，34页）

的村庄关系密切，所以把一般建制镇划入“村镇体系”中。一般建制镇可以是区域中心，也可以是乡域中心，人口规模2万～5万人或以上。

（2）乡村集镇

乡村集镇大多是乡政府所在地，或居于若干中心村的中心，是农村中工农业结合、城乡接合、有利生产、方便生活的社会活动和生产活动中心。一般人口规模在1万人以下或1万～3万。

（3）中心村

中心村指村民委员会的所在地，是农村中从事农业、家庭副业等工业生产活动的较大居民点，一般是一个行政村管理机构所在地。住户规模少则两三百户，多则五六百户。

（4）基层村

基层村也就是自然村，是农村中从事农业的家庭副业生产活动的最基本的居民点。在生产组织上，有的是一个村民小组，有的是几个村民小组。住户规模少则几户，多则百余户。

3. 村镇体系地理空间所涵盖的内容

本文所讨论的村镇，在地理空间单元上包括镇（乡）域空间和村镇居民点空间（图2-5）。

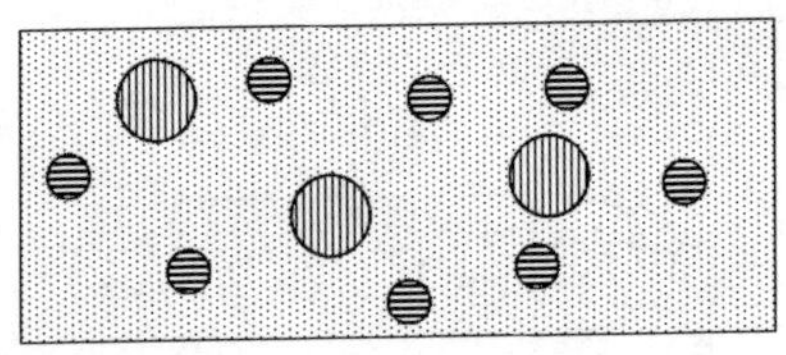

图2-5 村镇体系地理空间示意图

（1）镇（乡）域空间：镇域指一般建制镇的管辖范围，乡域即乡政府的管辖范围。镇（乡）域空间是村镇体系的总体空间范围。

（2）村镇居民点空间：包含镇区空间（一般建制镇和乡村集镇建设用地空间）和村庄空间（中心村和基层村建设用地空间）。

2.1.3　城乡一体化背景下村镇与城市的关系

1. 基本概念上的关系

首先，从概念上分析“村镇”与“城市”的关系。由于村镇包括了一般建制镇，而一般建制镇又属于城市的范畴，所以“村镇”概念中的“镇”不完全等同于乡村，村镇与城市在一般建制镇的部分，从概念上讲是有重叠的（图2-6）。

2. 行政管辖空间上的关系

作为我国的行政单元，村镇与城市从行政管理权限上来看，村镇与城市存在前者隶属于后者的关系。而落实到所管辖的空间上，村镇空间包含在上级所属城市管辖的空间领域内（图2-7）。而随着城乡一体化建设的加快，很多城市通过城市规划区的区域设置对一定空间下的城市、镇和村庄的建成区以及其他基于城乡建设和发

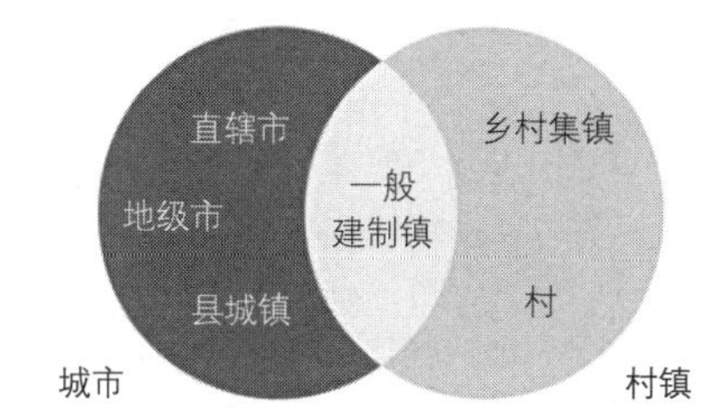

图2-6 村镇与城市在基本概念上的关系

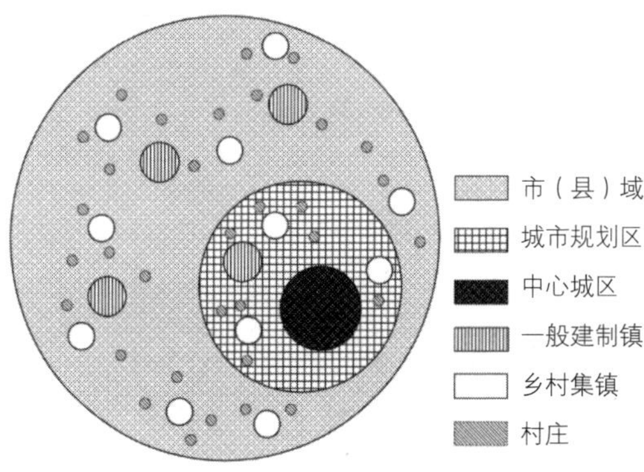

图2-7 村镇与城市在行政管辖空间上的关系

展需要的区域进行统一控制，推动村镇与城市之间互动关系的加强。在这样的背景下，村镇与城市逐渐融合，边界逐渐模糊。更进一步地讲，随着不少县级市由原先的县升格为市，村镇的工作范围不再仅仅是镇域或县域，而是扩展到县级市的市域范围。这也为城乡之间的统筹规划创造了新的机会。

因此，城乡一体化背景下的城市与村镇的关系，就是依托功能多元化的中心城市，其城市规划区空间下的镇（乡）、村等居民点与中心城区紧密相连，这样的联系可以通过现代化的交通设施，或者方便、快捷的现代化通信设施等，共同形成一个网络状的、城乡统筹发展的复合社会系统。值得一提的是，城乡一体化发展是在一个整体的自然环境背景下的村镇与城市的协同发展，既要重视传统上的经济一体化和建设一体化，同时也需要在绿色空间层面强调村镇与城市的一体化。

2.1.4 村镇与小城镇的关系

自从20世纪80年代费孝通先生提出“小城镇大战略”的城市化发展思路以来，小城镇在我国是一个使用频率较高的通用名词，但关于其定义目前在我国规划界中尚未有统一认识；因而在我国，对小城镇概念，无论是理论层面，还是实际操作层面，都存在着许多不同的定义。

小城镇，顾名思义即为较小的城镇。它介于城乡之间，在城乡一体化建设的当下，更显其地位的特殊性。对小城镇概念的理解可以有广义和狭义之分。广义上讲，小城镇是指规模较小的城市、建制镇、乡村集镇；狭义上讲，就是指建制镇，也就是指规模小，但有一定城市性质的镇。不管从广义还是狭义上理解，小城镇上接城市，下连乡镇。而这种介于城乡之间的特殊地位让小城镇既具有城市的特色，又具有乡村的内涵。按照笔者对村镇的定义，村镇和小城镇之间在涵盖内容上存在着一定的交集（图2-8）。

2011年6月，我国财政部与住房和城乡建设部联合发布了《关

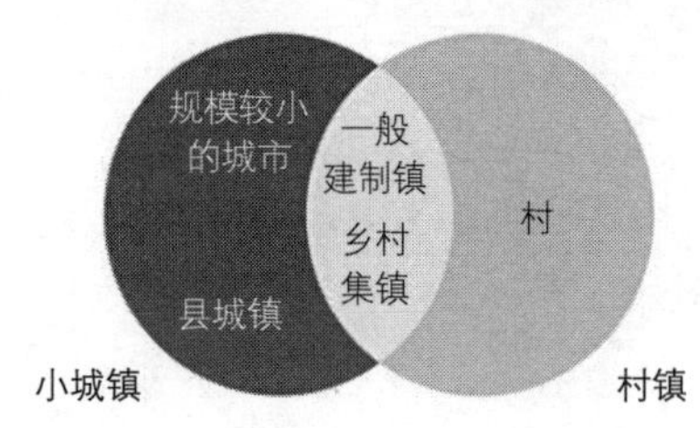

图2-8 村镇与小城镇的关系

于绿色重点小城镇试点示范的实施意见》（财建〔2011〕341号）。同年9月，财政部、住房和城乡建设部、国家发展和改革委员会又发布《关于开展第一批绿色低碳重点小城镇试点示范工作的通知》（财建〔2011〕867号）。中央提出了建设“绿色小城镇”的战略任务，其主要内容包括：设立评价体系，明确目标任务。建立绿色重点小城镇评价指标体系，对人均建设用地、污水处理率、绿化面积、垃圾无害化处理率等指标实行量化考核；探索建设模式，体现特色发展，分类探索小城镇建设发展模式；完善规划编制，落实建设任务；根据试点示范目标任务及发展模式，编制完善绿色重点小城镇总体规划和各专项规划；突出绿色生态，保证重点工程；切实增强节能减排能力，重点开展三大类绿色生态项目的建设；落实县级责任，统筹项目建设等。“绿色小城镇”的提出，标志着我国小城镇建设迈向了新的台阶。这有利于引导城乡建设模式转型，增强节能减排能力，缓解大城市人口压力，推进城镇化可持续发展；有利于增强小城镇居住功能和公共服务功能，提高人口和经济集聚程度，统筹城乡经济社会发展；有利于增强城乡居民消费能力，加快服务业发展，促进内需扩大，推进经济结构调整。

中央推进“绿色小城镇建设”的战略措施无疑也为我国村镇的发展建设和环境改善提供了一个新的契机和平台。

2.1.5　村镇的分类

由于自然、经济等多种条件的差异，我国的村镇表现为不同的特征类型。我们需要依据不同地区的特点，多层面、多角度地对村镇进行类型划分。而本研究重点从村镇的地理环境类型方面来对研究对象进行确定。

1．基于所在地理环境类型的分类

（1）山地村镇

这种类型的村镇多数分布在低山和丘陵地区，比如我国的西南地区，由于此所在区域的地形起伏较大、地势多变，村镇通常呈现出特有的平面与竖向布局（图2-9）。

（2）平原村镇

在我国，平原大多属沉积或冲积地层，如华北平原和东北平原等。这些地区具有广阔平坦的地貌，便于村镇的布局、建设和日常运营。由于平原场地本身的优越性和开阔性，故而平原村镇的数量众多，生产生活等基础设施结构也较为完善（图2-10）。本文也是以平原村镇作为研究的切入点。

（3）滨水村镇

追溯人居环境的发展历程时会发现，最早的一批村镇多数都出现在河流或河谷两岸。本研究中的滨水村镇也包含沿海地区的滨海村镇。滨水村镇在用地布局、空间景观、产业发展等方面都体现出滨水村镇“因水而生”的独特性和规律性（图2-11）。

图2-9 山地村镇（图片来源：网络）

图2-10 平原村镇（图片来源：网络）

图2-11 滨水村镇（图片来源：网络）

2．基于人口规模的分类

如表2-1所示，村镇按照人口规模分别划分为特大型、大型、中型和小型四级。并分别按照村镇体系下的两类居民点（镇区、村庄）进行进一步划分。

我国村镇人口规模分级　表 2-1

规划人口规模分级	镇居民人口数量（人）	村居民点人口数量（人）
特大型	＞50000	＞1000
大型	30001～50000	601～1000
中型	10001～30000	201～600
小型	≤10000	≤200

资料来源：《镇规划标准》GB 50188—2007。

3．基于与城市区位的分类

（1）以“城镇密集区”形态存在的村镇

在这种形态的村镇中，城市、镇区与村庄之间已经没有明显的界线，城镇村庄首尾相连，密集连成一片。这样的村镇一般具有明显的交通与区位优势，以交通动脉为轴沿交通干道发展。这类村镇目前主要分布在我国东部沿海等经济发达的地区，如长三角地区、珠三角地区等。

（2）以“城镇近邻”形态存在的村镇

“城镇近郊”是位于城镇近郊，以完整、独立形态存在的村镇，包括大中城市周边的村镇及上级县城周边的村镇。这一类型村镇的发展与中心城区的经济发展紧密相关，互为影响。在中国，这种以完整、独立形态存在的村镇分布较为广泛，但随着城乡一体化的发展，将来极有可能会发展成为大城市的一个组团。

（3）远离城市区独立发展的村镇

这类村镇远离城市，目前和将来都相对比较独立。这类村镇中除少数拥有一定产业，经济实力相对较强，具有一定发展潜力外，大部分村镇由于远离经济发展区，经济实力较弱，以本地农林生产和农村基础服务为主要任务。

4．基于村镇职能的分类

（1）综合型村镇

综合型村镇是一定区域范围内的行政、经济、文化中心，其地理位置和资源状况都具有较为优越的条件，因而一般都是地方性的重要经济中心、生活服务中心，是该区域内商业、集市贸易中心等的集散地，同时也是村镇与城市联系的桥梁。

（2）社会型村镇

社会型村镇是以典型农业生产生活为主要特征的村镇居民点，是主要承担当地居民日常居住、生活等主要功能的社会组团。

（3）经济型村镇

对于少数的村镇，虽不是该区域的政治、经济和文化的中心，但有些或是大型工矿企业的所在地，或是靠近水运码头、铁路车站及公路交叉点等交通枢纽，或历史上早已形成商业、服务业、集市贸易等故比较繁荣、经济比较活跃。

（4）旅游型村镇

这是一种建立在旅游度假、文化体验等游憩体验基础上的村镇模式，包括自然旅游、文化旅游等多种类型。旅游作为推动经济发展的一种动力，也对人类社会经济转型、社会变迁、文化重构有一定的影响。旅游型的村镇多以旅游服务为经济支撑，同时也有单纯旅游度假性质的村镇。

（5）其他

除此之外，按照村镇的其他职能，还可分为物资流通型、交通服务型等类型的村镇。

5. 基于发展模式的分类

（1）地方驱动型

村镇在没有外来经济发展动力的助力下，当地政府、社会组织和农民，共同建设村镇，推动各项工程设施的健康发展，共同经营和管理村镇。

（2）城市辐射型

此类村镇的发展模式体现的是一种“自上而下”发展的模式，政府充当城镇化进程的主要推动者，城市作为地域中心的特征明显，综合服务功能较为完善，并有较强的产业辐射和服务吸引作用。这类村镇一般紧靠城市。

（3）外贸推动型

这类村镇主要分布在沿海对外开放程度较高的地区，抓住国家鼓励扩大外贸的机遇，发展特色产业，从而促进村镇的经济发展。

（4）外贸促进型

这类村镇通过利用良好的区位优势，创造有利条件吸引外商投资而发展起来。

（5）科技带动型

这类村镇的发展依靠科技创新带动，将科技创新与产业发展紧密结合，这对现代村镇的经济发展具有非常大的推动力，村镇的综合竞争力较强，发展也较快。

（6）交通推动型

这类型村镇依托铁路、公路、航道、航空枢纽，依靠交通运输业及为其配套服务的第三产业来推动村镇建设和发展。

（7）产业聚集型

这类村镇的发展模式反映出一定的“自下而上”的自主性，呈现出以产业聚集为主体的发展特征。这一类发展模式依靠上级政府的政策优惠，使村镇有充分的自主发展权。但相对其他类型的发展模式而言，这种发展模式较为粗放，可持续性较差。

2.2　村镇绿地概述

2.2.1　绿地与城市绿地

绿地，拥有较为广泛的含义。在《辞海》中“绿地”的释义是“配合环境创造自然条件，适合种植乔木、灌木和草本植物而形成一定范围的绿化地面或区域，供公共使用的有公园、街道绿地、林荫道等公共绿地；供集体使用的有附设于工厂、学校、医院、幼儿园等内部的专用绿地和住宅绿地”，或是：“凡是生长着植物的土地，不论是自然植被或是人工栽植的，包括农林牧生产用地及园林用地，均可称为绿地”。

而“城市绿地”作为专业术语，拥有狭义与广义两层含义。在住房和城乡建设部所颁发的《城市绿地分类标准》CJJ/T 85—2017中将城市绿地表述为“在城市行政区域内以自然植被和人工植被为主要存在形态的用地。”这是绿地的狭义定义，认为绿地是城市建设用地范围内用于绿化的土地。而广义上的绿地不仅仅包含城市建设用地范围内用于绿化的土地，还包含城市建设用地以外，对生态、景观和居民休闲生活具有积极作用，绿化环境较好的区域。

现阶段，从我国相关的行业标准来看，城市绿地的术语、分类等研究的重点针对城市总体规划中确定的城市建设用地相关范围。城市绿地的概念已经被等同于“城市园林”的概念。类似城市用地平衡、城市绿地率等指标上的需要，在一定程度上反映了长期以来我国绿地系统建设中对城市绿地的偏重。

2.2.2 村镇绿地

1．绿地涵义的拓展势在必行

城乡一体化的发展和城乡统筹建设的目标需要我们重新认识绿地。如果仅仅停留在对“城市绿地”的关注和研究，将无法突破目前我国绿地发展的瓶颈。

如果把城乡一体化作为中国未来城市与村镇发展的必由之路。那么站在绿地的角度，一方面作为城市绿地，承载着城市内部复合生态系统的多重功能；另一方面，城市是人类对自然界干预最强烈的地方，城市生态系统是一个不完整的生态系统，从一个城市系统基本的稳定出发，城市必须要与城市外围的自然环境存在能量和物质的交换。从城乡整体格局上理解，绿地不仅仅是在城市里承载公共空间、绿色生产防护、附属绿化等这些基础功能，还在结构、功能、形态与要素等各个方面强化了城市与村镇的联系，满足了城乡合理的建设空间发展，并最终构建自然—居民点和谐相处的大系统。

2008年1月1日起施行的《中华人民共和国城乡规划法》所界定的“规划区”是指“城市、镇和村庄的建成区以及因城乡建设和发展需要，必须实行规划控制的区域”。就城市绿地而言，站在城乡统筹发展的高度，城市绿地的区域除了城市建成区以内之外，还应该涵盖建成区外部实行规划控制的区域。即绿地应包括城市建成区内的绿化用地和规划区内的林地等城市外部的绿地。

然而，从更大范围来看，绿地仅仅指城市绿地也是不完整的。城市绿地的概念虽已深入人心，但反观与城市存在紧密联系，拥有更大空间、更丰富内容、更复杂结构的村镇范围内的绿地，其在我国至今无标准给出明确的定义。可见完善并拓展我国的“绿地”定义的急迫性和现实性。

2．村镇绿地的定义

本书研究的村镇绿地，参照城市绿地的含义，并结合村镇与城市生态环境、绿地组成要素等方面的差异，将其定义为：村镇体系空间范围内，存在于村镇各居民点内外的，以自然植被、人工绿化覆盖区或农业生产区域（果林、农田等）绿化覆盖区为主要存在形式，联系村镇与城市及村镇体系内各个居民点，承担游憩、生态保育、农业生产、乡村景观、防护安全、防灾避险等多种功能的绿色空间。（注：由于村镇的特殊环境，本研究将农田视为绿地的一种类型）

3．村镇绿地的范围

根据村镇绿地的定义，可以将村镇绿地分为两个部分（图2-12）：

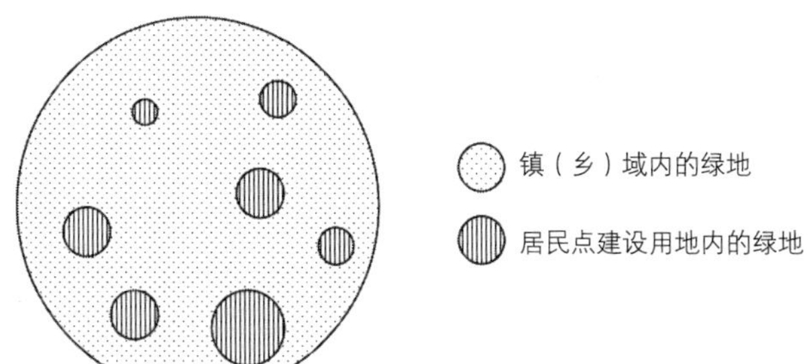

图2-12 村镇绿地包含的内容

第一部分是村镇体系下各个居民点（一般建制镇、乡村集镇和村）建设用地内的绿地；第二部分是村镇体系空间即镇（乡）域以内，各居民点建设用地以外的绿地。需要说明的是，这与城市绿地中的两级内容（市域绿地和中心城区内绿地）有一定区别，一般在研究城市绿地时，中心城区范围内的绿地是重点，也是研究的基本平台，市域绿地只是附带的研究内容。但在本次村镇绿地研究中，村镇作为一个完整体系下的综合体，居民点内外存在功能和结构的统一性，所以村镇绿地所包含的两部分应该拥有同等地位，应该作为一个整体单元进行统一考虑和对待。

2.2.3　我国村镇绿地的资源要素

1．从所属空间角度讨论

（1）村镇体系各居民点建设用地范围内

在村镇体系下各居民点（一般建制镇、乡村集镇和村）建设用地范围之内的，包括人工绿化区为主体的绿色开敞空间（公园等）、生产性绿地、防护绿地（卫生隔离带、道路防护绿地等）和其他建设用地（居住区、工厂、道路等）的附属绿化区等。

（2）村镇体系范围内，各居民点建设用地范围外

在村镇体系各居民点建设用地范围之外（属于村镇体系空间范围之内），包括大面积的风景林地、草地、果园、湿地、农业用地，同样还包括农田防护林、防风林，以及附属于一些基础设施（道路、沟渠）的线形绿地等。这一类绿地由于村镇体系的空间特征，占有较大面积。

2．从功能属性角度讨论

（1）生态保育

以生态保育恢复为主要功能的自然保护区、湿地、水源保护区、风景林地等。

（2）防护隔离

以安全防护、绿色隔离为主要功能，包含村镇建设用地范围内的道路防护林、卫生防护林、工业防护林，以及村镇建设用地外部的农田防护林和河流、沟渠、道路两侧的绿化带等。

（3）游憩美化

以游憩开放、景观美化为主要功能的绿地，包含村镇建设用地范围内的公园等向公众开放、以游憩为主要功能的居民绿色休闲空间，还有建设用地范围之外的森林公园、风景名胜区、地质公园、野生动植物园、风景林地、生态养殖场及新兴的农业观光园等。

（4）宣教展示

以生态科普、农业知识普及为主要目的的新兴农业生产示范基地等。

（5）农林生产

包括果园、经济林、苗圃等既能够实现绿色覆盖又能够保证农业生产的绿地。

（6）附属绿化

包括村镇体系范围内各居民点建设用地（居住用地、公共设施用地等）空间内的附属绿地。

3. 从存在形态角度讨论

（1）点状形态绿地

以单体独立出现的绿地，包括村镇公园、村镇其他建设用地内的附属绿化区，还有村镇建设用地内小面积出现的绿色斑块（林地、果园等）。

（2）线状形态绿地

以廊道线性出现的农田防护林，或沿道路、河流、沟渠等线性基础设施走廊的隔离绿化带。

（3）面状形态绿地

主要是指村镇建设用地范围之外，拥有大面积领域的绿色空间，包含风景林地、生态农田、湿地等其他以绿色覆盖为主的大型空间。

2.2.4 影响村镇绿地发展的因素

1. 自然本底对村镇绿地发展的影响

村镇所在的自然环境能够直接影响村镇的建设和发展，同样也对村镇绿地的发展产生影响。千百年来的农业社会历史发展中，中国的村镇居民过着“靠天靠地”的生活，村镇周边的自然环境和土地成为村镇居民赖以生存的资源。村镇绿地作为村镇生态系统的一部分，也将同样受到自然本底资源的影响。

一方面，村镇绿地的布局模式和组成要素受到自然本底的直接影响。在一个拥有优越自然资源的村镇，内容丰富而景观优美的自然本底为村镇绿地的建设和营造提供了最好的资源条件。自然资源本身的肌理形态也塑造了村镇绿地的基本形态（图2-13）。

另一方面，村镇绿地建设也是为了更好地维护和保持现有良好的自然格局。融入和完善自然本底，进一步优化生态结构，继而保持所在区域自然资源的完整性和多样性，这是村镇绿地建设的主要目的和意义。通过新的村镇绿地建设也让所在区域内原本破碎的自然本底有了重组和整合的可能，让自然本底的功能作用能够充分发挥。

2．气候因素对村镇绿地发展的影响

我国幅员辽阔，不同地区的气候差异很大，村镇绿地作为村镇居民重要的公共空间受气候影响很大。不同气候类型会影响当地村镇的人们日常的生产和生活。因此，在进行村镇绿地规划建设的时候，要充分考虑当地的气候因素，在绿地建设中及时应对气候所带来的影响，为村镇居民的生产生活创造更好的外部环境。

根据地域气候的变化特点及趋势，应发挥绿地系统规划的科学预见性，合理确定村镇绿地系统的发展方向。气候将决定村镇绿地建设中的植物类型及营造的植物景观类型。气候中的光照、温度、水分、湿度等决定了村镇绿地中适宜生长的植物。不同的气候的特征让村镇绿地更具有地域风貌和地域特色。同时气候也将决定村镇绿地的布局结构，一个成熟的村镇绿地系统能够基于气候条件应对或缓解周边城市的热岛效应，进而反过来改善城乡整体的气候条

图2-13 村镇的自然环境（图片来源：摄于四川省简阳市三岔镇石河堰村）

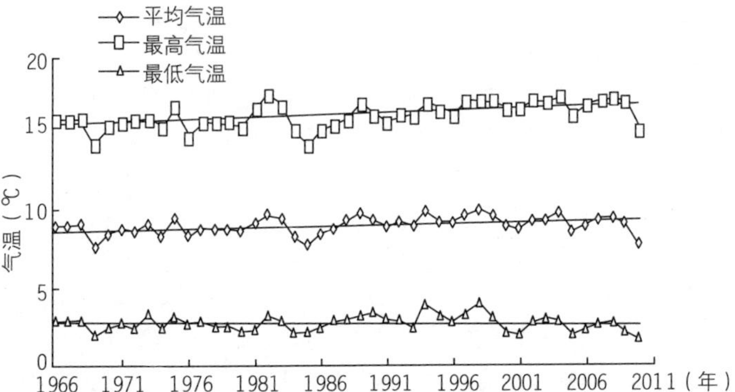

图2-14 1966—2011年辽宁省朝阳市农村日平均气温、日最高气温和日最低气温年均值变化趋势（图片来源：《辽宁西部朝阳农村气温和热量资源变化分析》）

件。图2-14显示了我国辽宁省朝阳市1966—2011年农村日平均气温、日最高气温和日最低气温年均值变化趋势。

未来的村镇绿地系统规划要走生态型之路，不仅要关注村镇绿地的生态效益和景观效果，更要重视如何科学合理地布局村镇的绿地系统，从而更有效地改善由于自然环境恶化而造成的日趋恶劣的气候环境，形成一种适合村镇的宜居、健康、安全、可持续发展的村镇绿色空间。

3. 传统文化对村镇绿地发展的影响

中国是一个历史悠久的文明古国，拥有璀璨的文明和深厚的文化底蕴，这是华夏子孙代代相承的财富。中国人对人居环境的营造史同样也是一部厚重的传统文化史，承载着悠久而深远的传统思想。其中“天人合一”是中国人最基本的哲学思想之一，在中国人在人居环境营造方面具有深远影响。“天人合一”思想指导着中国人将人居环境看成是来源于自然，最终回归自然的空间。在中国，传统的“环境观”将自然看成是“万物之本”和“万物之源”，人居环境的营造是在模仿自然、顺应自然的高度上进行的。例如，风水学中的“左青龙、右白虎、上朱雀、下玄武”正是在模仿一种“穴场座于山脉止落之处，背依绵延山峰，俯临平原，穴周清流屈曲有情，两侧护山环抱，眼前朝山、案山拱揖相迎”的理想的自然环境。

在南方地区，传统的村镇会在入口处种植一片林，视为风水树或者风水林，看似机缘巧合间的风水布局，却让这些树林除了有改善风水的作用，更成为村镇的景观林带。另外，中国的多民族背景，也让不同民族的村镇布局、村镇绿地规划建设有了自己的特点，而不同的宗教信仰对村镇绿地建设的影响也有所不同。

图2-15是新疆特克斯八卦城的鸟瞰图，该城因八卦布局而闻名。特克斯八卦城平面形态呈放射状圆形，街道布局如迷宫般，路路相通、街街相连。在这样的布局下，绿地的布局也同样受到影响，形成具有浓郁地方特色的肌理结构。

4．村镇发展对村镇绿地发展的影响

绿地的建设是建立在一定的经济繁荣和社会发展的基础上的，所以村镇绿地的建设同样也是村镇发展的风向标。村镇的快速发展能够为村镇绿地建设从人力、物力、财力上提供坚实的基础和保障，这将直接影响到村镇绿地的建设质量和建设数量。

而随着我国经济的快速发展，村镇居民的物质生活水平日益提高，富裕起来的村镇居民更加渴望过上更高质量的生活，也逐渐意识到良好绿色环境的重要性。随着对绿色空间的追求以及自身审美价值的提高，村镇居民不再仅是追求物质上的充沛和经济上的宽裕，其对人居环境的要求也越来越高，这从侧面反映出村镇发展对村镇绿地发展的影响（图2-16）。

5．城乡规划思想对村镇绿地发展的影响

村镇绿地规划作为村镇规划的重要组成部分，村镇规划的理念和模式对村镇绿地的建设有较大的影响。由于我国特殊的国情，长期以来村镇建设不受重视，村镇规划也缺乏整体考虑和统筹谋划，以经济发展需要为理由进行土地的扩张和占用，村镇周边原本良好的自然空间被不断侵蚀。村镇内部能够绿化的空间也仅仅是在满足其他用地布局的前提下进行补充和填空。滞后的村镇规划给村

图2-15 新疆特克斯八卦城（图片来源：网络）

图2-16 中国华西村

镇绿地建设带来的是混乱和无序，不能充分发挥村镇绿地的综合作用。

近几年来，一些现代前沿的城乡规划思想，诸如绿色基础设施理论、“绿道”理论等进入了我国规划界，给中国的城乡空间规划带来新的思路，产生了较大的影响，也对村镇绿地的发展有着积极的催化作用。绿色生态城市规划理念、城乡绿道体系规划理念等已经在中国一些城乡规划项目中展开实践，并获得良好的效果。而最近几年，我国大力推动绿色小城镇建设，村镇绿地建设的发展有了长足的进步。在这样的形势下，村镇绿地建设也需要站在一个新的平台，积极参与并介入城乡规划，勇于实践全新的城乡规划思想，探索一条适合中国国情的村镇绿地规划建设的道路。

2.2.5 村镇绿地的功能作用

村镇绿地除了承担有别于城市的农业生产的功能之外，还发挥着自然资源保存、生态环境保护、乡村景观保护、文化遗产保护、乡村游憩、科普教育开展等诸多功能。村镇绿地具有重要的生态、游憩、文化、经济和艺术价值，是大自然生物多样性保护的重要场所，也是改善村镇人居环境的主要实施空间。在当今城乡一体化建设的新形势下，村镇绿地还发挥着促进城乡一体化等重要的功能作用。

1. 维持村镇生态平衡，构建稳定生态格局

村镇绿地对生态环境的改善起到积极的正向作用，通过净化空气、水体和土壤，逐步改善村镇小气候，维持村镇的生态平衡，遏

制现阶段城镇化给村镇带来的环境恶化等问题。同时，村镇绿地能够保护村镇大生态环境的生物多样性，构建稳定而成熟的生态系统格局。

2．引导城乡空间布局，强化城乡一体联系

城乡一体化也体现在城乡绿地建设一体化上面。村镇绿地是城乡绿地体系整体的一部分，在城乡联系和统筹建设中扮演着重要的角色。同时通过扩大具有积极生态功能的村镇绿地空间，整合分布较为零散的绿地斑块，建立具有重要连通作用的绿色廊道，将村镇绿地融入城乡整体规划中，让城乡居民点与自然之间有更多的沟通与联系，由此构建良好的城乡空间布局。

3．保障生活生产安全，带动村镇绿色经济

村镇绿地能够改善村镇的自然环境条件和卫生条件，保证村镇居民的生活居住安全。同时，村镇是以农业生产为主体的聚集区，生产用地与村镇的经济发展有着极大的关系，农业生产成为村镇的重要职能。以大面积植被为主体的村镇绿地能够在农业区和生活区之间构建一道道绿色防护墙，防止和减轻建设区对农田的污染，保护农作物不受污染，构建绿色农业的良好环境。

复合农林产业（苗圃、经济林等）在我国各地的村镇建设中逐步推进，这是一项充分发挥村镇自然资源优势，合理利用土地，促进农业生产与绿色生态协调发展的重要举措。村镇绿地能够以一种将经济林种植和绿色植被营造相结合的方式，使生态环境和农林生产都产生良好的效益，确保村镇的可持续发展。

4．构筑村镇居民交流活动平台，构建村镇和谐邻里关系

相对于城市复杂的生活环境，村镇单纯的生活环境加上村镇的小尺度聚居空间让村镇居民的邻里关系更加紧密、和谐。村镇绿地在这其中扮演了重要角色。村镇绿地给村镇居民提供了日常游憩休闲、交流互动的场所，成为村镇居民日常主要的交往和交流空间，以绿色植被为主体的村镇绿地也营造了方便村镇居民互动的良好的绿色户外活动环境，为构建村镇和谐的邻里关系贡献了积极的力量。

5．营造村镇绿色旅游空间，协调村镇游憩开发与绿色环境营造

游憩是在闲暇时间里进行的为达到个人或者社会目的的，令人愉快的、人们自愿选择的活动和经验，也是对居民个人时间的积极利用，以实现放松身心、陶冶情操、提高修养、创造个人价值等目的。

农村旅游、郊野度假等项目为村镇发展带来了新的发展机遇。对于城市和村镇居民而言，村镇绿地是村镇游憩开发的主要场所，

村镇绿地本身在展示村镇独特自然风貌的同时，也将区域内的游憩项目通过相互连接的绿地串联起来，起到协调村镇游憩开发与绿色环境营造的作用。包括低碳绿色体验和生态科普教育在内的新兴绿色科普游憩项目，都是当前村镇绿地建设的重要内容。

6．搭建村镇景观平台，彰显地域特色风貌

村镇与发达的城市相比，在物质、经济、教育、文化、信息交流等各方面都存在着很大的差异，但村镇依靠其丰富的自然环境和独特的景观风貌仍吸引了大批城市游客前来村镇进行观光、体验、消费。村镇绿地是村镇景观的重要组成部分，村镇绿地的建设能够将所在绿地的景观资源进行有力整合和品质提升，与其他硬质景观和人文景观共同构成一个完整而统一的村镇景观体系。同时，中国村镇从南到北，幅员辽阔，每个地区的村镇受不同的经济文化影响形成了各具地方特色的地域风貌。在村镇绿地建设的过程中也能通过挖掘这些独有的地方文脉，让村镇绿地突出地域精神、展现地域风貌，成为彰显村镇特色的窗口。

7．完善防灾避险体制，应对现代安全需要

村镇处于自然环境包围之中，各种自然灾害（地震、水灾、风灾、火灾、地质灾害）的发生都会对村镇产生影响。城市建设的首要目标是安全，而村镇与城市同样也需要积极应对发展建设中的安全需要。村镇绿地作为村镇防灾避险体系中的重要组成部分，能够在灾害发生时，承担防灾功能，并能够在灾时及灾后给居民提供安全的应急避险的开敞空间，同时为灾后重建的基础材料的存放提供场所等。村镇绿地的建设能够进一步完善村镇的防灾避险体制，提高村镇的综合防灾避险能力。

2.2.6 村镇绿地与城市绿地的区别

村镇绿地与城市绿地的区别主要有以下几点：

1．自然本底层面

村镇的优势在于拥有较大规模的自然环境资源和土地资源。自然、生态、绿色健康的人居环境是人类生活的最佳空间，而这正是城市所欠缺的。村镇绿地所处的本底是自然环境，形成了村镇居民点镶嵌入到自然环境中进行“填空”的模式。而城市绿地所处的本底则是大面积的城市建设开发用地，即形成了绿地嵌入城市的格局。两者的本质区别在于村镇绿地是基于一个系统相对稳定、结构相对完整、内容相对丰富的自然大环境，这与处在人工环境中的城市绿地是完全不一样的。村镇绿地的自然资源优于城市绿地，村镇绿地与自然环境有着更直接而广泛的联系，能量交换和物质流通较城市绿地来说更加顺畅。通过村镇绿地的建设可让自然本底渗透到村镇建设用地之中，构建生态村镇的基本格局。

2．构成要素层面

一般来说，城市绿地的构成要素主要分布在城市建设用地范围内，承担公园、生产、防护、附属等功能，一般以人工改造型或营造型绿地为主，构成要素相对明确而简单。而村镇绿地的构成要素较城市绿地来说更加丰富。一方面，由于村镇体系本身的建设用地面积较小而分散，村镇绿地仅仅依靠村镇体系建设用地范围内的空间是远远不够的，需要对村镇体系建设用地以外的绿色资源进行整合和统一考虑；另一方面，村镇所处的环境类型较城市更加丰富，构成绿地的要素也就有更多的素材来源，且多以自然状态下的绿地为主。

3．功能层面

由于村镇和城市的职能有所不同，所处的大环境也不一样，村镇绿地构成要素的性质也就更为复杂；因此村镇绿地承载着更多的功能，包括在大环境下生态资源保护、村镇农业生产保障、游憩观光、村镇居民日常休闲、邻里关系沟通、村镇独特文化展示、城乡联系等等。这让村镇绿地有了更为丰富的功能内容，因而可在村镇发展建设过程中扮演着更多的角色。

4．空间形态层面

由于受到城市肌理和形态格局的限制，城市绿地主要以内部点状分布的绿地和以道路、河道等线性空间为依托的连接绿带为主，基本上与城市建成区是一种简单的图底关系。而村镇绿地依托良好的自然资源，村镇体系建成区与绿地之间的图底关系正好和城市建成区与绿地的图底关系位置相反，绿地的空间格局变得更为灵活。同时村镇绿地的组成要素及群落结构复杂多样，既有连绵起伏的自然山地，又有为农业生产而开垦的耕地农田，也有满足村镇居民日常活动、休闲游憩的人工公共绿地。因此，村镇绿地的空间形态显得更为多维自由和有机连续。

5．社会层面

村镇绿地所面对的使用群体较为特殊，体现出与城市不同的城乡混杂性。一方面，虽然村镇居民对绿地的需求在层次上和欣赏水平上都远低于城市，但是作为日常服务于村镇体系内居民的绿色空间，村镇绿地能够满足居民日常的使用要求，成为村镇居民喜闻乐见的公共绿色人居环境。另一方面，村镇作为城市外部空间的延续，还要考虑到随着农村建设的加快、城市环境的恶劣而导致的城市居民对村镇生活和环境的向往，因此村镇绿地还应该满足城市居民游憩、度假等需求，积极发展城乡统筹优势，缓解现有的城乡矛盾。

6. 管理层面

城乡二元制下的城乡管理存在诸多差距，在绿地管理方面同样也出现“重城市、轻村镇”的态势。同大城市相比，村镇绿地虽然资源丰富、内容多样，但是针对绿地管理的体制极不完善，管理程序混乱，甚至没有一套合理的规章制度来指导村镇绿地的建设和维护，绿地方面的专业技术人员更是不能和大城市相比较。同时，绿地建设管理工作是以大城市经济发展相对成熟作为开展的基本条件，而很多村镇还处在经济起步期或者是经济发展初期，村镇绿地管理的体制和程序的制定任重道远。这都是村镇绿地尚待解决的问题。

综上所述，村镇绿地与城市绿地的区别如表2-2所示。

村镇绿地与城市绿地的区别　　表2-2

层面类型	村镇绿地	城市绿地
自然本底层面	一个系统相对稳定、结构相对完整、内容相对丰富的自然大环境	一个完全人工的环境，以城市建设开发用地为主的自然嵌入式的格局
构成要素层面	村镇绿地将村镇体系建设用地以外的资源进行整合和统一考虑，所处的环境类型较城市更加丰富，构成绿地的要素也就有更多的素材来源，多以自然状态下的绿地为主	在城市建设用地范围内的，承担公园、生产、防护、附属等功能的绿地，一般以人工改造或营造型绿地为主，构成要素相对明确而简单
功能层面	承载着更多的功能，包括生态资源保护、村镇农业生产保障、村镇游憩空间营造、村镇居民互动交流、邻里关系沟通、村镇独特文化展示、城乡联系等	主要是面向城市建成区，以公共游憩、生产、防护、附属、城市周边生态保育等功能为主
空间形态层面	村镇绿地依托良好的自然资源，村镇体系建成区与绿地之间的图底关系正好与城市相反，让空间格局变得更为多维自由和有机连续	由于受到城市肌理和形态格局的限制，城市绿地主要以内部点状分布的绿地和以道路、河道等线性空间为依托的连接绿带为主，基本上与城市建成区是一种简单的图底关系
社会层面	村镇绿地所面对的使用群体较为特殊，体现出与城市不同的城乡混杂性。除了要服务于村镇体系本身的居民，还要满足城市居民来村镇旅游、度假等的需求	主要面对城市居民，服务于城市居民，满足其基本功能需求
管理层面	绿地管理的体制极不完善，管理程序混乱，绿地方面的专业技术人员欠缺	绿地管理体制成熟，管理机构设置完善，专业技术人员配备齐全

2.3 村镇绿地系统

2.3.1 绿地系统

“系统”的本义是指同类事物按一定秩序和内部联系组合而成的整体。若干相互联系和相互影响的要素形成一个具有整体性、层次性、稳定性和适应性的有机整体。

绿地系统在我国第一次被提出是在1963年，国家建筑工程部颁发的《关于城市园林绿化工作的若干规定》在第一章提到：“每个城市的园林部门，应当配合城市规划部门，编好城市绿化规划。绿化规划，要做到合理布局，远近结合，点、线、面结合，把城区、郊区组成一个完整的城市园林绿地系统”。1992年，中华人民共和国国务院令第100号发布的《城市绿化条例》中再次提到绿地系统：“城市绿地主要分为公共绿地、居住区绿地、单位附属绿地、防护绿地、生产绿地、风景林地和道路绿化，整体构成城市绿化的全部内容。各类绿地的绿化性质、标准、要求各有不同，但最终构成城市的整个绿地系统，发挥城市绿化整体的、综合的效益”。

虽然“绿地系统”很早就被用来表述城市绿地的存在状态和存在特征，但是却一直没有从专业角度给出准确的定义。2002年颁布的《园林基本术语标准》CJJ/T 91—2002中第一次从行业角度明确了城市绿地系统的定义为“由城市中各种类型和规模的绿化用地组成的具有较强生态服务功能的整体”。整体性、系统性，以多个单元组成体系的形式是绿地系统的本质含义。

2.3.2 村镇绿地系统的概念

过去，由于对绿地的狭义理解及对城乡统筹的认识相对滞后，绿地系统都是以城市绿地为载体进行规划和研究。而村镇绿地的概念尚未成熟，所以研究和讨论村镇绿地系统也更是力所不及。

为了配合城乡一体化建设，适应城乡统筹发展的新形势，具体针对村镇体系的绿地系统规划和建设势在必行，这也成为推进村镇发展建设的重要环节。村镇绿地系统是指村镇体系空间范围内各种类型和规模的绿地组成的一个有机整体，它以村镇绿地为载体，通过其建设和发展主动呼应村镇的多重需求，充分发挥村镇绿地的多种作用。从城乡一体化整体发展的角度全面考虑村镇绿地的建设，最终促成村镇绿地规划建设全面协调实施，在“城市—村镇”协同发展过程中扮演重要的角色。

2.3.3 村镇绿地系统的特征

村镇绿地系统作为村镇体系空间框架下不同类型的绿地相互联系而形成的有机系统，是一个自然、社会与经济相互作用的复合体系。它具有一般系统体系的一些基本特征。

1．整体性

村镇绿地系统是由所在村镇体系的各种类型和规模的绿地组合而成，虽然是由每个单元绿地构成，但相对村镇其他体系来说，它总是以一定的组合形式、布局模式整体出现。村镇绿地系统的整体性让其在规划建设中具有化零为整、统一考虑、综合调控的特征。

2．层次性

村镇绿地系统不但属于村镇体系中的一部分，其本身还可以划分为各个亚系统，亚系统下面又可以分为子系统，子系统也是由各个小单元组成。严密的层次划分保证了整个系统统一而有序地运作，确保村镇绿地系统在各个层面能够充分发挥作用。

3．稳定性

村镇绿地系统下属的各个系统种类很多，有按照功能划分的系统，有按照所在空间层次划分的系统，等等，它们承担的功能也千差万别。但是所有系统都必须以一种稳定的状态存在才能够保证整个大系统的正常工作，即在系统中从个体到整体都要满足稳定性的要求，进而以某种科学的方式进行布局，形成合理的空间格局。

4．适应性

不同类型和不同规模的村镇绿地所构筑的村镇绿地系统是存在于一定生态、社会、经济背景下的。系统受到外部环境的直接影响，反过来，系统也促进外部环境的改善和变化。比如，外部环境的恶化将影响村镇绿地的营造，而村镇绿地的建设反过来能够促进生态环境的净化和改善。这种在村镇绿地系统与外部环境之间表现出来的相适应现象是村镇绿地属于大生态环境体系中的有机组成部分的具体体现。

5．目标性

村镇绿地系统作为保障村镇规划建设的重要支撑，其规划的目的性和目标性非常明确。就如同村镇绿地所承担的功能一样，村镇绿地系统构建的目标是以一个完整的体系来实现村镇生态、经济和社会的综合效益，推进村镇可持续发展和城乡一体化建设。

2.3.4 村镇绿地系统的定位

1. 村镇绿地系统是确保村镇绿地充分发挥功能作用的平台

村镇绿地虽然依附于所在的空间体系，服务于所属的行政管理需要，但都是以一种土地综合利用的方式而存在。村镇绿地承担着生态、景观和游憩等多重功能。而随着市场经济的不断发展和城乡一体化的逐步推进，村镇的建设方兴未艾，更需要村镇绿地在村镇建设中充分发挥其综合功能作用。

2017年《风景园林基本术语标准》CJJ/T 91—2017颁布，从行业角度明确了城市绿地系统的定义：城市绿地系统是由城市中各种类型、级别和规模的绿地组合而成并能行使各项功能的有机整体。该定义进一步说明，其整体应当是一个结构完整的系统，并承担改善城市生态环境、满足居民休闲娱乐要求、组织城市景观、美化环境和防灾避灾等城市综合功能。上述对城市绿地系统的表述同样适用于村镇，虽然在村镇体系中，每个村镇绿地单元起着特定的一个或多个作用，但单一村镇绿地的功能是有限的，只有通过各级各类绿地单元按照一定的科学规律和实际要求进行沟通与呼应，互相影响并互相关联，共同构成一个完整有机的整体才能发挥综合效益。

村镇绿地系统的构建是使村镇绿地积极参与到村镇建设、促进村镇发展和实现村镇绿地综合效益的基础。稳定的村镇绿地系统也将有利于村镇绿地综合功能作用的整体发挥。

2. 村镇绿地系统是引导村镇空间合理布局的基本保障

村镇绿地系统除了发挥基本功能作用以外，还作为村镇体系用地空间中重要的一种类型，对村镇空间结构和布局形态有着重要的引导作用。

随着农村城镇化建设的推进，作为具有一定人口密度的人类聚居地，村镇体系下的人类活动、经济发展与生态环境间的矛盾十分突出。因城镇化过快而导致村镇发展逐渐失去了控制，村镇的空间结构日显杂乱。村镇的发展势必会出现绿地与其他功能用地之间的博弈。在这一过程中，确保村镇建设发展和创造良好村镇人居环境这两者间的协调成为现阶段发展的趋势，也是必由之路。村镇绿地作为具有多重价值的绿色空间，在塑造村镇空间、优化村镇格局上起着关键作用。而村镇体系本身所处的生态大环境格局较城市来说有着先天的优势。

吴良镛院士在《人居环境科学导论》中指出："在人居环境的空间构成中，按照其对人类生存活动的功能作用和受人类行为参与影响程度的高低，可以划分为生态绿地系统和人工建筑系统两大部分。"绿地系统并不是依附于人工建筑系统下面的子系统，而是与之存在着相互作用的辩证关系。事实证明，这种辩证关系的处理将直接影响人居环境的构建与营造。

村镇绿地系统作为村镇体系大环境的一部分，应该摈弃以往在城市中“绿地填空城镇建设用地”的旧思维，贯彻落实“绿色自然为底、建设用地填充”的基本生态绿地规划理念（图2-17），引导村镇空间的合理布局。通过绿地系统与人工建筑系统“图底关系”的转换，控制村镇体系中建设用地的无序蔓延和肆意扩张，合理布局村镇空间，在满足村镇经济、社会发展的同时，为村镇提供更多的生态、游憩、景观的绿色空间。

3. 村镇绿地系统是提升村镇综合实力的重要媒介

在当前和可预见的未来，我国村镇的发展仍将经历农业产业化和农村城镇化的深刻变革，村镇发展力度和环境承受压力都相应加大。在这种背景之下，坚持村镇可持续发展战略，充分提升村镇的综合实力就变得更为迫切。

以往由于过度地依赖粗放式的生产方式，依靠单纯的资源消耗来追求所谓的发展实力，使得村镇的生态环境更加复杂、更加脆弱、更加不平衡。在一些资源型区域，这样的现象更显突出。这种发展模式下的村镇看似经济上去了，但是环境的恶化已经成为制约村镇经济、社会发展，危及村镇人居环境的重大问题。

村镇绿地系统将生态环境与村镇的经济、社会发展结合起来，使绿地在村镇体系中发挥生态、景观、游憩等综合功能作用，建立绿色环境与经济发展相互协调的新思维，在其中找到一个平衡点，健康而可持续地提高村镇的综合实力。

4. 村镇绿地系统是促进城乡一体化建设的有力支撑

早在霍华德提出“田园城市”概念的时候，人类已经开始关注通过绿地来构筑城市与农村的关系。在当今中国，村镇经济迅猛发展，城乡交流与日俱增，城乡关系日趋紧密，大大推进了农村城镇化和城乡一体化发展的历史进程。

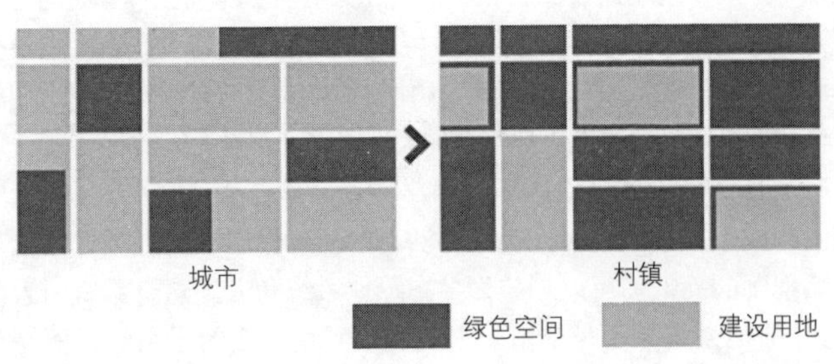

图2-17 城市与村镇“绿地—建设用地”图底关系对比

城乡一体化建设涉及城乡之间发展的各个内容，包含基础建设、经济发展、管理体制等。从空间体系来说，城市与村镇就如大海中的“岛屿”，共同镶嵌在大地之中，绿地作为二者中连通和共享的一种基础设施自然而然地成为联系城乡的绿色纽带。

包含村镇绿地在内的城乡绿色空间强调了城乡绿地的有机结合，保障了城乡整体大环境生态系统的多元和自然生态过程的畅通有序（图2-18）。正如芒福德所认为的：“城市源于乡村，依赖乡村，在整体上又融入乡村，与乡村密不可分”“在区域范围内一个完整的绿色环境对城市来说都是极其重要的，一旦这个环境遭到破坏，资源被掠夺、物种被消灭，那么城市也将随之衰落，因为这两者的关系是共荣共生的”。可见，在我国城镇化发展的背景之下，城市建设不能脱离村镇，更不能脱离村镇绿地系统的建设。城市与村镇的规划体系也应从以“社会—经济”为重心转移到“社会—经济—环境”三驾马车并重上来。村镇绿地系统以其大环境格局优势和多重功能体系在整个城乡规划体系中拥有举足轻重的地位，成为促进城乡一体化建设的有力支撑。

村镇绿地系统定位的示意如图2-19所示。

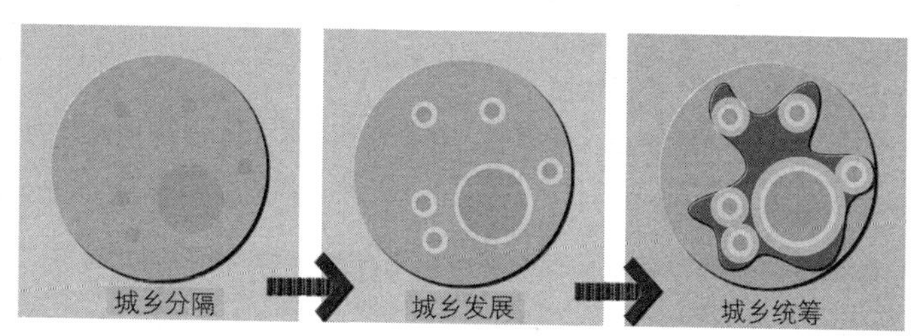

图2-18 城乡一体化中的城乡绿色空间发展

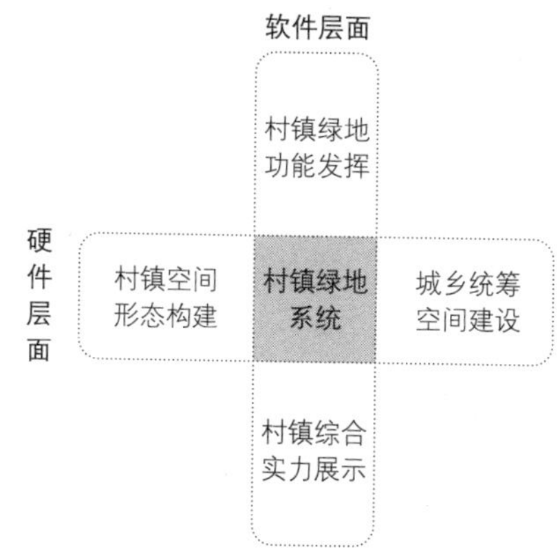

图2-19 村镇绿地系统定位示意

2.4 村镇绿地系统规划

2.4.1 村镇绿地系统规划的定义和职能

1. 村镇绿地系统规划的定义

参考城市绿地系统规划的定义，本文将村镇绿地系统定义为：依据自然条件、地形地势、基础植被状况和土地利用现状等，对村镇体系下的各类绿地进行定位、定性和定量的统筹安排和统一部署，最终形成村镇体系下的一个完善有机的绿色空间系统，以实现村镇绿地所具有的多重功能，并指导人们对村镇绿地进行合理建设、利用和保护。

2. 村镇绿地系统规划的职能

村镇绿地系统规划的基本职能主要有三方面：

首先，将具体的、准确的村镇绿地空间落实到村镇体系空间实体上，描绘出未来村镇体系下绿地发展的美好远景。保持村镇绿地系统与其他村镇各类建设发展系统之间的协调，村镇绿地系统规划是村镇人居环境建设的基本保障。

其次，村镇绿地系统承担着实施职能。村镇绿地系统确定未来的村镇绿地发展目标，作为指导村镇绿地建设和发展的基本纲领，在其指导下保证未来村镇绿地的各项建设稳步推进，给村镇绿地系统建设的实际工作提供依据。

最后，村镇绿地系统规划成为村镇健康发展和综合环境提升的一项重要工作内容，承担着村镇形象宣传和行政管理的职能。

2.4.2 村镇绿地系统规划的目标和任务

1. 村镇绿地系统规划的目标

村镇绿地系统规划有别于城市绿地系统规划，它的目标更加贴近村镇的实际条件和村镇绿地的功能所属。下面从不同的角度加以阐述。

（1）生态角度

通过村镇绿地系统规划，构建完整而稳定的村镇生态大环境，确保村镇环境的安全、健康，建立人与自然和谐相处的生物多样性村镇。

（2）生产角度

有别于城市，村镇中农业经济所占的比重大。村镇的这一经济特点要求村镇绿地系统规划应充分适应并协调村镇的农、牧、渔业等的生产要求；应适当体现绿地结合生产的构建模式，保障与村镇经济发展相适应的“生产”性绿色空间的存在。

（3）安全防护角度

村镇绿地系统规划所构建的绿地体系将保障村镇居民基本的生活安全，改善村镇环境条件和卫生条件；同样，村镇绿地也应确保村镇的农林生产安全，为村镇基本的农业经济发展提供保障。

（4）游憩角度

村镇绿地系统规划应为村镇居民提供户外游憩的场所，为其营造不同规模的休憩空间，满足不同人群对绿地的需求，使之成为村镇居民主要的日常活动空间，拉近村镇居民的邻里关系。也为远离城市喧嚣的城市居民提供体验村镇风光和文化的游憩场所。

（5）景观形象角度

结合村镇独具特色的自然风貌、生产景观和民俗民风，村镇绿地系统规划应综合村镇环境的各种组成要素，形成具有村镇地域特色的景观，充分发挥其村镇形象载体的功能作用。

（6）文化角度

村镇绿地系统规划应构建一个完整的体系来整合和展示当地村镇的地域文化，让村镇绿地能够成为村镇文化展示的窗口，让现存的文化有了保存和展示的新方法，也为保留和传承发展那些被遗忘或正在消逝的文化提供新的策略。

（7）城乡一体化角度

在城乡一体化建设的背景下，紧邻中心城市的村镇的空间体系下的绿地充当了城市与村镇之间联系纽带的角色。所以村镇绿地系统规划在一定空间范围内还兼备促进城乡统筹发展的目标，其与城市绿地系统规划一道，共同推进城乡一体化空间下绿色空间的统筹联系与优化整合。

（8）防灾避险角度

村镇绿地系统规划的目标还包括构筑整个村镇体系下的防灾避险绿地空间体系，对村镇的各类绿地按照防灾避险要求进行系统分类和功能定位，并在村镇绿地建设中提出具体的满足防灾避险需要的建设措施。同时，与村镇其他防灾避险规划紧密配合、协调合作，共同形成覆盖整个村镇体系空间的完整而系统的防灾避险空间格局。

村镇绿地系统规划目标示意如图2-20所示。

2．村镇绿地系统规划的任务

村镇绿地系统规划的任务主要包括以下几方面：

（1）深入调查研究村镇绿地现状，并进行分析评价和问题诊断。

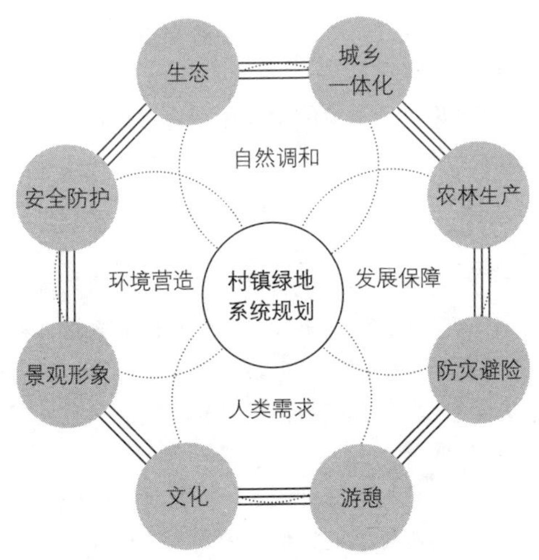

图2-20 村镇绿地系统规划目标示意

（2）根据村镇性质、自然条件和经济发展规模，研究村镇体系下绿地建设的水平和速度，制订村镇绿地的各项指标。

（3）合理安排县（乡）域空间下村镇绿地大格局，合理布局村镇体系下各居民点内的各项绿地，确定其位置、性质、范围、面积及内容。

（4）提出村镇绿地系统规划其他专项规划方案，包括：树种规划、生物（植物）多样性规划与建设规划、古树名木保护规划、防灾避险绿地规划、绿道绿廊规划等。

（5）提出村镇绿地分期建设及重要项目的实施计划。

（6）制定村镇绿地实施保障策略，划出需要控制和保留的村镇绿地红线。

（7）落实村镇绿地的实际建设，实现保护村镇生物多样性、改善村镇生态环境、优化村镇人居环境和促进村镇可持续发展的目标。

2.4.3 村镇绿地系统规划层次

由于经济发展的特殊国情，我国长期以来更为关注城市，特别是经济较为发达的大城市的发展，而对一般村镇则不够重视。在绿地系统规划工作上，同样体现出这两者之间发展的不均衡。在一些经济不发达的村镇，由于严重缺乏技术力量和基础资料，连村镇总体规划都尚未出台，更不用提村镇绿地系统规划了。

《城乡规划法》的颁布实施，则以法律的形式明确指出城乡规划应包括城镇体系规划、城市规划、镇规划、乡规划和村庄规划。

城市规划、镇规划分为总体规划和详细规划。详细规划分为控制性详细规划和修建性详细规划。

在镇、乡规划层面，《镇规划标准》GB 50188—2007于2007年颁布并实施，是我国现阶段指导镇规划建设和管理工作的标准，该标准适用于全国县级人民政府驻地以外的镇规划，乡规划可按该标准执行。该标准第12.4.1条指出："镇区环境绿化规划应根据地形地貌、现状绿地的特点和生态环境建设的要求，结合用地布局，统一安排公共绿地、防护绿地、各类用地中的附属绿地，以及镇区周围环境的绿化，形成绿地系统。"第12.4.5条指出："对镇区生态环境质量、居民休闲生活、景观和生物多样性保护有影响的邻近地域，包括水源保护区、自然保护区、风景名胜区、文物保护区、观光农业区、垃圾填埋场地应统筹进行环境绿化规划。"而在村庄规划层面，在《村庄整治技术标准》GB/T 50445—2019和各地出台的一些村庄规划建设规范中也提出在村庄规划建设中应加强公共绿色环境的建设。

由此可见，现阶段我国村镇绿地系统工作的深度和广度基本与镇规划、乡规划及村庄规划相一致，主要解决村镇体系下各居民点（镇区、村庄）建设用地内的绿地系统发展目标、布局结构、定额指标，以及各类绿地的性质、内容等一系列居民点层面的问题，缺乏对村镇体系的整体把握和对不同地块绿地建设的控制，基本属于总体规划阶段。这属于传统城市绿地系统规划的套路，也成为村镇绿地系统规划的发展瓶颈。

如果仅从居民点建设用地角度考虑村镇绿地系统，会带来以下四点弊端：一是镇规划更多是针对村镇体系下各居民点的用地布局规划，而在这个层次下的村镇绿地系统规划无法解决村镇体系整体的绿地建设问题；二是容易忽视体系内部存在的各居民点绿地建设不平衡的问题，因为单一居民点建设用地内的绿地指标无法规避村镇体系中老镇老村的绿地建设不均衡的现实；三是单依照镇规划的村镇绿地系统规划无法与多样的村镇绿地组成要素相协调和对应；四是无法从整体层面为下一阶段的村镇绿地设计提供更为科学、实用的依据，如对自然资源条件、环境地形地貌、水文地质等方面的控制，从而导致在村镇绿地具体设计过程中出现挖湖堆山、砍树造田等随意更改场地属性、占用自然资源和破坏生态环境等现象。因此，需要对村镇绿地系统规划的层次进行重新梳理和确立。

村镇绿地系统规划应该贯穿到包含镇规划、乡规划和村庄规划在内的村镇规划的每个阶段，逐步建立与村镇规划体系，即镇（乡）域规划、镇区（一般建制镇、乡村集镇）总体规划、详细规

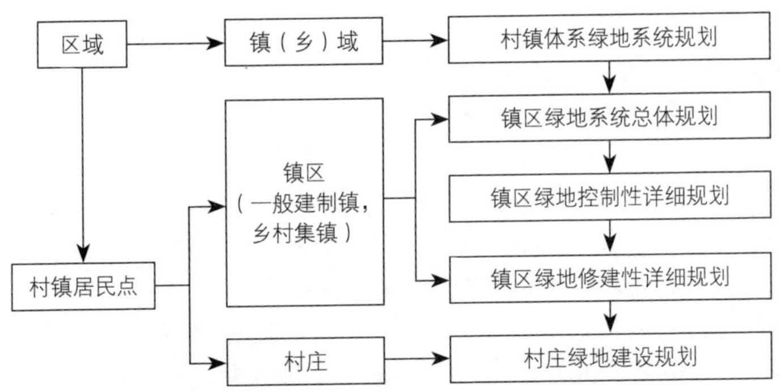

图2-21 村镇绿地系统规划层次

划和村庄建设规划相呼应的村镇绿地系统规划体系。从规划层次来说，村镇绿地系统规划分为：村镇体系绿地系统规划、镇区绿地系统总体规划、镇区绿地控制性详细规划、镇区绿地修建性详细规划和村庄绿地建设规划（图2-21）。结合村镇体系的二级空间层级——镇（乡）域和村镇居民点（镇区居民点和村居民点），我们可以看到村镇体系绿地系统规划主要针对镇（乡）域，从村镇体系整体角度出发，基于整体适宜性评价，提出涵盖体系内各居民点的村镇体系绿地系统发展目标以及整体的绿地系统布局结构、各类绿地的性质和内容，对下一层级绿地系统规划具有宏观的指导作用。而镇区绿地系统总体规划则属于包含一般建制镇和乡村集镇在内的镇区居民点绿地总体规划阶段。镇区绿地控制性详细规划和修建性详细规划则是对上位镇区绿地系统总体规划的各项要求和规划指标的落实。而村庄绿地建设规划由于尺度较小，与镇区详细规划一样，是在1∶1000～1∶5000比例的图幅上，对上位绿地系统规划所确定的绿地进行空间区域控制，在刚性控制与弹性引导相协调的基础上，在村镇体系下制定一系列绿地建设的规定性和引导性的指标，保障村镇绿地规划能够自上而下进行落实和实施。

总的来说，村镇绿地系统规划在层次上体现出总体协调，同时又局部安排的特征。

2.4.4 村镇绿地系统规划与我国其他相关规划的关系

1．与土地利用规划的关系

土地是人类赖以生存的物质基础，土地的利用直接关系到人类的发展。土地利用既受自然条件的影响和制约，也受到所在环境的经济条件、社会发展条件等的综合影响，所以土地利用方式是在一个特定时期、由特定区域内的自然、经济、技术和社会条件共同影响而得来的产物。

随着我国城乡一体化建设的加快，及时调整我国对土地对利用、实行城乡土地统一分类和统一管理已被提上议程。2007年8月，我国新的土地利用分类系统——《土地利用现状分类》GB/T 21010—2007首次作为国家标准颁布，标志着我国土地利用研究的深入和土地管理水平的提高。随着社会的发展和科技的进步，为了更好地适应土地管理工作的需要，我国在2017年颁布了新版土地利用分类标准——《土地利用现状分类》GB/T 21010—2017。两个标准的颁布分别代表了我国在不同历史时期对土地利用分类的最新理解。新的土地利用规划分类标准站在城乡统筹的高度，全方位地对土地利用类型进行细分和优化，对我国现阶段的城乡一体化发展有积极的促进作用。

绿地不属于土地类型，只是一种土地利用方式。而土地利用规划是以土地的性质、利用价值、功能等作为主要依据进行土地分类，所以绿地在土地利用规划中不是以土地利用的大类出现。村镇绿地由于所处的大环境，其功能属性、服务对象等和传统的城市绿地有着本质的区别，所以村镇绿地在内容构成上就表现出较城市绿地更明显的复杂性和多样性。

《土地利用现状分类》GB/T 21010—2017中虽然没有“绿地”二字的出现，但是村镇绿地的内容的复杂性和多样性，使之能够在标准中的多个土地利用类别下找到存在的空间，如表2-3所示。

村镇绿地系统规划与土地利用规划的关系示意　表2-3

一级类		二级类		与村镇绿地系统规划的关系
编码	名称	编码	名称	
02	园地	021	果园	村镇绿地实际内容
		022	茶园	
		023	其他园地	
03	林地	031	有林地	
		032	灌木林地	
		033	其他林地	
04	草地	041	天然牧草地	
		042	人工牧草地	
		043	其他草地	
08	公共管理与公共服务用地	087	公园与绿地	

续表

一级类		二级类		与村镇绿地系统规划的关系
编码	名称	编码	名称	
05	商服用地			附属于用地内的绿地
06	工矿仓储用地			
07	住宅用地			
08	公共管理与公共服务用地（除087公园与绿地外）			
09	特殊用地			
10	交通运输用地			
11	水域及水利设施用地			
12	其他土地			

02园地，具体分为021果园、022茶园和023其他园地。可见，村镇体系空间下的园地都属于村镇绿地的内容。

03林地（不包括居民点内部的绿化林木用地，铁路、公路征地范围内的林木，以及河流、沟渠的护堤林），具体划分为031有林地、032灌木林地和033其他林地。可见，村镇体系空间下的林地属于村镇绿地的组成部分。

04草地，具体分为041天然牧草地、042人工牧草地和043其他草地。由于土地利用分类中的草地在绿地概念中属于其组成要素之一，所以村镇体系空间下的草地也作为村镇绿地的有机组成部分。

08公共管理与公共服务用地中的“087公园与绿地”是指城镇、村庄内部的公园、动物园、植物园、街心花园和用于休憩及美化环境的绿化用地。村镇绿地中的村镇建设用地之内的绿地属于这个土地利用范畴。

除此之外，其他土地利用类型——05商服用地、06工矿仓储用地、07住宅用地、08公共管理与公共服务用地（除087公园与绿地外）、09特殊用地、10交通运输用地、11水域及水利设施用地和12其他土地中存在附属于其中的绿地。所以在村镇体系范围之内，村镇绿地也会以附属于以上用地的形式存在。

综上所述，虽然村镇绿地系统与土地利用规划是两个不同性质的规划，彼此的目标和内容也大相径庭。但从整体规划程序上来讲，土地利用总体规划是城乡总体规划编制的依据之一，为城镇、村镇等各级居民点的用地规划提供了基本的操作平台。而村镇绿地系统规划作为村镇规划的一个子系统，土地利用规划同样能够对其土地合理利用提供依据，为村镇绿地系统的合理规划提供基本的土地利用保障。

2．与城乡总体规划的关系

城乡总体规划是指城市人民政府依据国民经济和社会发展规划以及当地的自然环境、资源条件、历史情况、现状特点，统筹兼顾、综合部署，为确定城市的规模和发展方向、实现城市的经济和社会发展目标、合理利用城市土地、协调城市空间布局等所作的一定期限内的综合部署。

从更本质的意义上看，城乡总体规划是人居环境各层面上的，以城市层次为主导工作对象的空间规划。但在实际工作中，城乡总体规划的工作对象不仅仅是行政级别上的城市，还包括行政管理设置中在管理范围内的地区、区域，以及够不上城市行政规模设置的镇、乡和村等人居环境空间。同时对都市区化进程中出现的城市建成区超出中心城区范围的现象，拘泥于中心城区层次进行城市建设用地规划布局的研究则略显不足，难以真正实现城乡统筹，所以笔者认为在传统城市总体规划两层级中间应增加城市规划区层级，与上下规划层级进行契合。

综上，城市总体规划的任务包含三个层级：市（县）域城镇体系层面、城市规划区层面和中心城区层面。

（1）市（县）域城镇体系层面

市域和县域城镇体系规划的内容包括区域城镇发展战略、区域生态环境等保护目标，和调整现有城镇体系的规模结构和空间布局等诸多市（县）域层面的内容。自然环境是城乡赖以生存和健康发展的基本条件之一，在城市的生态格局、景观形象、游憩利用等层面扮演着重要的角色。为了加强城市整体区域的自然环境建设，对区域的绿色环境进行系统规划控制是城市（城乡）总体规划工作的重中之重，而中心城市以外的广域村镇绿地在城乡整体生态大环境构成中属于极其重要的组成部分，所以村镇绿地系统规划属于城乡总体规划中的市（县）域层面的生态大环境规划的一部分，与城乡总体规划有着一定的互动和呼应关系。

《城市用地分类与规划建设用地标准》GB 50137—2011作为中华人民共和国国家标准，于2012年1月1日由住房和城乡建设部批准实施，比起21年前上一版的《城市用地分类与规划建设用地标准》

（GBJ 137—90）有了很大的不同。从《城市用地分类与规划建设用地标准》GB 50137—2011中，可以清晰地看到村镇绿地在城乡总体规划中市（县）域层面的空间位置。尽管新用地标准仍然沿用“城市用地”的名称，但绿地作为用地的一个类别，已不仅仅局限于城市建设区范围内，而已扩展到城乡的尺度范围，涵盖了城市、镇、乡和村庄等不同级别的居民点。

关于本书所研究的“村镇绿地”，在《城市用地分类与规划建设用地标准》GB 50137—2011中虽然没有明确提出“村镇绿地”这四个字，但在对其进行深入研究和剖析后，可以找到村镇绿地的位置（表2-4）。

村镇绿地系统规划与城乡总体规划市（县）域层面的关系 表 2-4

<table>
<tr><th colspan="3">类别</th><th rowspan="2">与村镇绿地系统规划的关系</th></tr>
<tr><th>大类</th><th>中类</th><th>小类</th></tr>
<tr><td rowspan="3">H 建设用地</td><td rowspan="3">H1 城乡居民点建设用地</td><td>H12 镇建设用地</td><td rowspan="8">村镇绿地存在范围</td></tr>
<tr><td>H13 乡建设用地</td></tr>
<tr><td>H14 村庄建设用地</td></tr>
<tr><td rowspan="5">E 非建设用地</td><td rowspan="3">E1 水域</td><td>E11 自然水域</td></tr>
<tr><td>E12 水库</td></tr>
<tr><td>E13 坑塘沟渠</td></tr>
<tr><td>E2 农林用地</td><td></td></tr>
<tr><td>E9 其他非建设用地</td><td></td></tr>
</table>

《城市用地分类与规划建设用地标准》GB 50137—2011的城乡用地分为建设用地（H）和非建设用地（E）两大类，村镇绿地在这两大类用地中都有存在。

在建设用地（H）中，镇建设用地（H12）、乡建设用地（H13）和村庄建设用地（H14）都是村镇绿地存在的空间。

在非建设用地（E）中，农林用地（E2）和其他非建设用地（E9）也是村镇体系建设用地之外的绿地的实际存在空间。

[备注：①城乡居民点建设用地（H1）与《城乡规划法》中规划编制体系的市、镇、乡、村规划层级相对应。②自然保护区、风景名胜区、森林公园分别归入非建设用地（E）的“水域”（E1）、“农

林用地”（E2）以及“其他非建设用地”（E9）中]

（2）城市规划区层面

《城乡规划法》第二条指出：“本法所称规划区，是指城市、镇和村庄的建成区以及因城乡建设和发展需要，必须实行规划控制的区域。规划区的具体范围由有关人民政府在组织编制的城市总体规划、镇总体规划、乡规划和村庄规划中，根据城乡经济社会发展水平和统筹城乡发展的需要划定。”

城市规划区一般包含三个层次：①城市建成区；②城市总体规划确定的市区（或中心城市）远期发展建设用地范围；③城市郊区（它的开发建设同城市发展有密切的联系，因此需要对这一区域内城镇和农村居民点各项建设的规划及其用地范围进行控制）❶。

❶ 引自《城市规划基本术语标准》GB/T 50280—98。

随着城乡一体化进程的加快，中心城区近郊部分的农村的城镇化是发展的必然趋势。以功能多元化的中心城市为依托，在其周围形成不同层次、不同规模的城、镇（乡）、村等居民点，它们之间互相联系，形成一个网络状的、城乡一体化的复杂社会系统，其最终目标是让规划范围内的乡村集镇和村转换为城镇用地，成为未来城市的一部分。可以从以下两方面理解：一方面，城市总体规划所确定的市区远期发展建设用地可能包括现有的近郊村镇体系下的一些居民点建设用地，所以村镇绿地包含在城市建设用地中公园绿地（G1）和防护绿地（G2）的空间和内容之内；另一方面，村镇绿地还广泛存在于城市规划区内的城市郊区，成为城市规划区的绿色基底（表2-5）。

基于城市规划区的定义，城市规划区范围内的现状村镇正处于高速的城镇化阶段，在不久的将来会成为城市建设用地。因此本次研究如果站在城市规划区范围的角度进行村镇绿地系统规划的讨论，则仅仅是对这个范围内的村镇绿地连接城乡、城乡一体化建设的功能进行研究。

村镇绿地系统规划与城乡总体规划城市规划区层面的关系　表2-5

城市规划区内容层次	与村镇绿地系统规划的关系
城市建成区	无关系
城市总体规划确定的市区（或中心城市）远期发展建设用地范围	村镇绿地存在范围：即将转换为城市建设用地的村镇居民点建设用地内部的公园绿地（G1）和防护绿地（G2）
城市郊区	村镇绿地存在范围：城市规划区范围内农林用地（E2）和其他非建设用地（E9）

（3）中心城区层面

在中心城区层面，村镇绿地处于其建设用地范围以外，与中心城区建设用地中的绿地（G）形成对应关系，并与之共同构成城乡一体化大背景下的绿色空间。所以村镇绿地系统规划与城乡总体规划中心城区层面互不隶属，但与其中的城市建设用地内绿地（G）的规划相互联系（表2-6）。

村镇绿地系统规划与城乡总体规划中心城区层面的关系　表 2-6

类别		与村镇绿地系统规划的关系
大类	中类	
G 绿地与广场用地	G1 公园绿地	与村镇绿地互不隶属，但相互联系，共同构成城乡一体化大背景下的绿色空间
	G2 防护绿地	
R 居住用地		无关系
A 公共管理与公共服务用地		
B 商业服务业设施用地		
M 工业用地		
W 物流仓储用地		
S 道路与交通设施用地		
U 公共设施用地		

3．与村镇规划的关系

《城乡规划法》规定，城乡规划包括城镇体系规划、城市规划、镇规划、乡规划和村庄规划。根据本研究对村镇的定义，将镇（一般建制镇）规划、乡规划和村庄规划统称为村镇规划。村镇规划是指村镇政府为实现村镇的经济和社会发展目标，确定村镇的性质、规模和发展方向，协调村镇布局和各项建设而制定的综合部署和具体安排，是村镇建设和管理的依据。村镇规划的内容就是根据国家、省（自治区、直辖市）市、县的经济和社会发展计划与规划，以及村镇的历史、自然和经济条件，合理确定村镇的性质、规模，进行村镇的结构布局。

村镇的形成和发展有其自己的特点。由于分布较广，规模较小，村镇总是作为一个多元的、多层级的复合综合体出现，所以村镇规划有别于城镇规划，体现出总体协调，同时又局部安排的特征。村镇规划的内容包括三个层级：镇（乡）域规划，建制镇、乡集镇总体规划和详细规划、村庄建设规划。按照笔者对村镇绿地的概念界定，村镇绿地是指村镇体系空间范围内的绿地。因此，不管在空间范围还是内容组成方面，村镇绿地系统规划都是村镇规划内容的重要组成部分。从《镇规划标准》GB 50188—2007中可以看到二者之间的关系。《镇规划标准》GB 50188—2007于2007年发布实施，主要用以指导镇的规划建设和组织管理工作，创造良好的劳动和生活环境，促进城乡经济、社会和环境的协调发展。该标准适用于全国县级人民政府驻地以外的镇规划，同时适用于乡规划❶。

❶《镇规划标准》GB 50188—2007。

村镇绿地作为存在于村镇空间中的用地类型，在该标准的用地分类中，同样可以找到村镇绿地的归属。按照本文对村镇绿地的定义，村镇绿地是指村镇体系空间范围内的绿地，而村镇体系空间包含两个层面：以镇（乡）域规划为标准划分的镇（乡）域（建制镇、乡集镇、村庄建设用地外）空间和以建制镇、乡集镇和村庄规划为标准划分的村镇各居民点建设用地空间。

（1）镇（乡）域规划层面

镇（乡）域是镇（乡）行政区域内村镇布点及相应各项建设的整体部署，是中心镇、乡集镇和村庄规划的主要上位依据，主要内容包括乡（县）域村镇体系布局规划、工业发展规划布局、基础设施规划布局等。

从镇（乡）域层面看，在《镇规划标准》GB 50188—2007中，非建设用地的水域和其他用地（E）中的农林用地（E2）、牧草和养殖用地（E3）、保护区（E4）等都包含村镇绿地的内容。它们虽然不作为建设用地参与村镇用地平衡，但是也是村镇绿地的有机组成部分，所以镇（乡）域村镇体系层面下的村镇总体规划是村镇绿地系统规划的上位规划（表2-7）。

村镇绿地系统规划与村镇规划镇（乡）域层面的关系　表 2-7

类别		与村镇绿地系统规划的关系
大类	小类	
E 水域及其他用地	E2 农林用地	村镇绿地实际内容
	E3 牧草和养殖用地	
	E4 保护区	

（2）建制镇、乡集镇和村庄规划层面

除了镇（乡）域范围以内建制镇、乡集镇和村庄建设用地以外的广域绿地，在村镇体系下的各居民点建设用地范围内，还存在一部分村镇绿地。从《镇规划标准》GB 50188—2007中可以看到它们的关系。根据建制镇、乡集镇和村庄建设用地范围内的绿地（G）的用地属性，将其分为两个大类：公共绿地（G1）和防护绿地（G2）。另外从单项上看，除了以绿色植被覆盖为主体的绿地（G）以外，该标准中的其他用地大类：居住用地（R）、公共设施用地（C）、生产设施用地（M）、仓储用地（W）、对外交通用地（T）、道路广场用地（S）和工程设施用地（U）中同样也有绿地的存在，这种绿地即为附属于以上功能用地内的绿地。

所以，建制镇、乡集镇与村庄规划层面下村镇总体规划中的绿地系统专类规划属于村镇绿地系统规划中的重要组成部分，与镇（乡）域内、村镇体系各居民点建设用地范围外的绿地系统共同构成村镇体系空间下的绿地系统（表2-8）。

村镇绿地系统规划与村镇规划各居民点层面的关系　　表 2-8

类别		与村镇绿地系统规划的关系
大类	小类	
G 绿地	G1 公共绿地	村镇绿地实际内容
	G2 防护绿地	
R 居住用地		附属于用地内的绿地
C 公共设施用地		
M 生产设施用地		
W 仓储用地		
T 对外交通用地		
S 道路广场用地		
U 工程设施用地		

4. 与城市绿地系统规划的关系

城市绿地系统规划是对各种城市绿地进行定性、定位、定量的统筹安排，形成具有合理结构的绿地空间系统，以实现绿地所具有的生态保护、游憩休闲和社会文化等功能。它是城市规划的一个重要组成部分，属于城市总体规划阶段的专项规划。

为统一全国城市绿地（以下简称为“绿地”）分类，科学地编制、审批、实施城市绿地系统规划，规范绿地的保护、建设和管理，改善城市生态环境，促进城市的可持续发展，2017年住房和城乡建设部批准了新版《城市绿地分类标准》CJJ/T 85—2017，这是现阶段指导我国城市绿地系统的主要标准规范。虽然这对城市用地平衡核算、城市用地指标计算的需求有现实的意义，但面对我国经济快速的发展和城乡一体化建设的新浪潮，该绿地分类标准尚有一些需要完善和补充的内容，这都是亟须进行的工作。

我国的《城市绿地系统规划编制纲要（试行）》将城市绿地规划建设分为“市（县）域大环境绿地空间的规划布局”和“城市各类园林绿地的规划建设”两个层面。

（1）市（县）域大环境绿地空间的规划布局层面

长期以来，我国的城市绿地系统规划一直依附于城市总体规划，工作重点也一直停留在城市建成区范围内，对于市（县）域范围内的绿地系统规划建设的重视不够。在市（县）域范围内分布着大量的村镇体系居民点，它们依托中心城市的辐射作用而相互联系和发展。村镇绿地可以说在一定程度上构成了市（县）域空间内的绿色基底，联系着市（县）域范围内的各个居民点。所以从这个角度来说，村镇绿地系统规划属于城市绿地系统规划市（县）域层级下的一部分，积极地为市（县）域范围内的绿地系统规划建设作出贡献（表2-9）。

村镇绿地系统规划与城市绿地系统规划
市（县）域大环境层面的关系　表 2-9

市（县）域大环境绿地空间内容	与村镇绿地系统规划的关系
中心城区规划范围内绿地	与村镇绿地互不隶属，但共同构成城乡绿色空间
中心城区规划范围外的绿地	村镇绿地的存在范围

（2）城市各类园林绿地的规划建设层面

城市各类绿地系统规划主要解决城市建成区范围内的绿地系统的发展目标、布局结构、绿化指标以及各类绿地的性质、内容等一系列层面较为宏观的问题。

在城市建成区范围内的绿地系统规划中，公园绿地（G1）、防护绿地（G2）、广场用地（G3）、附属绿地（XG）都是在城市建设用地内进行讨论和分类，区域绿地（EG）强调了城市外围绿地在提升城市生态环境质量、提供休闲空间、完善城市景观和保护生物多样性等方面的重要作用。区域绿地（EG）在《城市绿地分类标准》CJJ/T 85—2017中被定义为“位于城市建设用地之外，具有城乡生态环境及自然资源和文化资源保护、游憩健身、安全防护隔离、物种保护、园林苗木生产等功能”的绿地。由于它不属于城市建设用地范围，所以不参与城市用地平衡。但借助城乡一体化建设的契机，很多城市的规划用地面积变大，邻近中心城市的村镇体系也被纳入城市规划区建设中并作为未来城市组成部分，形成围绕中心城市的广域城市规划区。

但需要说明的是，由于功能内容和空间区位不完全一致，所以在这种空间层面下的村镇绿地系统规划与城市绿地系统规划中的区域绿地（EG）规划不能画等号，只能说两者在城乡一体化建设中的城市规划区这个前提下存在一定的重叠关系（表2-10）。

村镇绿地系统规划与城市绿地系统规划城市各类绿地空间层面的关系　表 2-10

城市各类绿地分类	与村镇绿地系统规划的关系
G1 公园绿地	与村镇绿地互不隶属，但相互联系，共同构成城乡一体化大背景下的绿色空间
G2 防护绿地	
G3 广场用地	
XG 附属绿地	
EG 区域绿地	上级直属城市的规划区域范围内的村镇绿地与同属于城市规划用地范围内的区域绿地（EG）会出现一定空间的重合

5. 与农业区划的关系

农业区划是根据农业地域分异规律，科学地划分农业区。它是研究农业地理布局的一种重要科学分类方法。农业区划是在农业资源调查的基础上，根据各地不同的自然条件、社会经济条件、农业资源和农业生产特点，按照区内相似性与区间差异性和依据保持一定行政区界完整性的原则，把全国或一定的地域范围划分为若干不同类型和等级的农业区域，并分析研究各农业区的农业生产条件、特点、布局现状和存在的问题，指明各农业区的生产发展方向及其建设途径。农业区划既是对农业空间分布的一种科学分类方法，又是实现农业合理布局和制定农业发展规划的科学手段和依据，是科学地指导农业生产、实现农业现代化的基础工作。农业区划的内容体系分为：农业资源条件区划、农业部门区划、农业技术改造区划和综合农业区划。其中综合农业区划是整个农业区划的主体和核心。

农业生产具有明显的地域性，地区差异十分明显，所以不同地区的综合农业区划存在差异。以北京综合农业区划为例，北京郊区共分成10个一级区和30个二级区，具体内容如表2-11所示。

村镇绿地系统规划与北京综合农业区划的关系　表2-11

<table>
<tr><th>一级区</th><th>二级区</th><th>与村镇绿地系统规划的关系</th></tr>
<tr><td rowspan="4">Ⅰ 中山林果区</td><td>$Ⅰ_1$ 京西中山林果牧区</td><td rowspan="20">村镇绿地存在范围</td></tr>
<tr><td>$Ⅰ_2$ 延怀中山林果区</td></tr>
<tr><td>$Ⅰ_3$ 怀北中山林果区</td></tr>
<tr><td>$Ⅰ_4$ 密云两北中低山林果区</td></tr>
<tr><td rowspan="2">Ⅱ 延怀中低山林粮牧区</td><td>$Ⅱ_1$ 延庆中低山林粮区</td></tr>
<tr><td>$Ⅱ_2$ 怀柔低山林粮区</td></tr>
<tr><td>Ⅲ 延庆盆地粮果菜牧区</td><td>$Ⅲ_1$ 延庆盆地粮果菜牧区</td></tr>
<tr><td>Ⅳ 门头沟低山林果区</td><td>$Ⅳ_1$ 门头沟低山林果区</td></tr>
<tr><td rowspan="7">Ⅴ 低山果林区</td><td>$Ⅴ_1$ 房山拒马河低山林果区</td></tr>
<tr><td>$Ⅴ_2$ 房山大石河低山林果区</td></tr>
<tr><td>$Ⅴ_3$ 昌延温榆河上游低山果林区</td></tr>
<tr><td>$Ⅴ_4$ 怀昌延怀柔水库上游低山果林区</td></tr>
<tr><td>$Ⅴ_5$ 密云水库东北低山丘陵果林区</td></tr>
<tr><td>$Ⅴ_6$ 密云东部低山果林区</td></tr>
<tr><td>$Ⅴ_7$ 平谷东北部低山果林区</td></tr>
<tr><td rowspan="5">Ⅵ 山地平原过渡带粮果区</td><td>$Ⅵ_1$ 房山过渡带粮果区</td></tr>
<tr><td>$Ⅵ_2$ 房丰门过渡带菜果粮区</td></tr>
<tr><td>$Ⅵ_3$ 昌怀过渡带粮果区</td></tr>
<tr><td>$Ⅵ_4$ 密云过渡带粮油果区</td></tr>
<tr><td>$Ⅵ_5$ 平谷过渡带粮果牧区</td></tr>
</table>

续表

一级区	二级区	与村镇绿地系统规划的关系
Ⅶ 平原粮牧区	Ⅶ$_1$ 房山平原粮牧区	村镇绿地存在范围
	Ⅶ$_2$ 昌顺平原粮牧区	
	Ⅶ$_3$ 顺平平原粮菜牧区	
Ⅷ 平原粮经牧区	Ⅷ$_1$ 密怀粮油牧区	
	Ⅷ$_2$ 通顺朝平原粮菜牧区	
	Ⅷ$_3$ 通大平原粮菜牧区	
	Ⅷ$_4$ 大房平原粮经果牧区	
Ⅸ 平原粮菜牧区	Ⅸ$_1$ 海昌朝平原粮菜牧区	
	Ⅸ$_2$ 大通朝平原粮菜牧区	
X 近郊平原菜牧区	X$_1$ 近郊平原菜牧区	

资料来源：北京市农业区划委员会办公室。

村镇的发展根本在于农业，农业也是村镇经济的主要支撑，农业区划对于村镇来说可谓是一切工作的重中之重。多数地区的农业规划只关心单纯的农业，并没有把山、水、田、林、路、村等统一起来考虑，但它们是村镇绿地系统规划时重要的规划依据和参考内容。同时，村镇绿地系统规划目前面临的最大困难之一就是缺乏基础资料，规划无从下手，但是如果利用较为成熟并且开展得相对较早的农业区划工作所积累的资料，则将为村镇绿地系统规划提供可靠的数据，为与农业生产相关的绿地资源整合和优化提供依据。所以农业区划能够有效地解决村镇绿地系统规划中技术力量和基础资料不足的问题，为村镇绿地系统规划的顺利开展提供一定的支持。

除本节所提到的土地利用规划、城乡总体规划、村镇规划、城市绿地系统规划和农业区划规划5类规划以外，我国其他的一些规划，如林业规划、水利规划、村镇经济产业规划等等，都或多或少地会影响村镇绿地系统规划工作的开展和具体实施。村镇绿地系统规划与它们在不同领域都会有一定的互动，但由于所涵盖的内容过于繁杂，本书在此不作详细介绍。

第3章

现阶段我国平原村镇绿地系统建设面临的问题及规划方法的反思

3.1 新中国成立以来村镇绿地建设的发展历程

1949年新中国成立以来，我国进入了新的发展时期。有别于城市，从以往长期维持着土地私有制的基本形态到新中国成立后的土地改革、社会主义改造、人民公社运动、改革开放、新农村建设等不同时期，村镇经历了许多重大的变迁。

村镇绿地系统建设作为村镇建设的重要组成部分，直接受到了村镇发展的影响。与城市绿地系统不同，村镇绿地系统是以广域自然环境为基础建立起来的，村镇绿地系统的发展历程可以认为是两种历史进程的叠合：一种是基于我国村镇不断向前发展的历史进程，另一种则是村镇土地及自然资源在消耗与保护中不断发展的历史进程。

通过对新中国成立以来村、乡镇绿化重要行政文件中绿化建设等相关内容的整理和分析，并结合不同时期我国发展的实际状况，系统地梳理不同历史时期村镇发展和村镇环境建设的情况，能够清晰地映射出我国村镇绿地系统发展脉络，这对今后我国村镇绿地系统规划建设具有重要的启发意义。（表3-1）

新中国成立以来的不同时期涉及我国村镇环境建设的相关行政文件、内容及时期划分 表3-1

时间	文件（会议）名称	关于村镇绿化环境的相关内容	特征
1949年	《中国人民政治协商会议共同纲领》	明确规定了“保护农村森林”等有关环境建设的政策	农村各项工作百废待兴，绿化环境工作准备起步
1950年	《中华人民共和国土地改革法》	再次明确规定了“严禁非法砍伐树木”“严禁荒废土地”的相关法规	
1956年	《1956年到1957年全国农业发展纲要（草案）》	规定了“保持水土、发展林业，绿化一切可能绿化的荒地废山，在宅旁、村边、路旁、水旁种树”“积极改良和利用盐碱地、贫瘠的红土壤地、低洼地、砂地和其他各种贫瘠的土地”。	
1973年	《关于保护和改善环境的若干规定（试行草案）》	保护和改善居住区环境、水资源、土壤、森林、草原、野生动植物等农村环境要素的措施	指导思想偏离重点，政治环境左右绿化建设
1979年	《中共中央关于加快农业发展若干问题的决定（草案）》	规定了保护农业资源和农业生态环境的基本政策	

续表

时间	文件（会议）名称	关于村镇绿化环境的相关内容	特征
1982年	《村镇规划原则》（国家建委、国家农业委员会）	要求加强村镇规划、为农民创造舒适、卫生的生活环境	村镇绿化建设重新起步，生态保护与村镇发展并行
1982年	《全国农村工作会议纪要》（中央一号文件）	加强农业资源的保护工作，制止某些地区生态环境继续恶化：制定土地利用和农村建设的总体规划，把山、水、田、林、路的治理，生产、生活、科学、教育、文化、卫生、体育等设施的建设和农村小城镇的建设全面规划好	
1983年	第二次全国环境保护会议	提出了我国城乡环境建设和保护事业的战略方针，并提出“到21世纪末乡村环境和城市环境一起达到清洁、优美、安静的目的”，实现经济效益、社会效益和环境效益的统一	
1983年	《当前农村经济政策的若干问题》中央一号文件	采取多方面的有力措施 ，认真对待森林过伐、耕地减少、人口膨胀问题	
1984年	《关于加强环境保护工作的决定》	明确提出“积极推广生态农业、防止农业环境的污染和破坏”	
1984年	《国务院关于加强乡镇、街道企业环境管理的规定》	进一步在城镇上风向、居民稠密区、水源保护区、名胜古迹、风景游览区、温泉疗养区和自然保护区内，对破坏矿藏、文物、水土、森林、草原、生物物种和风景资源的活动，要严加制止	
1984年	《关于一九八四年农村工作的通知》（中央一号文件）	加速对山区、水域、草原的开发。鼓励种草种树，改良草场，实行农林牧相辅发展；鼓励发展水产养殖，保护天然资源，实行养殖捕捞并举。要多方开辟食物来源，改善生态环境	
1985年	《关于开展生态农业，加强农业生态环境保护工作的意见》	进一步要求全国各地农村大力开展生态农业，加强生态环境建设	
1985年	《村镇建设管理暂行规定》	要求“村镇居民新建、改建、扩建住宅不要破坏绿色环境，要保护农村生态资源”	
1985年	《关于进一步活跃农村经济的十项政策》（中央一号文件）	注意采取措施保护生态环境，城乡建设部门必须加强对小城镇建设的指导	
1986年	《关于一九八六年农村工作的部署》（中央一号文件）	严格控制非农建设占用耕地和林地的条例，小城镇规划、建设、管理条例，以及水土保持和农村绿色环境保护的具体措施	

续表

时间	文件（会议）名称	关于村镇绿化环境的相关内容	特征
1990年	全国自然保护工作会议	大力开展农村环境建设，推广生态农业建设，加强建设项目管理，合理开发利用自然资源，防止破坏生态环境	村镇经济蓬勃发展，生态环境问题日益严峻
1993年	《村庄和集镇规划建设管理条例》	保护和改善生态环境，防治污染和其他公害，加强绿化、村容镇貌和环境卫生建设、维护村容镇貌和环境卫生，妥善处理粪堆、垃圾堆、柴草堆、养护树木花草，美化环境	
1998年	《中共中央关于农业和农村工作若干重大问题的决定》	提出"加快以水利为重点的农业基本建设，改善农业生态环境"，指出村镇绿化是保证农业生产的良好外环境的关键	重视村镇的生态、经济、社会的和谐发展，将村镇生态保护、人居环境建设与发展农业经济并行
1999年	《国家环境保护总局关于加强农村生态环境保护工作的若干意见》	推进小城镇和村镇庄环境整治，开展基础设施建设、饮用水及其水源地保护、农村能源建设、生活污水及垃圾处理、农业有机废物处置、村容镇貌建设等	
2000年	《国务院关于进一步做好退耕还林还草试点工作的若干意见》	首次涉及生态补偿的原则，以经济为手段，兼顾农村经济发展与资源环境保护之间的关系	
2004年	《中共中央　国务院关于促进农民增加收入若干政策的意见》（中央一号文件）	继续搞好生态建设，对天然林保护、退耕还林还草和湿地保护等生态工程，要统筹安排，因地制宜，巩固成果，注重实效	
2007年	中央一号文件《中共中央 国务院关于促进农民增加收入若干政策的意见》（中发〔2004〕1号）	进一步搞好生态建设，重点把渔区渔港、林区和垦区场部建设与小城镇发展结合起来。有条件的地方，要加快推进村庄建设与环境整治	城乡统筹、科学发展观、生态文明建设等国家战略的提出，村镇绿地的建设已从原来的单一服务向多元化模式发展，成为保障村镇发展的重要因素
2008年	《关于切实加强农业基础建设进一步促进农业发展农民增收若干意见》（中央一号文件）	探索建立促进城乡一体化发展的体制机制。着眼于改变农村落后面貌，加快破除城乡二元体制，努力形成城乡各方面建设一体化。有序推进村庄治理。继续实施乡村清洁工程，开展创建"绿色家园"	
2009年	《中共中央 国务院关于2009年促进农业稳定发展农民持续增收的若干意见》（中央一号文件）	推进农村土地整治，实行田、水、路、林综合治理，推进森林、湿地等生态重点工程建设	

续表

时间	文件（会议）名称	关于村镇绿化环境的相关内容	特征
2010年	《中共中央　国务院关于加大统筹城乡发展力度　进一步夯实农业农村发展基础的若干意见》（中央一号文件）	构筑牢固的生态安全屏障，加强村镇规划，稳步推进农村环境综合整治，改善农村人居环境。发展循环农业和生态农业	城乡统筹、科学发展观、生态文明建设等国家战略的提出，村镇绿地的建设已从原来单一服务向多元化模式发展。成为保障村镇发展的重要因素
2012年	《中共中央　国务院关于加快推进农业科技创新持续增强农产品供给保障能力的若干意见》（中央一号文件）	搞好生态建设，改善农村人居环境。支持发展木本粮油、林下经济、森林旅游、竹藤等林产业	
2013年	《中共中央　国务院关于加快发展现代农业进一步增强农村发展活力的若干意见》（中央一号文件）	推进农村生态文明建设。加强农村生态建设、环境保护和综合整治，努力建设美丽乡村	

资料来源：笔者根据相关资料整理而成。

3.1.1 起步准备期（1949—1957年）

新中国成立初期的农村土地改革通过没收地主的土地分给无地、少地的农民，使农民拥有土地的所有权和使用权。农民恢复生产、建设家园的积极性空前高涨，落后的乡村面貌有所改观。但由于当时特殊的历史背景，村镇工作的首要任务是尽快恢复生产、重建村镇的社会秩序，实行土地改革，实现村镇社会的复兴和有效整合。在这个时期对村镇周边绿色资源的利用和绿色空间的占用尚在正常范围之内。

由于正处于新中国成立初期，在当时生产的需求和经济的制约下，国土环境创伤累累，城市、农村百废待举。这个时期基本上谈不到村镇绿地系统的建设，所有工作基本也是围绕着恢复和发展国民经济、进行所有制改造和全面建设社会主义等任务展开，对村镇绿化环境没有太多明确的工作要求。因此这一阶段的相关政策中涉及村镇绿化的不多。一般来说村镇都以恢复农业生产、开展重建为主要依托，着眼于水土保持、耕地等农业资源的保护来开展种树绿地的基础工作。

3.1.2 混乱停滞期（1958—1978年）

1958年8月，毛泽东在北戴河提出："要使我们祖国的山河全部绿化起来，要达到园林化，到处都很美丽，自然面貌要改变过来"。同年11—12月，中国共产党八届六中全会指出："应当争取在若干年内，根据地方条件，把现有种农作物的耕地面积逐步缩减到三分之一左右，而以其余的一部分土地实行轮休，种牧草、肥田草，另一部分土地植树造林，挖湖蓄水，在平地、山上和水面，都可以大种其万紫千红的观赏植物，实行大地园林化。"但是随着1958年"大跃进"的开始，大炼钢、大炼铁运动广泛开展，使全国的生态环境遭遇到新中国成立以来第一次集中的污染与破坏，村镇也未能幸免。村镇领域推行片面的"以粮为纲"政策，在急于求成的思想和"向自然界开战"口号的激励下，全国范围内出现了毁林、弃牧、填湖开荒种粮的现象，村镇内部绿地和外部生态环境遭到了严重的破坏，环境问题迅速地凸显。针对出现的环境问题，20世纪60年代前期，中央政府曾经采取了一些补救措施，以防治工业污染，制止乱砍滥伐，恢复林业经济的正常秩序。随着"文化大革命"的开始，有关城市、农村等领域的绿化建设、环境美化、环境保护规章制度都被当作资本主义和修正主义的"管、卡、压"遭到批判和否定。各项环保措施基本废弛，地方五小企业再度兴起，片面的"以粮为纲"政策再度推行，出现了毁林、毁牧、围湖造田、人造梯田，以牺牲林业、牧业、渔业作为代价来发展粮食生产，破坏了村镇的生态系统，环境污染与破坏日趋严重，村镇林业发展遭遇第二次大挫折。诸多不利于环境保护甚至破坏环境的因素集中涌现，村镇生态环境开始持续恶化。

进入20世纪70年代，结合农业学大寨运动，个别村镇编制了相关规划，但都是以基本农田为建设中心。20世纪60年代末和70年代初，部分村镇地区的环境污染和生态破坏已经非常严重。村镇绿地建设在这几年中出现了停滞，甚至倒退的现象。虽然缺乏这一时期完整的统计数据，但从当时混乱的状态我们可以看到，村镇绿地资源没有得到重视，反而成为肆意破坏的对象。

3.1.3 恢复发展期（1978—1986年）

1978十一届三中全会的召开掀起了改革开放的春风，农村经济开始了深刻的改革。随着联产承包制度的确立，村镇居民经济水平得到了明显的提高，如何改善居住环境也开始受到广大村镇居民的关注。这个时期，将迫切的愿望变成现实的实践工作也开始了。

如何处理好快速发展的生产力与混乱的村镇生活环境的关系，成为村镇改革开放工作的第一步。在1979年召开的第一次全国农村房屋建设工作会议上，党中央国务院提出通过节约用地、禁止乱占耕地等措施来处理生产与生活的关系。1981年召开的第二次全国农村房屋建设工作会议要求对山、水、林、田、路、村进行全面规划，逐步将比较落后的村镇建设变成为现代文明的“社会主义新村镇”，首次提出将村镇的各项工作（包括绿化工作）统一考虑，共同为村镇的发展服务。1982年国家建委、农委联合颁布了我国第一个《村镇规划原则》，为村镇规划提供标准参考和技术支持，该原则也包含了村镇绿地的规划建设工作。

1978—1986年是我国村镇绿化发展的重要阶段。这一阶段，我国农村环境保护、绿化工作等开始正式走上政府工作的议程，我国村镇绿化事业和生态环境保护事业重新走向正规化，并有了较大发展。

3.1.4 问题凸显期（1987—1997年）

随着改革开放在村镇的不断深入，市场经济逐步健全完善，我国村镇开始了城镇化发展进程。这一时期村镇规划得到了重视，并逐步形成体系和理论，完成了相关法规的编制和实施体系框架的构建。1993年6月国务院发布了《村庄和集镇规划建设管理条例》，1993年9月建设部发布了《村镇规划标准》(GB 50188—1993)，1995年建设部发布了《建制镇规划建设管理办法》。同时，全国大部分省（自治区、直辖市）也制定了相应的地方性法规和标准。截至1995年年底，全国约78%的镇、59%的集镇、18%的村庄对初步规划进行修编或调整完善。1996年年底，全国所有的省（自治区、直辖市）、98%的县（市）和67%的镇（乡）都设立了村镇建设管理机构。

而具有中国特色的农村就地城镇化却给村镇的生态环境造成了负面影响，村镇改革开放后蓬勃发展的经济指数掩盖不了村镇环境恶化所带来的严重后果。1995年《中国环境状况公报》首次将农村环境状况列入其中，指出“随着乡镇工业的迅猛发展，环境污染呈现由城市向农村急剧蔓延的趋势。”1999年《中国环境状况公报》则明确指出“农村环境质量有所下降，生态恶化加剧的趋势尚未得到有效遏制，部分地区生态被破坏的程度还在加剧。”2001年《国家环境保护“十五”计划》在总结“九五”期间环境保护工作时，指出“农村环境问题日渐突出。已有1.5亿亩农田遭受不同程度的污染，畜禽粪便、水产养殖和不合理使用农药、化肥导致污染加重，农产品质量安全不容忽视。乡镇企业污染较为普遍，小城镇环保基础设施缺乏，农村饮用水受到不同程度的污染。”这都反映了已有村镇环境保护政策尤其是污染防治政策存在着绩效不足的问题，因而必须要对我国村镇环境保护政策加以创新。而到现在，根据2010年完成的第一次全国污染源普查，农村的污染排放中化学需氧量（Chemical Oxygen Demand，COD）占43%，总氮占57%，总磷占67%。我国农村的污染排放量已经占到了全国的“半壁江山”。

这个时期可谓“村镇经济蓬勃发展，生态环境问题日益严峻”。村镇环境不断恶化，所以村镇的绿化环境建设更为急迫。而在这一时期，绿地建设工作的重心仍在城市。村镇周边良好的自然环境成为经济发展契机下的资源消耗品，所以村镇绿地建设还未作为急迫的重点工作进行开展。

3.1.5 战略调整期（1998—2007年）

1997年以后，党中央国务院逐渐加大了对小城镇和农村的关注力度，也清醒地认识到经济快速发展下村镇环境日益恶化的严峻性，开始逐步调整村镇的发展战略。这为村镇的人居环境改善以及村镇绿地系统建设发展提供了必备条件。

党的十五届三中全会于1998年10月12—14日举行。会议审议通过了《中共中央关于农业和农村工作若干重大问题的决定》（以下简称《决定》）。《决定》提出了“加快以水利为重点的农业基本建设，改善农业生态环境”，指出了村镇绿化是保障农业生产良好外环境的关键。

2004—2006年，中共中央连续制定出台了关于“三农”问题的一号文件。2005年10月，党的十六届五中全会通过的《中共中央关于制定国民经济和社会发展第十一个五年规划的建议》中指出，“建设社会主义新农村是我国现代化进程中的重大历史任务”。这是我国第一次提出“新农村”的概念。在2005年12月31日发布的《中共中央　国务院关于推进社会主义新农村建设的若干意见》从经济、社会等方面对新农村建设提出了明确要求，开创了建设社会主义新农村的新局面。该文件第17条指出：“随着生活水平提高和全面建成小康社会的推进，农民迫切要求改善农村生活环境和村容村貌。”这里特别强调了要加强村庄规划和人居环境治理，将园林绿化从城市扩大到村镇，即所谓的“园林下乡、造林下山”。全国各地的村镇也响应中央号召，积极加强村镇人居环境的治理工程并大规模开展土地整治，实行田、水、路、林综合治理。在这样的背景下，全国村镇绿地建设如火如荼，把建设良好绿色环境作为建设社会主义新农村的重要任务来抓，取得了可观的成绩。许多村镇的绿地建设初见规模，为改善村镇人居环境、建设生态文明、提高当地居民生产生活质量作出了重要贡献。

这一时期的一系列政策和措施让我国农村环境保护政策进入了一个新的发展阶段。在建设社会主义新农村的时代背景下，党中央开始围绕村镇绿化和生态环境保护发展本身制定了系统而有效的政策。针对长期存在的农村环境保护投入不足问题，国家特别将农村的环境保护纳入到国家公共财政预算范畴，以中央投入为主，地方投入为辅，建立针对农村的环保专项资金，“以奖促治”，积极推进农村环境综合整治。

3.1.6　跨越上升期（2008年至今）

2008年对于我国村镇发展来说是划时代的一年。从这一年的1月1日起，《中华人民共和国城乡规划法》正式实施，它标志着我国城乡规划立法工作的历史性跨越。面对城乡一体化建设的新环境，村镇绿地建设将面临更大的机遇与挑战。各地纷纷出台《村镇绿化标准》，从政策上、技术上指导本地区的村镇绿地建设工作。“生态村镇”“可持续发展”“绿色低碳村镇”等一些新的定位给村镇绿地的建设带来了新思路、新模式，也给我国未来的村镇绿地建设指明了发展方向。

而随着科学发展观、生态文明建设等战略决策的提出，村镇绿地的建设已经从原来单一服务功能向多元化模式发展，已逐步摒弃了为经济发展而不顾人类福利和生态后果的单极化发展模式，转向兼顾社会、经济、资源和环境的发展模式，注重具有社会—经济—自然复合效益的绿地系统建设。

同时，由于城乡一体化进程的加快，村镇已经成为都市居民在紧张繁忙的工作之余，回归自然、体验绿色的最佳去处之一。这给村镇的经济发展注入了新活力，同时也带来了村镇绿地建设的新思维：村镇绿色资源利用下的村镇绿地建设不仅能为村镇构建良好的绿色环境，而且也能提高当地的经济收入。

在政策鼓励和发展需求的共同影响下，近几年在全国各地的一些村镇掀起了一股“绿化争先恐后、生态补强短板”的绿地建设高潮。以北京为例，截至2020年底，全市已成功创建首都绿色村庄976个，极大地补齐了现阶段绿地建设中的乡镇和农村的短板。

新中国成立以来的不同时期涉及我国村镇绿色环境建设的相关行政文件与具体内容归纳如表3-1所示。

3.2 现阶段村镇绿地建设发展趋势

3.2.1 村镇绿地建设数量不断攀升

社会主义新农村建设是我国经济社会进入新的历史发展阶段的客观要求。党中央、国务院多次发布重要文件强调建设社会主义新农村必须要加强人居环境建设，村镇绿地建设作为新农村人居环境建设的重点，已经受到各级政府的重视。尤其在经济较为发达的地区，早已把村镇绿地建设作为村镇建设的重点工程来抓，积极开展村镇绿地建设工作，村镇绿地建设各项指标年年攀升，村镇绿化工作取得了不菲的成绩。

以福建省为例，依照2011年年底的统计数据（表3-2），可以看出福建省10个地级市的村镇绿地建设取得了骄人的成绩。

福建省 2011 年各地级市村镇绿地建设情况　　表 3-2

城市	村镇绿地建设情况汇总（2011 年年底统计数据）
福州市	“绿色村镇”新增绿化面积9150亩、公园122个、公园绿地面积2100亩；224个村庄基本完成“绿色村庄”创建，新增公园115个，新增公园面积1080亩
厦门市	“绿色村镇”新增公园10个，新增面积167.85亩，“四旁四地”植树6.51万株
泉州市	“绿色村镇”完成创建绿色乡镇19个、新增公园绿地32个，全市136个绿色村庄新增公园或休闲绿地62个，“四旁四地”植树219.89万株
漳州市	“绿色村镇”完成建设绿色乡镇15个、绿化模范村131个，建设乡村公园40个
莆田市	“绿色村镇”创建绿色乡镇6个，新建集镇公园11个，绿色村庄71个，新增农民公园16个，“四旁”植树179.4万株
龙岩市	“绿色村镇”已种植珍贵树和乡土树168.2万株，其中125个示范村种植110.2万株
三明市	“绿色村镇”新增乡镇公园绿地面积290.66亩、绿地公园数38个，新增村庄公园绿地面积452.37亩、绿地公园数95个，创建9个绿色乡镇、140个绿色村庄

续表

城市	村镇绿地建设情况汇总（2011 年年底统计数据）
南平市	“绿色村镇”创建绿色乡镇9个，建成93个绿色村庄，完成“四旁四地”植树139.72万株
宁德市	“绿色村镇”新增公园绿地面积7.86万m^2，投入资金1734万元
平潭地区	“绿色村镇”完成绿色村庄建设25个，植树45万株，面积963亩

资料来源：笔者根据《“四绿”工程，各地抓机遇》、凤凰网房产北京等相关资料整理而成。

注：1亩≈666.7m^2。

3.2.2　村镇绿地景观园林化的发展趋势

随着村镇建设的欣欣向荣和村镇居民对生活环境质量要求的不断提高，村镇绿地建设已不仅仅是类似植树造林的绿化工程，同时也包括对村镇绿地环境资源加以艺术处理，并与功能相结合，发展出一种具有生命力的、与艺术相结合的、融会多种内容的综合体。

村镇绿地景观园林化发展趋于站在保护和充分利用村镇地域文化和村镇独特自然资源的高度，根据不同地区的不同绿地组成要素和建设要求，创造具有地域特色的绿地形象，充分发挥村镇绿地的多重功能作用。

景观园林化是提升村镇绿地建设质量的有效手段之一。通过整合村镇体系范围内的自然山林、河川等风景资源以及生产资源和村落文化资源，突出展现农村的自然、生产的特色。景观园林化的趋势将引导我国未来的村镇绿地规划建设与村镇绿色空间规划设计、乡村景观规划、旅游规划等紧密联系，通过对村镇景观资源的合理利用和园林艺术化绿地建设的合理规划，将村镇绿地建设成为村镇最具吸引力的人居环境空间。

在对我国黑龙江省北极镇绿地系统规划的研究中，面对北极镇这样一个拥有独特的自然本底和文化内涵的村镇，绿地系统展现出景观园林化的建设发展模式。在地理上，北极镇位于大兴安岭北坡，寒带自然生态环境良好，整个规划区林海雪原的自然风貌既淳朴又富有特色。在文化上，北极镇也别具一格，漠北文化、塞北民俗文化等丰富多彩的文化与北极镇的天然原生态交相辉映。

在北极镇绿地建设中，主要通过北极镇自然景观风貌的延续和继承来促进村镇与自然环境的协调发展（图3-1），将北极镇的自然风貌格局在北极镇的绿地建设中进行延续和演绎。另外地域特征是最能够体现村镇绿地特色的表达要素，而地域独特的植被特征也

绿荫清流贯极北　青山绿水满林城

森林围城

青山映城

碧水绕城

绿廊贯城

绿园满城

文化蕴城

图3-1 北极镇绿地景观规划策略

是绿地景观构建的主要载体。北极镇所处的区域属于中国11种植被类型中所处纬度最高的寒温带针叶林区，它是由耐寒的常绿或落叶针叶树种云杉属、冷杉属、落叶松属和一些耐寒的松属和圆柏属植物所组成。所以北极镇的绿地建设也是将大兴安岭北部一带的地域植被类型进行景观化表达。

同时，生态景观是北极镇发展的“原动力”。近几年有关北极镇的旅游调研显示，北极镇的自然景观是吸引海内外游客的主要因素之一。北极镇的绿地建设将为北极镇的生态发展铺上更长远的道路，为北极镇特色的原生态文化的保护和传承开拓更大更开阔的发展空间。

3.2.3　城乡绿地一体化建设的趋势

如何化解城乡矛盾、缩小城乡差别，成为村镇建设的关键。城乡一体化建设是我国村镇发展的必由之路，也是推动我国村镇改革和经济发展的重要战略举措。近几年来，在党中央的政策指引下，我国村镇经济蓬勃发展，村镇建设日新月异。作为村镇公共建设的重要环节——村镇绿地的建设在村镇发展中扮演着重要角色。

城乡绿地一体化建设也是落实城乡一体化建设的有机组成部分，是促进农村城镇化进程的必要环节。目前这也是我国村镇绿地发展的一大趋势，表现为城乡绿地建设的统一性和协调性，在重视城市绿化的同时，加大城市郊区、小城镇、农村的绿地建设力度，缩小城乡差距。通过不断加强村镇绿地建设，创造连贯的城乡绿色空间，依靠绿地建设将城乡结合起来。城乡绿地一体化建设的趋势，一方面是中央重视村镇建设的直接表现，另一方面也体现出绿地的空间延续性和阻止城市无序扩张的绿色隔离功能。

笔者在调研时发现，在一些位于城市近郊的村镇，这样的绿地建设趋势更加明显。山西白马寺村镇便是一个实例，城乡一体化背景下的绿地建设为村镇的综合发展提供了新的平台。白马寺村镇群位于山西省晋城市主城区北部，北石店区西部，据市中心4km左右，是典型的城郊型城镇群，是晋城市主城区的绿色屏障，是构建

图3-2 山西晋城白马寺村镇绿地建设平面图（图片来源：刘东云提供）

城乡一体化生态建设的重点区域。

由于村镇所在区域自然风光独特，居民点、果园、农田星罗棋布，依托白马寺山体绿化形成的村镇田园风光与山林景观交相呼应，加上区域内丰富的地域文化，独具魅力；同时村镇依靠紧邻晋城市中心的地理优势，成为都市居民感受自然、体验绿色的绿色涵养地。白马寺村镇绿地建设从城乡统筹的高度，面对区域内大大小小31个村庄分布，提出延展城乡绿地的内涵，将城市近郊园林绿地、森林、果园、农田、生产绿地统一考虑，构建区域内绿地大环境，组成广义的城乡绿地体系，形成城乡统筹、协调发展的绿色空间建设模式（图3-2）。

3.2.4　构建村镇生态大环境背景下村镇绿地建设发展模式的转变

在构建村镇生态大环境的基础上进行村镇绿地建设，成为我国村镇绿地建设的一大趋势。

村镇绿地的建设是建立在整合村镇内外绿色空间的基础上的，而城市的绿地建设多关注于城市建设用地范围内。村镇由于建设用地规模较小，依靠的不仅仅是建设用地范围内的空间，更多需要依靠村镇建设用地范围之外的、优于城市环境的自然环境。

退耕还林、天然林保护工程、农村防护林建设、村镇郊野绿色廊道的串联等村镇绿化工程的开展，积极改善了村镇的绿色环境，从生态学角度来分析，更重要的意义是有助于村镇生态安全格局的构建。村镇绿地所依托的河流、农田、森林、道路、池塘、牧场、果园等要素从生态学上来说，其内容丰富性，结构联系性、空间异质性等都是影响生态功能实现的重要因素，关乎区域生态环境建设的质量和村镇整体发展水平。而构建良好的村镇外部生态环境，也将为村镇绿地建设营造一个优质的资源平台。同时随着城镇化进程的加快，城市与村镇之间、村镇个体之间的联系不断加强，村镇绿地空间势必成为联系城乡的重要生态廊道，为城市、村镇的生态系统中能量和物质的交换提供了场所。因此目前城乡一体化的建设重点也在逐步向城乡生态系统建设和生物多样性保护方面进行倾斜。

例如，山东省曲阜市尼山镇位于曲阜市东南部，镇政府所在地为南辛南村，距市区15km。全镇总面积101km^2，总耕地面积6.4万亩，辖6个管理片区，42个行政村，总人口5.3万人。尼山镇生态资源丰富，镇域内拥有尼山国家湿地公园与尼山森林公园两大自然资源，其中尼山国家湿地公园以内陆淡水人工库塘湿地为主，辅以季节性河流湿地，总面积1505.2hm^2，其中湿地面积1093.8hm^2，占总面积的72.7%。尼山森林公园也是一处有着千年文物名胜古迹、自然风光优美、山水人文一体、景色俱佳的旅游度假风景区。

尼山镇绿地建设充分发挥村镇自然资源优势。通过沿河流水系、村镇道路等的绿廊建设将村镇区域内的湿地、森林等自然资源与镇区、集镇和村庄居民点内部的绿地紧密联系起来，将绿地建设扩展到村镇各居民点建设用地之外的森林、湿地等。尼山镇各居民点内部的绿地与周围的自然山水共同构建起村镇生态环境大格局下的镇域绿色空间体系。随着村镇绿地的建设，村镇的生态环境将得到质的提升，自然资源也将随着村镇绿地的建设而得到有效的保护。同时，通过村镇绿地结合大环境生态建设能将区域景观资源进行整合和开发，优化了村镇的生态旅游环境，提升了生态旅游环境品质，对塑造当地绿色形象具有重要作用（图3-3）。

3.2.5 绿色旅游、绿色生产等运作模式下的村镇绿地建设转变

由于工业化和城镇化的不断推进，城市的生态环境急剧恶化，城市居民开始追求绿色低碳的高品质生活，从而带来乡村生态旅游

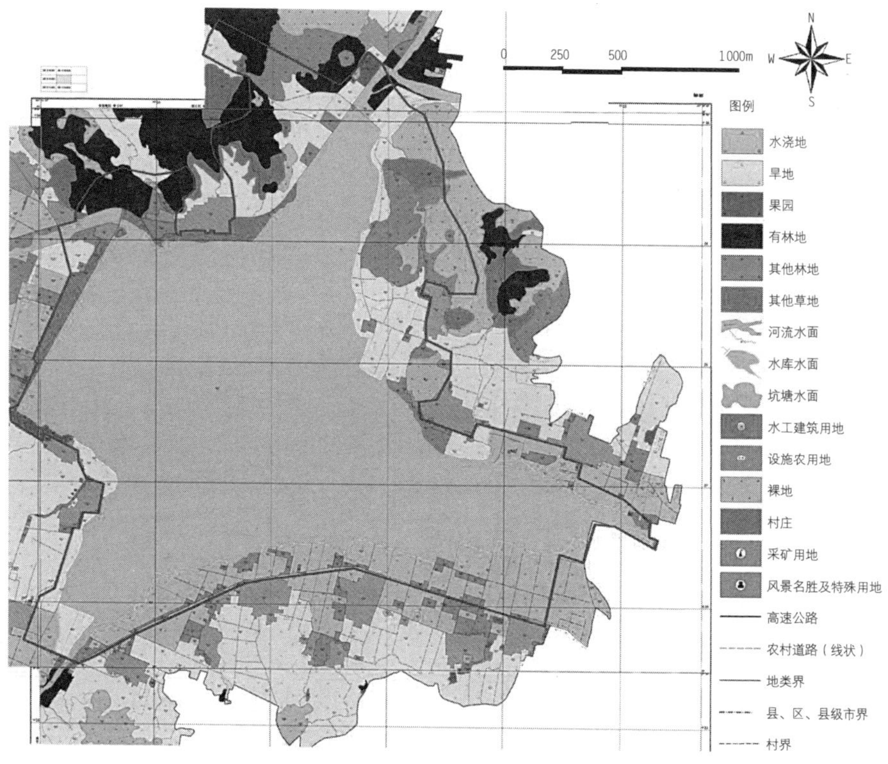

图3-3 山东省曲阜市尼山镇土地利用图（图片来源：曲阜市规划局）

的热潮。另外，随着人们对绿色健康饮食消费观念的认可，食用无污染、安全、优质、营养的绿色食品是现代人共同的愿望，远离城市污染的农村成为培育绿色食品的优良基地。村镇绿地为乡村旅游和绿色生产营造了良好的绿色空间和环境，促进了村镇绿地的进一步发展，充分发挥了村镇的绿色生态特点和优势。目前，很多村镇积极进行村镇绿地建设，将乡村旅游和绿色生产相结合，现代农业观光园、采摘园、农家乐、渔家乐等在国内的兴起和相关旅游热情的空前高涨便是最有力的证明。经济经营模式成为现阶段部分村镇政府在财力有限的现实条件下继续进行村镇绿地建设的有效措施，可谓一举多得。村镇绿地融入绿色经济，不但满足了城市居民回归自然、渴望健康的需要，也为村镇居民的子孙后代美化了居住环境，同时能够富村富民，对繁荣村镇经济、增加村镇居民收入都有积极作用，为村镇的经济发展开拓了一条新的思路，能够同时兼顾村镇发展的生态、经济和社会效益。

在调研时笔者发现，特别是在一些经济发达的省份，这样的绿地建设模式更为普遍。山东烟台市蓬莱区南辛店镇就是将村镇绿地的建设与都市农业旅游业结合在一起，利用村镇绿地来构建以村镇现有的果树生产资源、马业养殖资源和生态环境资源为主要内容的绿色空间，通过绿地系统建设来促进农业景观和农村旅游的复兴，吸引游客前来观赏、游览等。依托村镇绿地建设平台的此种发展模式可以对当地的农、林、牧、副、渔等各类资源进行优化和整合（图3-4）。

笔者认为这个趋势是我国村镇可持续发展的必由之路。因为随

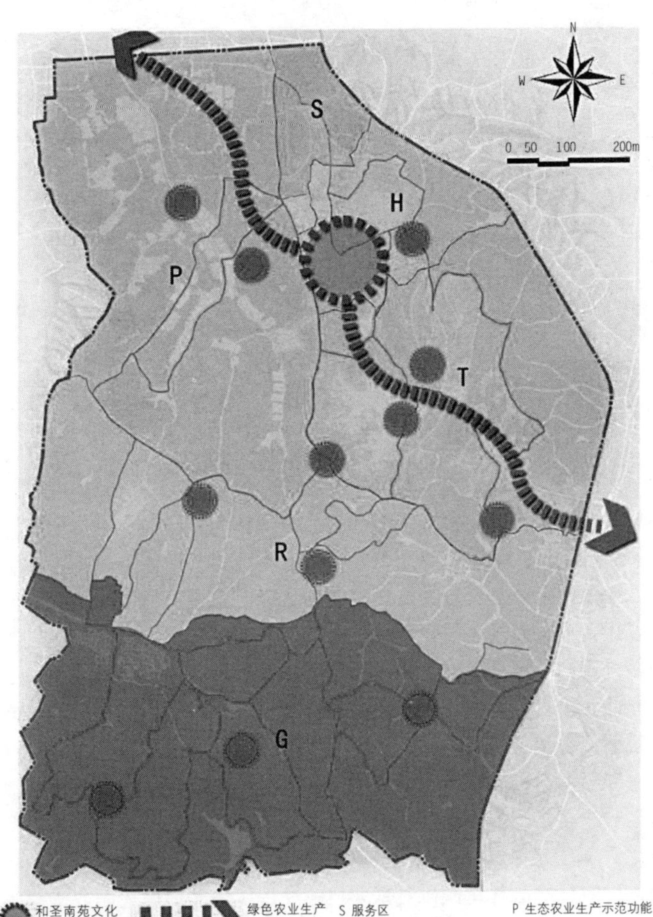

图3-4 山东省烟台市蓬莱市南辛店镇生态产业观光园功能分区图

着中国城镇化进程的加快，中国的农用地发展和传统的农牧业经济发展受到了严峻的挑战，而绿色经营是都市化区域或者都市影响范围内的区域农业生存发展的新方式。面对污染加重、农业用地减少、水资源短缺与消耗、机会成本加大等问题，这些地区的农业必然向产业技术型与资本密集型相结合、生态化与产业化相结合，生态保育功能、观光休闲娱乐功能、文化传承功能与经济盈利等多功能开发相结合的模式转变，这样既能够满足村镇生态环境的保护要求，又能实现现代农业生产经营者收入增长的要求，进而实现生产经营方式转变为设施农业、产业化农业、生态农业、文化农业、景观农业、企业化农业和观光休闲农业等多种方式，这些都是村镇绿地复合化的发展趋势，对村镇的生态建设和经济建设都有很大的贡献。

3.3　平原村镇绿地系统建设典型特征

3.3.1　平原村镇的概念界定

“平原”是我国的地理类型之一。相对于山地、丘陵而言，平原是指陆地上海拔高度较低，地表起伏平缓的广大平地，海拔多在0～500m。本研究中的平原村镇包含了广义和狭义的两层含义。

广义上的平原村镇是指在我国几大平原区中分布的村镇。表3-3列举了我国的主要平原区。这些平原区都是我国城镇系统较为集中的区域，比如华北平原、东北平原、长江中下游平原、成都平原等，这些区域土地肥沃、地势平坦，利于农业耕作生产，是我国主要的农业主产区。这些平原村镇的居民点分布较为集中，整体经济发展相对较快，村镇各项建设也较为完善。

而狭义上的平原村镇是指在村镇体系单元空间范围内无高低起伏的山地或丘陵，地势相对平坦开阔。可见，狭义的平原村镇仅仅是指对村镇研究个体空间内地形地貌特征的一种界定。按照这种理解，在我国山地、丘陵地区也存在着许多立地条件较为平坦开阔的“平原村镇”。

本书研究的主要目的是针对我国平原地区村镇绿地系统规划提出一种普遍的适用方法，而拥有一定地理特征共性的村镇绿地系统则更易于进行定性、定位、定量的研究。基于此，笔者以“平原村镇”的广义概念作为基础开展研究，并选取华北平原、东北平原、长江中下游平原和成都平原等为代表进行平原村镇绿地系统建设的基本特征分析（表3-3）。

我国主要平原一览表 表3-3

平原名称	所在区域	面积	备注
华北平原	北京、天津、河北、山东、河南、安徽、江苏	31万km^2	包括黄淮平原和海河平原
东北平原	黑龙江、吉林、辽宁、内蒙古	35万km^2	包括三江平原、辽河平原和松嫩平原
长江中下游平原	上海、江苏、江西、安徽、浙江、湖北、湖南	20万km^2	包括两湖平原、鄱阳湖平原、苏皖沿江平原、里下河平原、皖中平原和长江三角洲平原
成都平原	四川	2.3万km^2	又名川西平原
关中平原	陕西	3.9万km^2	又名渭河平原
河套平原	宁夏、内蒙古	2.5万km^2	包括银川平原、后套平原和前套平原
珠江三角洲平原	广东	1.1万km^2	

3.3.2 我国平原村镇的基本特征

1. 经济特征

总体而言，目前我国平原村镇经济发展仍然以农业经济为主。但是东部地区的一些大城市周边的村镇较好地利用了工业化、城镇化的带动作用，非农业经济发展迅速并已经成为该地区平原村镇的主要发展增长动力。

2. 社会特征

我国平原村镇的经济产业结构以农业为中心，其他行业或部门直接或间接地为农业服务，农业生产是整个平原村镇的经济基础。因此总体而言，居民的社会构成相对单一，社会组织结构相对简单。而东部经济发达地区因城镇化发展较快，村镇的社会结构也逐渐向着城镇社会类型发展。

3. 空间特征

相对城市而言，村镇地区呈现出低密度的聚落分布。但由于受到的自然限制条件较少，平原村镇体系下的各村镇居民点分布较为集中，村镇体系下各居民点一体化建设的整体空间格局更加显著。

4. 景观特征

村镇景观是农业生产、自然资源和村镇环境相互影响而形成的可视结果。基于平原村镇的空间格局分布特点，加之耕地、林地等，其土地利用特征较为明显。平原村镇道路、水渠等各项基础设施及农田、防护林带等绿色要素组成的村镇景观阡陌纵横，整体景观风貌较为整齐化和肌理化。

3.3.3　华北平原地区“林网式”村镇绿地系统建设

华北平原作为中国第二大平原是中国重要的粮棉油生产基地，是华北地区农业生产的重要区域，人口密集度较大，城镇发展化也较快。但随着农村经济发展对公路交通需求的增加，公路路网的扩展逐渐由城镇、郊区延伸至村镇。公路建设对耕地、植被的破坏，农田的分割直接影响了平原农区生态系统的格局、结构和功能，加之平原地区无自然屏障，导致近年来我国北方地区频繁发生扬沙和沙尘暴天气，特别是京津地区沙尘暴的次数和强度增加，使华北平原的人民生产生活环境受到了严重影响，造成了巨大的经济损失，甚至形成了灾害。面对这样的困境，加强村镇绿地建设已成为华北平原各村镇的当务之急。2012年在北京市周边所进行的平原地区百万亩造林绿化工程正是在这样的背景下推进实施的。

华北平原的村镇绿地建设是以华北平原“网络肌理”这一基本地理结构特征为结合点，因地制宜，在村镇绿地布局上以平原农田防护林体系建设为重点，将村镇居民点内部的绿化与外域的农田林网建设相衔接，充分体现华北平原的道路、田园规则分布的特征，形成以农田防护林网、道路绿化网为主体的“林网式”村镇绿地建设模式，为华北平原的村镇居民点构建生态屏障。同时，也通过林网结构建立起各村镇之间，或村镇与周边大城市之间的紧密联系（图3-5、图3-6）。

图3-5 华北平原村镇平面航拍图

华北平原“林网式”布局

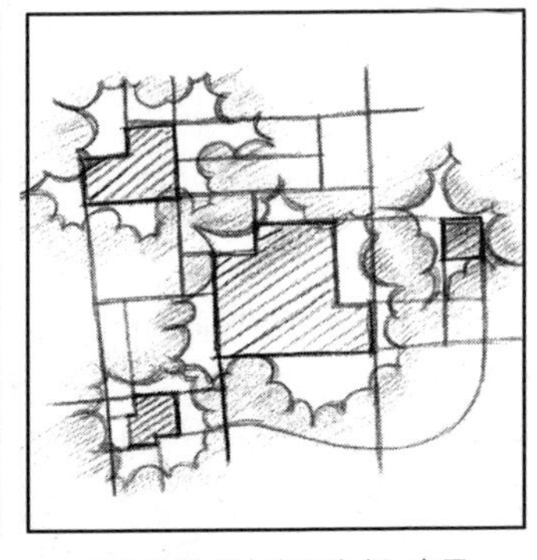

东北平原“林城交融式”布局

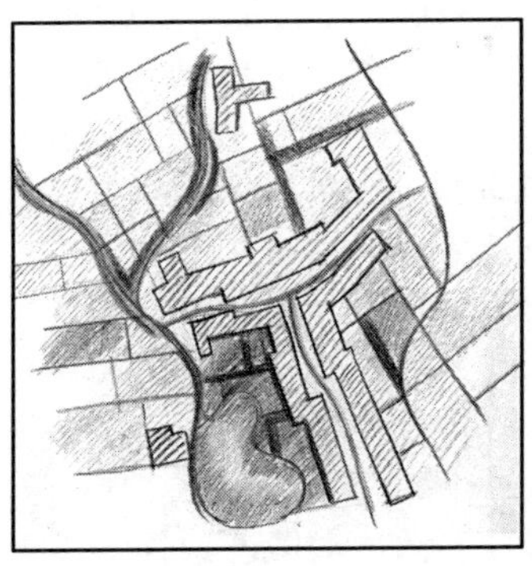

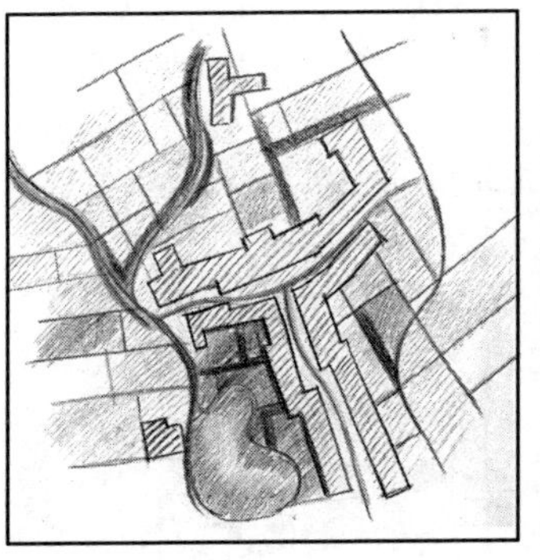

长江中下游平原“林水交融式”布局

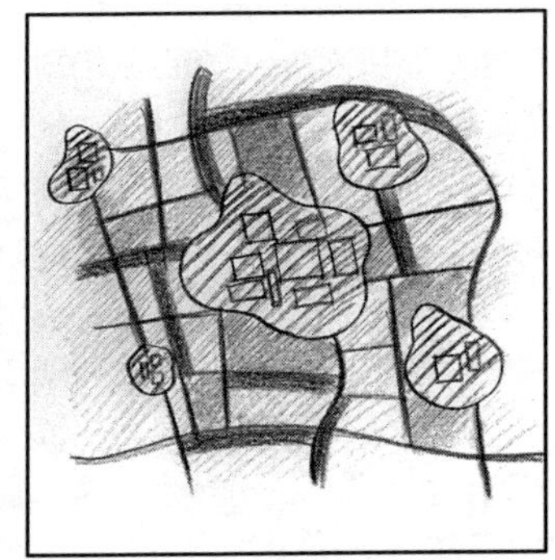

成都平原“林盘式”布局

图3-6 四种典型平原村镇绿地布局模式图

近几年，在农村经济改革的政策下，华北平原的很多村镇制定了村镇绿地建设与平原商品林基地建设相结合的发展路线，充分发挥村镇绿地在村镇经济建设中的功能作用，将形态上的“林网式”结构提升为功能上的“网络式”产业链。

此外，在个别村镇，根据居民点的布局模式和自然肌理的特点的不同，也存在着环状、放射状和散点状等多种绿地布局模式。

3.3.4 东北平原地区“林城交融式”村镇绿地系统建设

东北平原位于大、小兴安岭和长白山之间，南北长约1000km，东西宽约400km，面积达35万km^2，是中国最大的平原。东北平原可分为3个部分，东北部为由黑龙江、松花江和乌苏里江冲积而成的三江平原；南部为由辽河冲积而成的辽河平原；中部则为松花江和嫩江冲积而成的松嫩平原。东北平原是一个山环水绕、沃野千里的平原，如今这里已发展成为中国主要的粮食基地之一。

由于东北平原拥有较为丰富的森林资源，除了类似华北平原“林网式”的村镇绿地建设模式之外，在靠近东北大兴安岭、小兴安岭和长白山地区的平原村镇的绿地布局还充分体现出了“五山一水一草三分田”的东北平原基本风貌。通过村镇农田的防护林、道路绿带等模式将村镇居民点内部的绿地或片林与村镇周围的森林紧密联系在一起，林城交织的绿地布局结构体现出该地区依林就势布置绿地所形成的多层次、多内容、复合化的绿地系统结构的特征（图3-7）。周边森林资源的保护和利用是该地区村镇绿地建设的重点，村镇中其他类型的绿地与之遥相呼应，融为一体。良好的森林资源一方面作为自然屏障发挥着保护村镇生态安全的功能作用，改善了村镇的生态环境；另一方面通过森林资源结合产业经济的发展模式，提高森林的经济效益，让森林成为周边村镇居民经济增收的一大亮点，让村镇绿地的建设和发展更加贴合当地村镇的实际需求。

3.3.5　长江中下游平原地区“林水交融式”村镇绿地系统建设

长江中下游是我国经济较为发达的地区，而苏南地区则是这个地区具有代表性的区域。苏南地区是指江苏省南京、苏州、无锡、常州、镇江五市，是我国经济发展较快的区域，2023年GDP排名全国第二。五个地方仅占江苏省27%左右的面积，却创造了占全省56%的GDP和财政收入。苏南地区村镇发展较为健全，自然山水资源丰富，传统文化历史悠久。在国家新农村建设的战略思想和城乡统筹发展的建设思路指导下，近年来江苏省积极对苏南地区的村镇

图3-7 东北平原村镇平面航拍图

开展绿地系统规划与环境建设。

借助自然环境，苏南地区的村镇积极构建水乡聚落“林水交融式”的村镇绿地系统。苏南地区由于自然条件的影响，水系纵横交错，村镇聚落多依山傍水而建；同时无论在平原、丘陵或低山之地，苏南地区的村镇都分布于平坦之处。道路绿化、带状水系绿化等线性绿带互相串联并围绕着整个村镇聚落，村镇建设用地内的各类绿地点缀其中，与村镇居民点外围的山水自然环境交相呼应，共同构成具有地域性特征的“林水交融式”绿地系统体系（图3-8）。在村镇绿地建设中，通过整合建设用地内部的公园绿地、防护林地等多种绿地，充分利用房前屋后、河沟水渠、公共空间、闲置土地等进行绿化，建立以居民点绿化为主体、以环村林带绿化为屏障、以当地特色的水网和路网绿化为基本骨架、以点状和块状绿地相配套的绿色生态网络体系，实现在村镇绿色资源空间布局上的均衡及功能上的合理配置，营建“村在林中、路在绿中、房在园中、人在景中”的绿色环境。

苏南地区村镇绿地建设在结合良好山水结构的同时，十分注重生态保护和文化传承。在绿地建设中注重保护和营造苏南乡村传统的水乡植物群落，如水系植物群落、房前屋后植物群落、道路植物群落等。同时在一些历史悠久的江南古村镇，在村镇绿地建设中也加强了对地域文化的保护，比如历史名园和传统庭院的复兴。该地区“林水交融式”的村镇绿地建设模式有助于保护村镇独特的自然风貌和人文特征，保障了该地区村镇的健康发展。

图3-8 长江中下游平原村镇平面航拍图

3.3.6　成都平原地区“林盘式”村镇绿地系统建设

四川省成都市是国家发展和改革委员会批准设立的全国统筹城乡综合配套改革试验区之一。在国家政策的指引下，成都市在统筹城乡规划、建立城乡统一的行政管理体制、建立覆盖城乡的基础设施建设及其管理体制、建立城乡均等化的公共服务保障体制、建立覆盖城乡居民的社会保障体系、建立城乡统一的户籍制度、健全基层自治组织、统筹城乡产业发展等重点领域和关键环节率先突破，而相对于城市的村镇人居环境建设也取得了一定的成绩。“林盘式”村镇绿地建设模式成为成都平原地区村镇人居环境建设的主要模式。

“林盘”是指成都平原及丘陵地区的农家院落和周边高大乔木、竹林、河流及外围耕地等自然环境有机融合，形成的农村居住环境形态。在成都平原地区，这种历史形成的集生产、生活和景观于一体的复合型四川农村居住环境形态通常被称为“林盘”。在长期的社会历史发展过程中，成都周边广大的农村区域形成了星罗棋布的乡村院落，这些院落空间以建筑实体形式和周边高大乔木、竹林、河流及外围耕地等自然环境的有机融合，最终构成了以林、水、宅、田为主要要素的林盘，从而形成了成都平原特有的田园风光（图3-9）。

图3-9 成都平原村镇平面航拍图

在成都平原的村镇绿地建设中，科学合理地保护和利用林盘资源，保持和传承成都特有的地方自然风貌和传统农居形态，是成都市统筹城乡发展、建设世界现代田园城市的基础性工作之一。成都平原村镇的农耕条件和绿色资源条件优越，它们是农业存在的基础，在其基本功能之外，它们还具有多重功能，是现代村镇的人居环境和村镇与村镇间、村镇与城市间的生态过渡区。“林盘式”村镇绿地建设要求村镇居住区中的数千个农村聚集点组团化，并呈网络状的系统化布局，体现“人在田中”的理想模式。通过村镇绿地的建设整合自然资源和已有的绿地资源，按照建设田园城市的田园化特征，将村镇、周边农田和自然林地、水系等整合，形成整体的绿色景观，共同构成成都平原特有的景观形态。

成都各区（市）县村镇按照“连线成片，聚点成群”的绿地系统建设思路，优化林盘保护利用点布局，修编完成《川西林盘保护利用规划》，并形成各自的特色。合理利用聚居林盘，适度集中散居农村人口已取得初步成效；或把林盘保护利用、示范线建设、城乡绿道建设的工作有机结合起来，将林盘点、林盘群通过绿道串联起来，渲染了田园景色，提升了综合效应。在此基础上，充分利用其有利的地理优势、良好的生态环境和浓厚的川西农耕文化资源，通过引进社会资金发展农家乐等多种形式的林盘绿色休闲产业，从而带动村镇经济发展，增加农民收入。

3.4 村镇绿地建设相关问题

3.4.1 村镇绿地发展不均衡，多数村镇处于无系统建设状态

绿地建设质量直接反映了所在区域经济的发展情况和居民的生活状况。我国各个地区经济发展的不均衡，直接导致了各地区村镇发展的不均衡。沿海地区的村镇经济发展明显优于中西部，这样也直接导致村镇绿地发展的不均衡。在经济发达的江苏省，2010年，江苏五市（苏州、无锡、常州、镇江、南京）平原地区的村镇绿化覆盖率达到25%以上，丘陵地区村镇绿化覆盖率达到30%以上，新增2050个绿色村庄，其中南京市500个、镇江市300个、苏州市500个、无锡市400个、常州市350个[1]。而在我国中西部的一些村镇，由于经济欠发达，村镇绿地除了村镇建设用地外部的自然环境以外，毫无绿地可言。可见，多半村镇绿地处于“只是有无间、尚无高下论”的尴尬状态，村镇绿地根本谈不上系统建设。

就算在同一个村镇体系下，新建设的、或经济地位显著的村镇

[1] 2010年江苏省林业工作会议报告，江苏省林业局。

图3-10 甘肃省武威市黄羊镇经济较发达地区新农村建设效果图（图片来源：黄羊镇人民政府）

居民点中的绿地质量也明显高于老的、落后的村镇居民点。村镇体系下的绿地发展不均衡现象直接影响了村镇体系绿地建设的完整性与系统性。

在对位于河西走廊平原的甘肃省武威市黄羊镇绿地建设的调研中，笔者发现毗邻G30高速公路的村庄绿化质量明显高于远离高速公路的沙漠地区村庄（图3-10）。一方面是因为远离经济发展带和自然条件较为恶劣，阻碍了村镇绿地的建设；另一方面，还因为缺乏在村镇体系层面对镇域和各居民点绿地系统建设的总体均衡把握。最终导致村镇体系下绿地系统建设良莠不齐，严重影响到村镇的整体发展和各居民点的均衡建设。

3.4.2　村镇绿地建设缺乏总体布局思维

虽然村镇体系下各个分散的单元个体实质上是一个相互联系的有机整体，但由于长期以来被类似以村建村、以镇建镇的“就点论点”定势思维所束缚，我国村镇规划建设裹足不前。

在笔者所进行的平原村镇绿地系统建设调研中发现，“以村论村”“以镇论镇”下的村镇绿地建设缺乏总体布局思维，忽视村镇各居民点之间、村镇与城市之间的相互联系。这是各个调研点出现的最普遍的现象。主要原因有三：其一，目前我国村镇绿地系统建设缺乏相关统筹性的规范和政策的指导和约束；其二，由于村镇体系中各个单元的大小规模不同，经济发展水平不同，站在同一个平台进行统一规划和管理确有一定困难；其三，各个村镇单元由于行政分割，各自为政，同时个体间缺少区域综合整体意识，统一考虑还需有关部门牵线搭桥。这些原因让各个村镇的绿地建设相对独立的形势越来越明显。毋庸置疑，这也成为现阶段制约我国村镇绿地系统建设发展的紧箍咒。

在“各家自扫门前雪”的传统思想下，各个村镇居民点单元只负责所辖区域的绿地建设，对于周边区域既不关注也不协调，这使得我国村镇绿地建设显得零碎而分散。同时，由于村镇个体空间有限，如果过多依赖单体，只站在独立村镇居民点个体的视角来讨论绿地建设，根本谈不上村镇体系绿地系统的建设，进而影响了村镇体系下绿地的完整性和系统性，更不能适应现代村镇生产生活对绿地的需求。而在缺乏沟通协调的基础上进行的村镇绿地系统建设也必将导致村镇绿化工作的重叠和资源的浪费，最终影响村镇的协调发展和城乡一体化建设。

3.4.3 忽视生态环境建设，村镇绿地呈现“破碎化”

近年来，由于国家政策的扶持和资金的投入，经济发展较快的平原村镇的各产业蓬勃发展，村镇建设日新月异。但是在这一发展过程中，经济建设与生态环境之间出现了种种不协调的现象，经济发展常常伴随着生态环境的破坏。而很多地区的村镇政府并没有把重点投入到村镇绿地建设上，倒是积极鼓励一些工业、企业进驻村镇，或是鼓励大规模农业生产，片面地追求村镇的经济发展和形式上的城镇化。虽说近几年村镇绿地面积较过去有量的提升，但都是采用补缺查漏的形式，没有将生态环境建设与土地、产业发展等规划有机结合，使得原本良好的村镇绿色空间遭到蚕食或破坏，村镇绿地变得零散而无序，村镇体系下各居民点之间的绿地缺乏联系和沟通。村镇绿地空间未能形成有机整体，直接带来的问题就是村镇绿地只是村镇的“点缀”和建设空间的补充，村镇绿地“破碎化”带来的损失将直接影响村镇的健康发展和村镇农业生产系统的稳定与安全。

以北京市永乐店镇为例，永乐店镇镇域林地面积有6万亩，林木覆盖率达58%，绿色空间占镇域面积的76.9%。可持续发展的绿色生态环境成为永乐店镇未来发展的环境优势，2005年永乐店镇被首都绿化委员会办公室评为“首都绿化美化园林小城镇”。但是在对该村镇绿地建设进行现状调研时发现，虽然永乐店村镇的绿地率非常高，但是从村镇绿地布局上来看，随着经济的发展，以农业、化工、建材、食品、机械、印刷、木业等行业为主体的企业单位逐步进入村镇，导致村镇绿地系统空间的破坏，特别是永乐店镇村镇

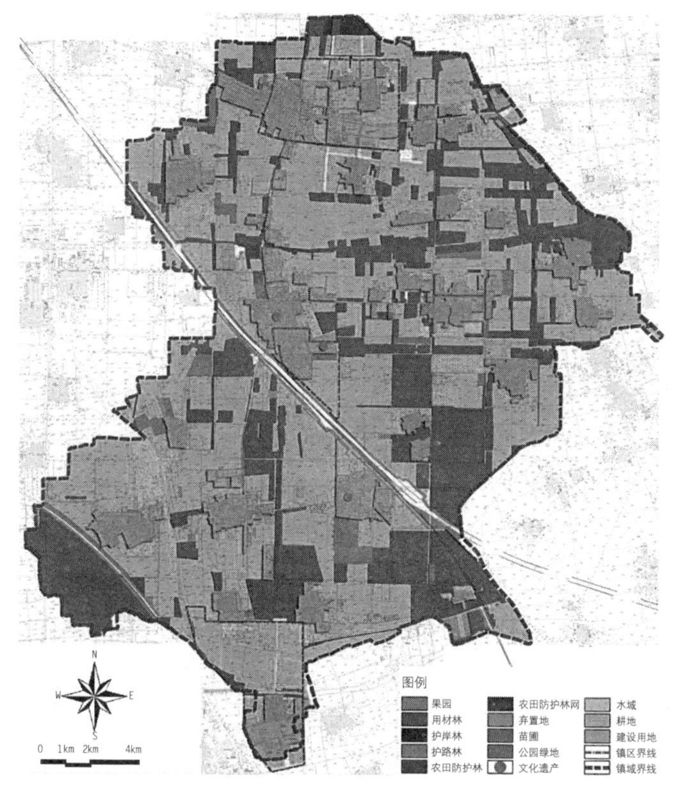

图3-11 北京市永乐店镇镇域绿地现状图（图片来源：中国城市规划设计研究院）

体系下各居民点内的绿地破碎化严重（图3-11），导致村镇绿地不成体系，不足以承载生态、游憩等诸多绿地必备的功能。同时绿地的建设水平不高，环境品质欠佳，不能很好地体现发展建设水平，也无法塑造村镇景观风貌特色。另外镇域层面的绿地布局也多以独立的、较为零散的绿地斑块存在，现有绿地多从农业生产角度安排，生态保护功能有待加强。

3.4.4 绿地建设等于游憩空间建设，未能充分体现村镇绿地的多样价值和功能

现阶段很多村镇还是停留在将绿地定位为游憩空间的陈旧观念，不管是营建目的还是建设内容都围绕着娱乐、游憩、休闲等功能。功能定位单一，未能充分挖掘村镇绿地的潜在内容和拓展村镇绿地的综合功能和价值。我们不能只关注村镇绿地给人类带来的游憩审美等价值，还应该对村镇绿地的功能进行合理评估，并对绿地

建设内容进行合理规划，发挥村镇绿地在村镇生活、生态、生产上的多样化功能作用，关注其综合效益。

在对海南省北部平原腹地雷鸣镇绿地系统建设的调研中，笔者发现由于村镇处于亚热带和热带的过渡区域，村镇的自然绿色资源丰富，绿量充足。同时该村镇紧靠定安县两个旅游风景区——南丽湖风景名胜区和文笔峰盘古文化旅游区，旅游区位优势明显。近几年，随着定安县旅游环境质量的不断提升，两景区的旅游市场日益庞大，游客量逐年上升。雷鸣镇位于两景区核心位置，随着旅游业的开发，该镇的发展也开始向旅游服务型转变。在这样的大环境下，发展农家乐、渔家乐、采摘农业庄园成为该镇发展旅游经济，积极融入“南丽湖—文笔峰”定安县旅游圈的重要措施。这对于提升雷鸣镇的村镇形象、带动村镇发展、增加村镇居民收入来说本是一项十分积极的措施，但是经过现场的调研，笔者看到很多国际酒店、农家乐和种植农业园占用了自然原始森林和水边红树林的空间（图3-12）。表面上看，这些游憩空间不属于大规模的建设用地，还是有绿地的特征，但是如果占用原本的自然资源来进行建设，或通过牺牲“自然绿色”空间而发展“人工绿色”空间，就完全本末倒置了。

所以，笔者认为，村镇绿地建设如果是从人的使用角度来审视村镇绿地的存在性，这本身是没有问题的，但这只是村镇绿地建设的特殊性，而不能代表一般性，否则将导致村镇绿地建设缺乏综合思考和多角度评估。在我国推进村镇经济建设和城镇化发展的当下，村镇绿地往往被人们视为游览空间和景观装饰空间而忽视了其

图3-12 海南省雷鸣镇南丽湖风景区

在生态资源保护、生物多样性保护、生态平衡协调、村镇农业生产安全保障、村镇人际交流平台构建、村镇文化遗产保护、绿色科普教育等方面的功能和作用，从而导致村镇绿地系统建设的单一性和滞后性，直接影响着村镇综合发展的态势。

3.4.5 千篇一律、缺乏特色，村镇良好的景观资源优势逐渐弱化

我国平原地区大城市的现代化建设突飞猛进，对其周边村镇的经济发展确实起到了一定的推动作用，使之发生了翻天覆地的变化。但同时我们看到，城市现代化发展对村镇地区人们的审美观念和文化意识产生了极大的冲击，并且由于村镇居民较城市居民而言，文化程度低，审美教育十分缺乏，在对村镇特色没有正确认识的情况下，丢弃了对家乡原有的认同感、价值观和审美观。在绿地建设上，则表现为盲目地模仿城市，打着所谓“建设新村镇”的旗号，过分进行绿地景观的“新建设”：沟渠河流被硬化，被建成在城市里最有人气的滨水空间；植被丰富的森林被砍掉，变成现代城市人所青睐的阳光休闲草坪；水塘被填平，变成最能彰显政绩的大广场；林地被砍伐变成能够带来经济收入的旅游牧草；等等。太多的案例让我们看到，孕育村镇地域文化的乡土风貌和自然资源受到严重破坏。“千村一面，整齐划一”的村镇绿地风貌让我们不寒而栗，不禁要问：村镇特色就是被村镇绿地系统建设所消耗殆尽了吗？

图3-13是笔者在成都平原中部的四川省简阳市三岔镇进行村镇绿地调研时所拍摄的图像资料。我们可以看到，在三岔镇最重要的生态

图3-13 四川省简阳市三岔镇“观湖平台”

涵养区三岔湖的湖边，为了给旅游者提供所谓的“观湖照相平台”而修建了模仿城市的混凝土滨水广场，使原本自然优美的三岔湖沿岸植被受到了破坏。村镇绿地中的生态链和生物链由于环湖绿色空间连续性的破坏也受到了不小的影响，同时笔者看到貌似大气迎宾的滨水广场并没有吸引更多的游客，反而成为个别垃圾倾倒者最方便到达的倾倒场所，这里的滨水广场因此戏剧性地成为“垃圾场”。

3.4.6 绿地本身的存在与土地生态过程缺乏内在的联系

由于特殊的国情和现状条件，我国很多地区从干部到普通群众对绿地的概念认识不清，绿地仅仅被认为是依附于村镇建设用地的后续工作，近乎“先建设、后填空”的模式。村镇绿地被认为是实现村镇“理想”形态的工具，但在当前的建设中仅仅成为绿化和美化的工具。而在城乡之间关系的处理上，村镇绿地也一直被作为大城市与村镇之间的缓冲地带，这一现象在我国平原地区大都市圈区域内更为明显。把绿地作为阻止城市蔓延的一个临时工具，一旦城市建设用地紧缺，绿地很快就会变成所谓城市经济发展的牺牲品。

目前，我国村镇绿地系统建设存在一定程度上的随意化和理想化，没有从土地本身的属性和价值出发进行系统规划，导致村镇绿地建设结构混乱和功能低效，这是现阶段我国平原村镇绿地系统建设面临的核心问题。

笔者对北京海淀区、丰台区、朝阳区、石景山区4个区的城乡交错带1987—2002年土地利用状况的数据进行分析，从中可以看到（表3-4、表3-5），随着北京城市边界的扩张，原本在城市与村镇之间的绿色空间已经丧失殆尽。总体上，这四个区的城乡交错带中除耕地、牧草地和未利用地有所减少外，其余各类用地均有增加。近年在郊区用地中建设用地的增加是以耕地为主的村镇绿色空间的土地类型面积不断减少为特征。同时，对耕地减少状况进行分析后发现其中国家建设所占用耕地明显增加，以城市和工矿为主；集体建设占用相对减少；农业结构调整占用耕地减少较多，以耕地改林地为主。不仅仅是在北京，在我国很多一二线城市，近几年的城市边界的扩张让所谓城市与村镇之间的种树或绿化的空间逐年“沦陷”，这些空间仅仅作为未来建设用地开发的“代征区域”，而绿地建设就是征地建设的一个幌子，这让原本设想通过“绿化土地”构建理想城乡联系的愿景成为一纸空文。这是必然的结果，因为这种没有和土地过程产生关系的仅仅追求“绿”的土地利用方式本来就是站不住脚的，没有建设和保留的理性思考。

北京市城乡交错带土地利用变化　表3-4

时间（年）	项目	耕地	园地	林地	牧草地	居民及工矿用地	交通用地	水域	未利用地
1987	面积（hm²）	46837	4810	8948	2142	42675	11237	7360	2845
	比重（%）	36.92	3.79	7.06	1.69	33.64	8.86	5.80	2.24
1991	面积（hm²）	42588	5786	9472	2074	44910	11672	7545	2806
	比重（%）	33.57	4.56	7.47	1.64	35.40	9.20	5.95	2.21
1995	面积（hm²）	37556	5969	10413	1870	48911	11999	7579	2557
	比重（%）	29.61	4.71	8.21	1.47	38.56	9.46	5.97	2.02
2002	面积（hm²）	32119	5987	10059	1928	54610	12190	7636	2321
	比重（%）	25.32	4.72	7.93	1.52	43.05	9.61	6.02	1.83

资料来源：《北京市土地统计资料汇编》（1987—1995年）。

北京市城乡交错带耕地减少状况　表3-5

时间（年）	耕地减少面积（hm²）	国家建设占用耕地面积（hm²）	比重（%）	集体建设占用耕地面积（hm²）	比重（%）	农业结构调整占用耕地面积（hm²）	比重（%）	农民建房占用耕地面积（hm²）	比重（%）
1987	858.4	470.7	54.83	78.3	9.12	262.9	30.63	46.5	5.42
1991	1025.8	683.6	66.64	30.9	3.01	305.7	29.80	5.6	0.55
1994	1619.9	1208.1	74.58	122.3	7.55	281.5	17.38	8.0	0.49
2002	3020.4	2374.0	78.60	256.7	8.50	380.6	12.60	9.1	0.30

资料来源：《北京市土地统计资料汇编》（1987—1995年）。

3.4.7　科学规划依据不足

由于我国长期以来“重城市，轻村镇”，导致村镇在社会、经济和环境建设发展上缺少一手资料。包含绿地系统规划在内的村镇规划严重缺乏规划依据和技术力量，各项工作带有盲目的预测性。笔者在进行村镇绿地系统现状调研时发现，现阶段我国一些村镇绿地系统建设脱离实际，比如在经济不发达的一些地区，一套完整的村镇规划都尚未出台。有些村镇绿地规划则好高骛远，企图一步登天，导致绿化基础不牢，给后期维护和管理增加负担；而有些绿地规划停滞不前，仅仅停留在过去栽树种花的基础阶段，与村镇的总体发展速度严重失衡。

因此，村镇绿地系统建设在没有科学依据和严谨的调查研究的基础上，只能是“投石探路”，所以目前流行的强调“山、水、田、林、路整齐划一”的村镇绿地建设模式是最保险，也是最没有风险的。

而伴随着我国城乡一体化建设的加快，村镇面临更加复杂而多变的环境，村镇绿地系统建设不能总是以“不变应万变”，应充分研究村镇近远期发展规模，将村镇的各项建设协调一致，满足农业生产、户外游憩、生活环境质量等多重要求，立足实际、先易后难、循序渐进，科学而理性地进行村镇绿地系统规划。

3.5 村镇绿地系统建设的核心问题分析

基于上述突出问题的表象分析和归纳总结，可以看出所有问题的产生都围绕着村镇快速的经济发展对土地空间和自然资源等的急切需求与土地资源和自然环境本身承载力之间的矛盾。所以我们可以看到村镇绿地系统建设的核心问题便是围绕着村镇绿地本身是否能够承担起协调自然环境保护、保障村镇健康发展、满足居民各项需求的多重功能。具体体现在绿地布局结构、功能内容和建设质量这三个主要层面。

3.5.1 绿地布局结构

首先，村镇经济产业市场化的发展以及我国农村土地制度的改革，让村镇认识到土地作为固定资产的重要价值。而在市场经济追求最大利润的动力驱使下，土地利用方式首先会考虑如何让土地利用的收益最高，利润最大。而村镇绿地由于在短时间内不能达到可观的经济收益，导致其在进行村镇规划用地平衡时屡拜下风。所以上一节所谈到的村镇绿地斑块化、破碎化等现象都是因为村镇其他建设用地的不断侵蚀而造成的。另外我国行政体制也让村镇体系下的各居民点绿化建设各自为政，在绿地布局上也完全不考虑村镇体系作为一个整体单元的基本特征。而村镇绿地布局往往缺乏科学的论断和科学的依据，只为“景观美化”和“游憩开发”而进行的绿地布局是缺乏科学依据的。加之急功近利、追求短时间的土地经济效益、行政限制等客观因素的影响，最终导致了村镇绿地仅仅是一个“美丽的花瓶”，失去经济价值时就可以随时撤掉，而绿地布局也就成了“拼图游戏”。绿地布局的不合理让原本以优势存在的村镇绿地大环境不断被开发用地所蚕食，最终造成村镇绿地的减少和村镇环境的恶化，从而破坏了村镇的整体机能。所以村镇绿地布局的合理性和科学性应该引起高度的重视。

3.5.2　绿地功能内容

村镇绿地功能布置缺乏合理性同样成为目前村镇绿地系统建设的一大核心问题。功能内容的单一化是目前村镇绿地系统建设的一大通病，仅仅将绿地定义为单一的游憩空间或单一的生态防护空间，在村镇绿地系统建设中要么拼全力打造绿色游憩场所，完全忽略村镇自然承载力，要么为了打造自然保护区，而无端侵占耕地。这些都是仅仅从人类或自然、发展或保护的某个单一角度进行考虑，缺乏对村镇绿地复合功能的全局思考，导致村镇绿地内容的单薄，无法应对村镇复杂的自然条件和有别于城市的特殊发展需求，最终让村镇绿地与村镇的发展现实情况严重脱节。综合考虑村镇绿地功能内容，突破原有单一功能的绿地“对号入座”的模式，村镇绿地功能内容的复合化建设势在必行。

3.5.3　绿地建设质量

一般情况来说，村镇绿地在“量”的上面，相对于城市来说是相对可观的。正因为有着这样一个“优势”，让我国部分地区的村镇绿地系统建设工作从开始就沾沾自喜，而忽略了相对于“量”来说，更为重要的“质”的建设问题，或是对村镇绿地“质”的认识出现严重偏差。最明显的现象就是，我国很多村镇绿地建设总以城市绿地建设质量为衡量标准，把村镇绿地“城镇化”建设作为村镇高质量建设的目标，村镇绿地系统建设都是一套模式、一种效果，出现了“千村一面”的现象，最终导致村镇绿地与村镇自然环境的种种不协调的现象，诸如生态功能退化、乡村景观风貌受损、绿色空间破碎等。可以看出，村镇绿地系统建设质量的合理性才是村镇特质和特征的真实反映，才能让村镇绿地数量等基本优势更加凸显。

3.6　村镇绿地系统建设问题的根源探究

3.6.1　观念层面——村镇仅仅是居民生产生活之地

受到我国社会发展程度和传统世界观、价值观的影响，中国人一直以来把生活生产作为根本，生态环境意识较弱。同时我国还是发展中国家，虽然近年来经济发展较快，但是经济底子薄弱，而对于中国的村镇，其和城市相比经济更是落后。发展经济，通过农林业生产提高经济实力改善居民生活这是长期以来村镇的发展思路。而管理者和居民都没有很好的生态意识，为了眼前的经济利益牺牲长远利益，为了GDP指标直接对宝贵的村镇绿地资源进行疯狂地剥夺。

3.6.2 法规层面——村镇绿地系统相关法规的欠缺和混乱

自改革开放40多年以来，我国在城市绿地系统建设层面出台了诸多法律条例和政策规定，同时在各城市都有相应的城市绿地建设条例规范，自上而下地推动了我国城市依法建绿的进程。

但在村镇绿地系统建设层面，除了我国个别发达地区外，很多地方缺少村镇绿化、村镇绿地建设及保护相关的规范条例。因法律制度尚不成熟，使得村镇绿地系统规划无法控制和具体落实。在村镇绿地建设实施中，基本无法可依，无理可据。加上我国特殊的国情，领导意志干预过强，缺少应有的法律条例约束和监管，让村镇绿地系统建设变得随意而不可控制。古语道“无规则不成方圆”，村镇绿地系统建设工作的核心问题是应该加快相关法律规范的编制和论证，确保村镇绿地系统建设能够有法可依，使执行变得更有保障。

3.6.3 技术层面——盲目沿用城市绿地系统规划方法，缺乏与村镇实际条件相适应的村镇绿地系统规划理论和方法

改革开放以来的经济快速发展也让村镇的社会环境、居民意识形态发生了翻天覆地的变化。这样也让人类与包括村镇绿地在内的村镇土地关系变得日益复杂，村镇快速的经济发展对土地空间和自然资源等的急切需求与村镇有限的土地资源、自然环境本身承载力之间的矛盾也日益突出。面对日益发展和变化的村镇环境，指导村镇建设发展的相关规划相对滞后，实施起来已经捉襟见肘，急需能够基于我国村镇现状，解决村镇实际问题的各项规划（包括绿地系统规划）来缓和矛盾，引导村镇健康发展。

但由于我国村镇建设起步较晚，对于村镇的各项规划严重缺乏技术力量、基础资料和适合村镇发展的规划编制办法。而村镇绿地系统规划建设缺少村镇社会、经济和环境发展战略作为参考依据，加上现阶段村镇领导以“经济发展优先”的定势思维和缺少规划的技术力量，长期以来对村镇绿地建设工作重视不够，导致村镇绿地系统的规划方法不够成熟，也尚未形成一套适合我国村镇实际的村镇绿地系统规划理论基础。

目前从技术层面来看，已开展了村镇绿地系统规划的村镇基本套用城市绿地系统规划的方法。城市绿地系统规划方向是有关城市绿地系统规划的战略、途径、策略、程序和技术的总称，其方法所涉及的内容基于城市特定的历史背景、空间格局、社会经济发展情况和城市发展模式等，具有很强的针对性。而村镇和城市在大环境基底、空间结构、经济水平、服务人群等诸多方面存在本质的区别，村镇绿地系统规划建设和城市绿地系统规划建设所面临的实际问题、规划的基本标准、预期的规划成果等也都大相径庭。所以在绿地系统空间布局、绿地性质分类和绿地规划成果评估等方面，盲目沿用现阶段我国城市绿地系统规划的方法显现出村镇绿地在规划技术上的相对滞后和工作方式的不求实际，这导致村镇绿地建设出现了很多问题。

3.6.4　体制层面——缺少沟通平台，机制不健全，缺乏政策指导性

在我国现阶段，涉及村镇绿地的相关部门远远不如城市的那么完善和全面。在进行村镇绿地系统规划建设过程中，面临的最大问题就是没有一个责任对象，即谁对村镇绿地负责。这是体制问题，同样也是核心问题。在村镇这个复杂的区域，面对的不仅仅是建设用地问题，还有基本农田、文化遗产、自然保护区等多种问题，如果没有一个健全的运作机制，村镇绿地系统规划建设可谓寸步难行。这需要跨越现有的单一管理体制，加强土地、农业、林业等的合作。比如，村镇绿地系统规划中缺乏基础资料，此时完全可以与农业部门密切合作，利用在我国开展得相对较早的农业区划工作所积累的资料为村镇绿地系统建设提供一定的依据。而在土地部门，也可以同时确定基本农田区和村镇建设用地区域，为村镇绿地建设提供合理的空间范围。

绿地管理问题也是体制问题所带来的直接表象。目前我国绿地工作主要包含前期调研及规划、中期建设、后期养护等，它们之间是相对独立的，导致了不同行业和部门之间在认知和管理机制上常有不协调的现象，而在村镇体系下，这样的情况变得更为严重。一方面难以监督村镇绿地具体的实施情况，难以察觉和制止在村镇经济建设中对绿地的侵占行为；另一方面与城市相比，村镇行政结构简单，部门也较为精简，所以导致村镇每个部门承担的责任和分管的内容较多，造成职能交叉、政出多门，很容易只根据单一判断就对村镇宝贵的生态资源空间进行不科学的利用甚至是“滥用”，并

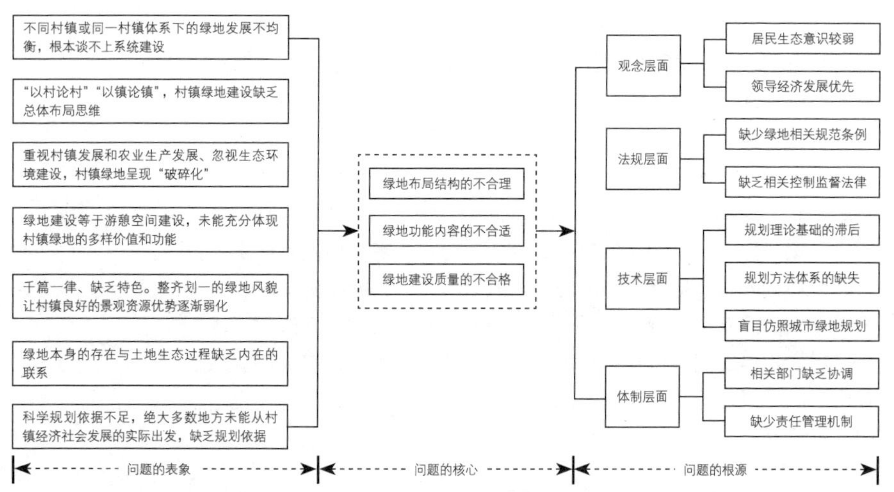

图3-14 我国现阶段平原村镇绿地系统建设相关问题

在一定程度上造成公共投资和管理的巨大浪费。目前我国村镇绿地系统规划建设发展的瓶颈就在于找不到一个平台能够让村镇建设、土地管理、农林业、财政计划等多部门在一起进行沟通和协作，这使得村镇绿地系统规划变得困难重重。由此可见体制问题必须要引起各方的高度重视。

通过对上述问题的剖析，我们可以认识到村镇绿地系统建设不论是表征上的观念、法规，还是具体操作上的技术层面，究其深层原委还是应该归结于我国现行的体制问题。而体制层面的问题是我国现状综合国情所反映出来的种种现象，与社会的发展水平和全民的思想观念密不可分。但是，鉴于本人的专业知识和研究目的，本次研究选择从村镇绿地系统规划的技术层面进行思考和探讨。

我国现阶段平原村镇绿地系统建设相关问题的归纳总结如图3-14所示。

3.7 现行村镇绿地系统规划方法的滞后性分析

3.7.1 目前我国村镇绿地系统规划中所沿用的现行城市绿地系统规划方法解析

由于我国村镇发展相对滞后，导致目前在村镇绿地系统规划工作中尚未形成一套成熟而具体，且具有针对性的规划方法。现阶段在我国一些区域开展的村镇绿地系统规划大多套用我国现行的城市绿地系统规划方法。

长期以来，城市绿地系统规划布局的经典方法就是对绿地现状指标、规模进行分析，进而得出绿地发展的优势与动力、存在的主要问题与制约因素，在此基础上围绕绿地分类中的各类绿地进行布局，确定各类绿地指标等。其主要方法大致可以归纳为以下几种：

1. 上位规划的综合平衡法

城市总体规划、分区规划等上位规划中会涉及城市绿地规划的内容，这种综合平衡法就是处理好城市绿地系统规划与这些上位规划的协调，对上位规划中所提出的绿地内容和指标等信息进行单独分解和重点分析，从绿地的角度预测城市未来的发展，通过反复调整和对应比较，最终给出合适的绿地系统规划方案。

2.“见缝插绿”的布局法

我国现行的城市绿地系统规划方法是当代我国城市发展模式的真实写照。我国城市发展仍大多停留在能源大量消耗、资源过分集中的工业时代模式上，绿地仅仅是城市经济发展下土地规划的一种替补，所以在城市绿地系统规划中长期贯彻“建设优先、绿地填空”的工作方式，这样就衍生出一种完全被动而缺乏系统控制的“见缝插绿”的布局法。这种方法的根本在于找寻城市中尚未被规划成为建设利用的空间区域，再进行绿地的填空，形成我国城市中绿地体系的布局模式。

3.“点、线、面”的分析法

该理论成为我国现行城市绿地系统规划的基本策略。所谓“点、线、面”分析法是20世纪50年代我国在城市各项建设发展上全面学习苏联时所引入并沿用的城市游憩绿地的规划方法和相应定额指标概念，该方法强调城市绿地的游憩功能，十分重视在城市空间布局中城市绿地“点、线、面”相结合的构图原则，同时还重视城市绿地按其规模大小进行分级管理和就近服务。该方法主要是从形态感性层面进行城市绿地系统的规划建设。

4. 完成预定指标的调控法

我国现行的城市绿地系统规划在一定程度上是追求绿地的“数量”达标，这本身并没什么问题。在改革开放后，我国城市一直处于快速发展的阶段，为了确保城市建设过程中绿地的合理存在，协调城市建设用地与城市绿地的尖锐矛盾，过去的绿地三个重要指标❶（城市绿地率、城市绿化覆盖率和人均公园绿地面积）成为权衡城市绿地建设水平的重要数据。因此，评价我国城市是否能够成为“国家生态园林城市”“国家园林城市”“园林县城”等都是把该城市的绿地三个重要指标作为重要的考核内容，并制定了相应的标

❶ 现今城市绿地三个重要指标已改为：城市绿地率、人均公园绿地面积和人均绿地面积。

准。所以，现行的城市绿地系统规划中重要的一步就是核算相应区域内的绿地数量，并以达到预定指标为目的，进行绿地的安排与调控。表3-6是我国“国家园林城市”建设中针对城市建成区绿地建设指标所设立的一些标准。

国家园林城市标准（部分） 表3-6

<table>
<tr><th rowspan="2">序号</th><th rowspan="2" colspan="2">绿地建设指标</th><th colspan="2">国家园林城市标准</th></tr>
<tr><th>基本项</th><th>提升项</th></tr>
<tr><td>1</td><td colspan="2">建成区绿化覆盖率（%）</td><td>≥36%</td><td>≥40%</td></tr>
<tr><td>2</td><td colspan="2">建成区绿地率（%）</td><td>≥31%</td><td>≥35%</td></tr>
<tr><td rowspan="3">3</td><td rowspan="3">城市人均公园绿地面积</td><td>人均建设用地小于80m²的城市</td><td>≥7.50m²/人</td><td>≥9.50m²/人</td></tr>
<tr><td>人均建设用地80～100m²的城市</td><td>≥8.00m²/人</td><td>≥10.00m²/人</td></tr>
<tr><td>人均建设用地大于100m²的城市</td><td>≥9.00m²/人</td><td>≥11.00m²/人</td></tr>
<tr><td>4</td><td colspan="2">建成区绿化覆盖面积中乔、灌木所占比率（%）</td><td>≥60</td><td>≥70</td></tr>
<tr><td>5</td><td colspan="2">城市各城区绿地率最低值（%）</td><td>≥25</td><td>—</td></tr>
<tr><td>6</td><td colspan="2">城市各城区人均公园绿地面积最低值</td><td>≥5.00m²/人</td><td>—</td></tr>
<tr><td>7</td><td colspan="2">公园绿地服务半径覆盖率（%）</td><td>≥70</td><td>≥90</td></tr>
<tr><td>8</td><td colspan="2">万人拥有综合公园指数</td><td>≥0.06</td><td>≥0.07</td></tr>
<tr><td>9</td><td colspan="2">城市道路绿化普及率（%）</td><td>≥95</td><td>100</td></tr>
<tr><td>10</td><td colspan="2">城市新建、改建居住区绿地达标率（%）</td><td>≥95</td><td>100</td></tr>
<tr><td>11</td><td colspan="2">城市公共设施绿地达标率（%）</td><td>≥95</td><td>—</td></tr>
<tr><td>12</td><td colspan="2">城市防护绿地实施率（%）</td><td>≥80</td><td>≥90</td></tr>
<tr><td>13</td><td colspan="2">生产绿地占建成区面积比率（%）</td><td>≥2</td><td>—</td></tr>
<tr><td>14</td><td colspan="2">城市道路绿地达标率（%）</td><td>≥80</td><td>—</td></tr>
<tr><td>15</td><td colspan="2">大于40hm²的植物园数量</td><td>≥1.00</td><td>—</td></tr>
<tr><td>16</td><td colspan="2">林荫停车场推广率（%）</td><td>≥60</td><td>—</td></tr>
<tr><td>17</td><td colspan="2">河道绿化普及率（%）</td><td>≥80</td><td>—</td></tr>
<tr><td>18</td><td colspan="2">受损弃置地生态与景观恢复率（%）</td><td>≥80</td><td>—</td></tr>
</table>

资料来源：中华人民共和国住房和城乡建设部。

3.7.2　村镇绿地系统规划中沿用我国现行城市绿地系统规划方法的弊端与实施困境

我国现阶段所采用的城市绿地系统规划方法基本是沿用计划经济时代的模式：根据城市总体规划的解读，确定城市绿地系统规划的指导思想和原则；确定城市绿地系统规划的策略目标和主要指标；确定城市绿地系统的用地布局；确定各类绿地的位置、规模、性质、主要功能和主题等；划定需要保护、保留和建设的城郊绿地；完成绿地系统规划的其他专项内容规划；确定绿地的分期建设步骤和近期实施的重点项目，最后提出实施建议。不管是在规划方法、指导思想，还是规划策略和规划具体手段等诸多方面都存在较大的缺陷，都不能适应市场经济条件下我国的发展要求。下面仅以村镇绿地的实际情况为线索，探讨现阶段在村镇绿地系统规划中沿用现行城市绿地系统规划方法的弊端与实施困境。

1. 以“绿地分类”为主导的方法路线并不符合村镇的特点

我国行业标准《城市绿地分类标准》CJJ/T 85—2017中将绿地划分为公园绿地（G1）、防护绿地（G2）、广场用地（G3）、附属绿地（XG）和区域绿地（EG），这成为我国现行城市绿地系统建设中的主要依据和主导思想。城市绿地系统分类本身存在一定的缺陷，因为虽然城市绿地分类是依据绿地的功能而划分，但最终的分类归属还是将其归于城市发展的各种要求，这样的绿地分类存在一定的模糊性，忽视了绿地本身功能的体现。从本质上来说，城市绿地系统分类是依据城市的功能进行划分，出发点多是站在城市需求上面，如果直接把绿地分类作为主导思想的规划模式套用在村镇绿地系统规划上，将直接影响村镇绿地的功能表达和其多重效益的体现。

村镇绿地系统规划的目标是要发挥村镇绿地在生态、游憩、景观、文化和避灾等方面的综合功能作用，而现行城市绿地分类方法指导下的城市绿地系统规划方法并不能完全达到上述规划目标。由于村镇的空间规模限制，很多绿地功能存在重叠，通过绿地分类将其进行生硬的归类和区别将失去绿地系统规划的可行性。例如，村庄居民点周边的果林地兼顾了生态、防护、生产、游憩的多种功能，难道只能按照城市绿地分类原则，根据其不在农村居民区建设用地内部而将其定为区域绿地（EG）吗？

2. 城市绿地系统规划中“点—线—面”的布局方法所带来的局限性制约了村镇绿地的价值体现和功能作用的发挥

城市绿地系统规划中最重要的一个环节就是城市绿地系统的规

划布局，也就是各个绿地所形成的空间格局和布局形态规划。传统的苏联游憩绿地规划中“点—线—面”的布局方式，多年来一直作为我国城市绿地系统规划的主要布局原则。这一依靠构图的美感和形态的优美来进行的抽象的绿地布局模式，在城市绿地系统规划层面，大多是依靠城市建设用地间独立的绿地，通过道路绿化带连接，形成形态层面的结构体系，看上去面面俱到，但绿地布局缺乏系统的理论基础和科学依据。

传统的“点—线—面”布局方式在村镇绿地系统规划上的盲目沿用忽视了村镇绿地所在区域特有的多样自然肌理和资源条件、复杂的土地自然演替模式、多重的人类实际需求和特有的历史文化背景，致使村镇绿地的多种功能不能够理性体现和合理表达。仅仅从形态构图层面进行非理性的绿地布局，追求村镇总体规划下的完全对位和形式上的美感只能让村镇绿地系统规划脱离村镇建设发展的实际。这样的村镇绿地布局不切实际，失去了对村镇绿地价值和功能的把握，会给村镇绿地系统发展带来消极的作用。

在村镇绿地系统规划中，我们不但要知道绿地“在哪里”，还应该了解“为什么”这里有绿地。村镇绿地系统规划应该基于村镇绿地功能的多重角度来构筑完整而系统的村镇绿地总体布局结构，让村镇绿地系统规划在整个村镇规划体系中展现出所具有的广泛性、综合性、基础性和长期性的特征。

3．城市绿地系统规划中“三大指标”的评价方法脱离村镇实际，对于村镇绿地系统规划来说只能停留在数字上的理想状态

长久以来，一个城市所编制的绿地系统规划最引人注目的部分就是里面的“规划指标”这一章节。所谓的城市绿地系统规划中的“三大指标”过去是指绿地率、绿化覆盖率和人均公园绿地面积，现在新的“三大指标”是指绿地率、人均绿地面积和人均公园绿地面积，这些参与构成我国现阶段评估城市绿化建设水平的主要指标体系。“量的达标”成为我国城市绿地系统规划的首要目标，也是目前我国城市在申报“国家园林城市”“省级园林城市”等荣誉称号时重要的绿化工作评审指标。

传统城市绿地系统规划中的“三大指标”仅仅是量的指标，并不是质的指标。将这样的评估标准和工作理念运用到村镇绿地系统规划中，完全脱离了村镇的实际情况，只能让村镇绿地系统规划工作浮于数字游戏中。其主要原因有：其一，改革开放40多年来，随着我国市场经济的确立，城市成为村镇居民发家致富的天堂，大批的村镇居民背井离乡来到城市工作赚钱，形成了所谓的“打工

潮”，这也导致了村镇体系下人口基数难以核定；其二，绿地率是指建设用地内绿地面积占建设用地总面积的比例，村镇相对于城市来说，村镇体系下的居民点内的建设用地面积较小，特别是一些小型的集镇或村庄，内部建设用地过于紧张，绿地在其中想要有更多的空间来提高所谓的“绿地率”的确不太现实；其三，村镇体系下各居民点建设用地以外的绿地资源十分丰富，绿地的“量”其实也是相当可观的，这样的优势是城市绿地系统中“三大指标”无法体现出来的；其四，如果单从城市绿地系统规划中“三大指标”的角度来思考村镇绿地系统规划，将无法评估村镇绿地多重功能效益，最终忽略了更为重要的村镇绿地系统“质”的提升，在绿地系统规划建设中迷失方向，失去重点。

4. 城市绿地系统规划中“依附总规”的惯性思维让村镇绿地系统规划建设与实际脱节

我国现行的城市绿地布局体系基本上是将城市总体规划所确定的绿地空间进行进一步细化和落实。对于城市绿地系统规划来说，这种“落实总规、服从总规”的思维方式，是一种定势的思维，虽然存在着很大的缺陷，但在一定程度上有助于保障城市的经济发展和用地平衡。然而，从村镇的实际情况出发，这种“依附总规”的方法却让村镇绿地系统规划变得更加糟糕。

一方面，村镇的总体规划和城市的总体规划并不能相提并论。何兴华指出：所谓村镇的总体规划，指的是村镇体系之下空间范围内的村镇居民点“分布规划”，同时对村镇体系下各居民点交通组织关系、电力电信等基础设施组织关系进行统筹规划。如果与城市规划编制要求进行对照，村镇这个层面的规划工作对于城市来说相当于市（县）行政管辖范围内的村镇体系规划。而村镇建设规划才是具体针对村镇体系中的独立居民点（一般建制镇、乡村集镇和村庄）的近远期建设的规划，这相当于城市总体规划［不包括市（县）行政管辖范围内的村镇体系规划］和详细规划的合并。所以如果仅仅从村镇总体规划的角度来讨论村镇绿地系统规划，这好比是在村镇体系大空间层面上天马行空似的在空间“扣绿和组绿”，缺乏层次性和关联性，无法结合村镇体系下各居民点的实际情况进行绿地系统的规划，未能体现村镇绿地统筹村镇各类居民点协调发展的纽带作用。所以，这样“依附总规”的绿地系统规划方法与我国村镇实际情况脱节，完全不能够系统而准确地指导我国村镇绿地的实际建设。

另一方面，和城市绿地一样，村镇绿地从前期规划、中期建设到后期养护环环相扣，需要全面而统筹的谋划、系统而健全的管理和科学而实际的养护。实现这一连环过程的“无缝拼接”，对于绿地功能的最终实现至关重要。“依附总规”导致了绿地规划与实际建设、后期养护不能协调一致，特别是对于那些尚未组建村镇绿地规划、建设和管理部门的村镇，村镇绿地系统规划将无法落地，无法与村镇其他规划和发展项目相协调，很容易造成公共投资和管理的巨大浪费。

第4章

绿色基础设施理论的主要内容及相关实践研究

4.1 绿色基础设施的基本概念

4.1.1 绿色基础设施的多重含义

在谈论绿色基础设施基本概念前，为了更准确、更全面地进行阐述，需要提前申明两点，以便消除认识误区：第一，绿色基础设施从内容含义上并不是一个新的概念，而是一个新的专业词汇，它起源于150年前对自然、土地与人类关系的研究；第二，绿色基础设施不仅是绿色空间的相互连接，很多时候，人们会简单地认为将分散的绿色空间连接在一起就叫作“绿色基础设施”，而实际上绿色基础设施的内涵远远超过简单的绿色连接。

绿色基础设施的历史发展渊源和不同的区域背景决定了其概念的多重性。

1. 绿色基础设施是国家的自然生命支持系统

绿色基础设施的首个概念是1999年8月由美国保护基金会（Conservation Fund）和农业部森林管理局（USDA Forest Service）提出：绿色基础设施是国家的自然生命支持系统（natural life support system）——一个由水道、湿地、森林、野生动物栖息地和其他自然区域，绿道、公园和其他保护区域，农场、牧场、森林、荒野和其他维持原生物种、自然生态过程，保护空气和水资源以及提高美国社区和人民生活质量的荒野和开敞空间所组成的相互连接的网络。

2. 绿色基础设施是一个相互联系的绿色空间网络，成为一种土地保护方法

美国麦克·A·本尼迪克特和爱德华·T·麦克马洪（Mark A. Benedict and Edward T. McMahon）将绿色基础设施定义为：当其用作名词时，绿色基础设施是指一个相互联系的绿色空间网络，包括自然区域、公共和私有的保护土地、具有保护价值的生产型土地和其他受保护的开放空间。当用作形容词时，绿色基础设施描述了一个进程，该进程提出了一个区域和地方不同规模层次上的系统的、战略性的土地保护方法，鼓励那些对自然和人类有益的土地利用规划和实践。

3. 绿色基础设施是以生态化手段改造或代替灰色基础设施

在2001年由加拿大学者赛伯斯汀· 莫菲特（Sebastian Moffatt）撰写的《加拿大城市绿色基础设施导则》（*A Guide to Green Infrastructure for Canadian Municipalities*）中，绿色基础设施概念完全不同于英美等国家，而是指基础设施工程的生态化，主要是

以生态化手段来改造或代替道路工程、排水、能源、洪涝灾害治理以及废物处理系统中存在的问题。

4. 绿色基础设施是一个多功能的绿色空间网络

2005年英国的简· 赫顿联合会（Jane Heaton Associates）在其文章《可持续社区绿色基础设施》（*Green Infrastructure for Sustainable Communities*）中指出，绿色基础设施是一个多功能的绿色空间网络，对于现有的和未来新的可持续社区的高质量自然环境和已建环境有一定贡献，它包括城市和乡村公共和私人的资产，维护可持续社区平衡且整合社区的社会、经济与环境组成。

4.1.2　本研究对绿色基础设施的概念定义

综合以上的概念定义，笔者认为绿色基础设施在本质上还是一种基础设施，是一种功能支持系统，绿色基础设施是规划者和决策者将基础设施的概念从传统的灰色基础设施延伸到绿色空间体系中而衍生出来的，是一个服务于生态环境、社会大众和经济发展，兼顾人类和自然之需的土地利用规划框架。这也是本次研究过程中，笔者对绿色基础设施的概念定义。

这个概念跳出了传统上对“绿色空间”的通俗理解，更加强调土地的最合理、最优化利用。它倡导自然系统的保护、恢复及维持，不仅能够实现生态系统的价值和功能，也同样能够为人类提供多样的休闲、社会和经济效益。

4.2　绿色基础设施理念的发展历程

虽然绿色基础设施于21世纪才正式提出，但有关绿色基础设施的理论、思想、研究和实践在150年前就已经开展。随着相关理论和思想如绿道、生态网络等的提出和不断实践，绿色基础设施也在时代的前进发展中逐步完善和充实。这一历程也是人、土地、自然三者博弈的真实写照（表4-1）。

绿色基础设施理论的发展历程　表4-1

时代	里程碑	关键思想
萌芽期（19世纪50年代至20世纪初）	（1）奥姆斯特德创造了具有连接功能的公园游步道系统。 （2）明尼阿波利斯的公园成为第一个城市开放空间网络	土地的本质特征应该是协调人类需求和自然保护

续表

时代	里程碑	关键思想
探索革新期（20世纪初—20世纪20年代）	（1）黄石国家公园为美国国家公园系统的建立搭建了平台。 （2）曼宁（Warren Manning）利用图层叠加技术分析了一块场地的自然和文化信息	（1）大尺度规划方法的试验和探索。 （2）为后代保护自然地域
环境设计期（20世纪30—50年代）	（1）生态学家谢尔福德呼吁自然区域及其缓冲区域的保护。 （2）绿带机构开始强调绿色空间在内的城市设计，并控制绿带附近的土地开发。 （3）土地伦理的概念强调生态学的基础性原则	（1）保护自然的荒野状态。 （2）融入生态思维的设计
生态十年期（20世纪60年代）	（1）麦克哈格在《设计结合自然》中认为生态应该作为设计的基础。 （2）菲利普·刘易斯创造了景观分析法，关注土地的潜力。 （3）景观生态学、保护生物学等与环境设计的结合	（1）生态成为景观设计的基础。 （2）科学、可定义的土地利用规划过程。 （3）景观可持续分析
关键理念提升期（20世纪70—80年代）	（1）美国的绿道和绿道系统建设。 （2）景观生态学学科的创建。 （3）GIS成为区域规划的一项工具。 （4）人类关注可持续发展规划和土地利用规划中的整体可持续问题	（1）需要有自然区域的连接。 （2）用科学的过程来把握土地利用规划。 （3）保护生物的多样性和生态过程需要有自然区域的连接
强调“连接”期（20世纪90年代至今）	（1）马里兰州和佛罗里达州的州域绿道和绿色空间系统的建设。 （2）绿色基础设施的健康增长，是引导土地保护和开发的有效供给。 （3）绿色基础设施为社区的可持续发展提供指导	（1）关注景观格局和过程。 （2）绿色基础设施要求确定并连接优先保护区域。 （3）大众参与的重要性和积极性

4.2.1 萌芽期（19世纪50年代—20世纪初）

1847年，美国地理学家乔治·帕金斯·马什（George Perkins Marsh）在其著作《人类和自然》（*Man and Nature*）中呼吁人们关注土地的破坏性利用。与此同时，亨利·戴维·索罗（Henry David Thoreau）提出了“保护未被破坏的大自然的重要性”的观点。美国著名风景园林师奥姆斯特德（Olmsted）认为城市内部的“人造”环境不利于人类发展。在他的实践中，他将公园和绿色体系融入城市和村镇中。“波士顿翡翠项链”就是一个成功的案例。在这一时期，全美第一个城市开放空间网络——明尼阿波利斯的公园体系给当地居民带来一个大约6400英亩（约2590hm^2）的自然生态区域和58英里（约93km）的公园游步道。

此后，强调保护和连接开放空间的公园绿道体系逐渐在全美风靡。而这个时候，欧洲也认识到绿色空间连接的重要性，也在平衡人类需求和自然保护的实践中进行探索。这些都成为绿色基础设施概念萌芽的种子。

4.2.2　探索革新期（20世纪初—20世纪20年代）

在这个时期，美国总统西奥多·罗斯福（Theodore Roosevelt）对于户外空间的热爱引发了美国国家公园系统的创立，其建立的宗旨是“保护自然风景、历史以及那里的野生动植物，以该方式提供同样的享乐，并将享乐公平地留给后代”。这一时期国家公园如雨后春笋般兴起，仅在罗斯福总统时期，就设立了150个国家森林、51处联邦鸟类保护中心、5个国家公园、4个国家游憩保护地等。这些大尺度的自然空间为国家区域的绿地体系搭建了平台，这也是在大尺度空间规划层面的试验和探索。

在实践方面，美国景观师罗伯特·摩西（Robert Moses）在韦斯特切斯特县和长岛设计了公园带，将许多公共公园连接在一起。而在美国新泽西州，绿带的概念也融入该州的规划之中。这个认识成为绿色基础设施理念发展的一次重大革新，可以看到人们开始关注赖以生存的土地在工业发展时代所面临的诸多问题，进而为后代保护自然地域。

4.2.3　环境设计期（20世纪30年代—20世纪50年代）

进入20世纪早期，随着工业化时代的来临，人类开始关注那些未受到人类破坏的荒野地。生物生态学家谢尔福德（Shelford）呼吁进行自然区域及其缓冲区域的保护。而众多科学家们也开始认识到公园不足以为所有本地物种种群提供全年的庇护场所，应该构建一个大尺度、连续的绿地系统。本顿·麦凯（Benton MacKaye）是最早关注区域规划需求的美国规划师之一，他认为，应在尊崇土地自然格局的前提下，考虑人们对绿色空间廊道的需求。在他的多项规划实践中，他倡导构建一个线性、带状的区域，这样不仅可以保护那些自然环境，而且也为城市居民提供了游憩空间。

而在20世纪30年代，绿带规划成为一个较为普遍的规划模式。连续的空间成为包围城镇的森林缓冲区和联系邻里的绿带，人们可以在此轻易地接触自然。而作为环境设计的一部分，几个绿带机构开始强调包括绿色空间在内的城市设计，并控制绿带附近的土地开发。这一时期，西方国家已经有人预测到工业化进程所带来的环境变化会让后人花费成百上千的代价来弥补。

4.2.4 生态十年期（20世纪60年代）

生态学作为一门新兴学科给城市规划和景观设计带来了全新的思维。美国著名景观设计师麦克哈格指出城市规划者有必要考虑土地利用规划的环境学途径，并提出一个评估和实施这一途径的新方法。为了改变环境因素在土地利用规划和城市设计中所处的被动地位，麦克哈格在1969年出版的《设计结合自然》（*Design with Nature*）一书中提出生态应该作为设计的基础。

另一位景观规划专家菲利普·刘易斯（Philip Lewis）提出了一个景观分析的方法，强调理解并遵从土地潜力的重要性，并关注环境廊道等因子。人们逐渐认识到土地的多样性，逐渐发展出新的看待景观的方法。“景观生态学”（Landscape Ecology）成为描述这个知识领域的新词汇。而这一时期，岛屿生物地理学、保护生物学等生态领域的理论都为绿色基础设施理论提供了科学支撑，为实现动植物种群可持续发展的规划提供了原动力。融入生态理念的这十年也让城市规划和景观设计成为科学的、可定义的土地利用规划过程。

4.2.5 关键理念提升期（20世纪70—80年代）

1983年，联合国世界环境和发展委员会讨论了在世界经济背景下进行可持续发展的意义，提出人口规模及人口增长速度应与受到改变的生态系统的生产潜力相协调。全世界的国家和组织开始不断关注可持续发展规划以及在土地利用规划中的整体可持续问题。这一时期，人们对绿色基础设施规划和设计的理念以及土地保护实践的兴趣有了不断增长的态势。

实践方面，1987年，保护基金会启动了“美国绿道计划”（The American Greenway Program），并在全美范围内推进绿道建设。技术层面，地理信息系统（GIS）成为区域规划的工具，复杂的土地利用规划需要通过科学理性的方法去指导。而在政策方面，相关政策则越来越趋向于整体和综合，规章性的强制方式也逐步转化为更加柔性灵活的模式。这个时期绿色基础设施的理念由独立研究逐渐上升为一个整体方法，正如景观规划师理查德·T·T·福尔曼（Richard T. T. Forman）所述："在土地决策和实践中，脱离其所在的环境或发展时期而独立地评价一个区域是不合适的，我们应该以一个大的空间和时间观念去思考一个区域"。这正是绿色基础设施概念发展的核心理念：孤立的绿色空间并不足以保障人和自然的共同利益，需要有自然区域的连接。

4.2.6 强调"连接"期（20世纪90年代至今）

进入20世纪90年代，可持续性发展已成为世界各国的共同目标，人们也热衷于寻找土地可持续综合利用的方式与方法。景观规划师同样也认识到保护孤立的自然区域是远远不够的，自然区域需要与区域内各个尺度的景观相联系，以保护生物多样性和生态过程。

在1990年，美国马里兰州启动了一项州域范围的绿道规划项目。这是美国第一项大尺度地整合绿色基础设施的规划，由此，绿色基础设施规划建设从幕后走到了台前，具有划时代的意义。随后，佛罗里达州也启动了一项绿色基础设施项目，通过把现存和拟定的保护土地、游憩步道、城市开放空间和私有生产性景观相连接，从而建立州域绿道系统，涵盖州域的生态、休闲和文化网络体系。除此之外，在美国很多区域和社区也开展了绿色基础设施规划、设计和建设的行动。

所有的行动尽管目的不一样，但都共同强调基于景观价值的土地利用规划的重要性，确定并连接优先保护的区域，并通过预留以保护为目的的土地，以实现土地的最适宜的利用方式。最终，绿色基础设施作为战略性保护工具逐步在全世界兴起。

4.3 绿色基础设施构建的空间网络支撑体系

绿色基础设施在空间上是以网络结构存在的，其基本的支撑体系包含中心控制区（hubs）、连接通道（links）和场地（sites），如图4-1所示。

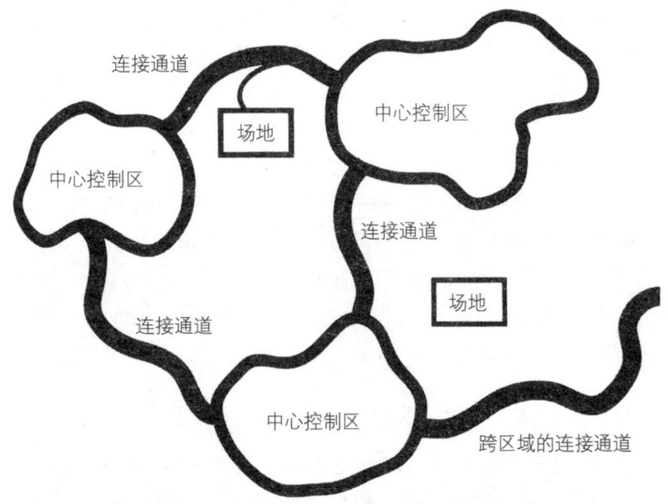

图4-1 绿色基础设施网络体系结构图（图片来源：笔者改编自《绿色基础设施——连接景观和社区》）

4.3.1 作为绿色功能策源地的中心控制区（hubs）

中心控制区是绿色基础设施网络系统的核心面域，是系统核心区域的汇总，起到承担多种自然过程的作用，也是整个大系统中人类、动植物和生态过程的中心。这些核心区域可为乡土的植物和动物提供空间。中心控制区的不同区域所包含的内容不一样，现以美国的标准为例，它所涵盖的内容如下：

（1）保留地：保护重要生态场地的土地，包括尚未被人开发利用的原生状态的土地。

（2）大型公有土地：国有或州有的大型森林，提供资源和休闲的价值。

（3）生产场地：包括私有的农田、农场、林场等。

（4）公园和公共空间区域：包括居民点内部的公园、城镇周边大面积的自然区域、运动场和高尔夫球场等。

（5）社区绿色空间：社区内部的公园等。

（6）循环土地：过度使用和被损害的大面积土地，可重新修复或开垦，例如棕地、矿地等。

4.3.2 承担系统整合纽带的连接通道（links）

连接通道在整个绿色基础设施系统中起着连接的作用。在自然层面，连接通道对于维持系统生态过程和野生生物种群的健康、多样性起着至关重要的作用；在人类社会层面，它可构建起保障生活生产的连接廊道。连接通道将整个系统紧密地连接起来，使绿色基础设施网络得以正常运转。它所涵盖的内容如下：

（1）生态保护廊道：为区域内野生动物提供的生态学线性空间。

（2）线性绿带：沿河流、铁路、公路等形成的线性绿带。

（3）风景游憩连接：包含文化元素的线性廊道，如历史性资源、游憩空间等。而且应保留在社区或区域中能够提高生活品质的风景好的视域，包括街景和游赏走廊等。

4.3.3　保障不同层级绿色空间的场地（sites）

场地是绿色基础设施系统中相对于中心控制区较小的区域。从规模、所占空间和承担功能等方面虽然不及中心控制点，但它们也是整个绿色基础设施系统网络结构中的有机组成部分，保障了整个系统的稳定与和谐，对系统的生态、社会等价值具有重要的贡献。场地包括小型的生物栖息地、城市社区小型绿地空间等。

不同尺度下绿色基础设施网络空间体系的意向如图4-2、图4-3所示。

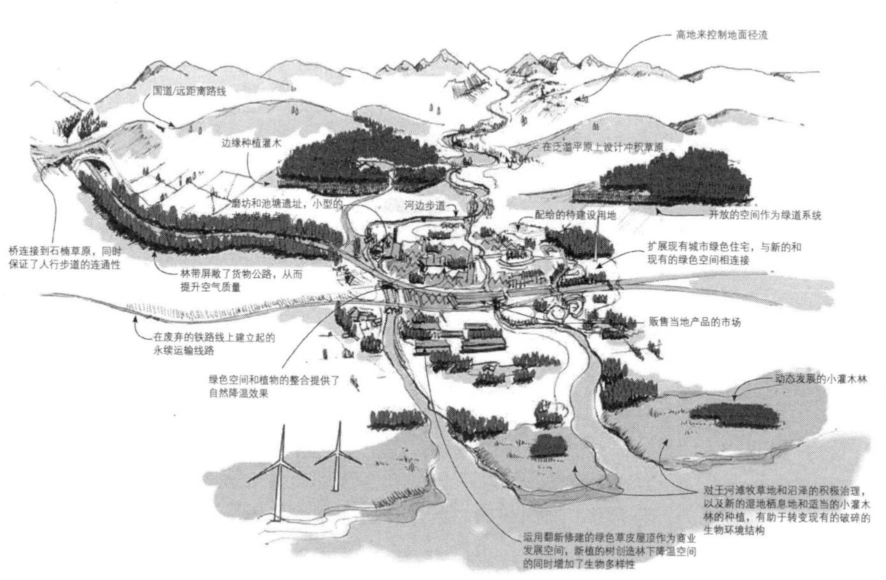

图4-2 大尺度绿色基础设施网络空间体系意向图

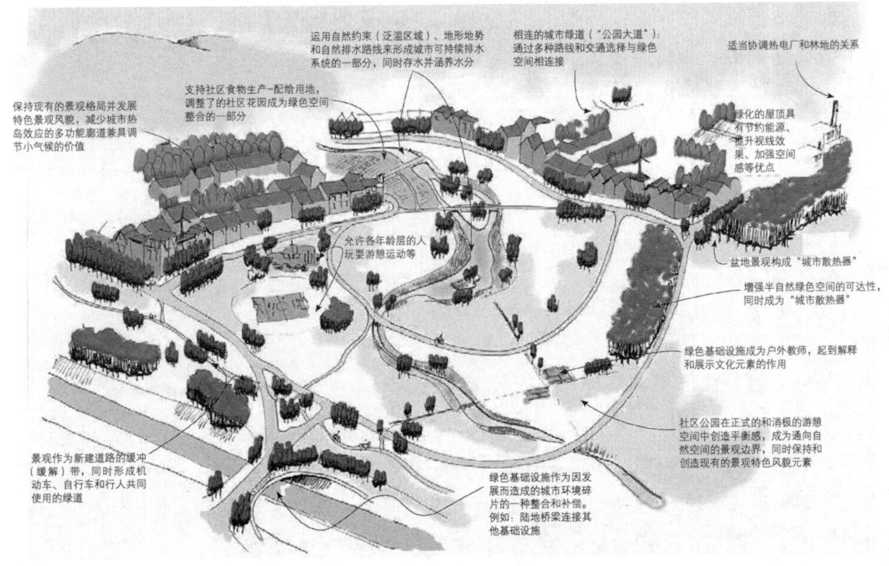

图4-3 小尺度绿色基础设施网络空间体系意向图

4.4 绿色基础设施的基本特征

4.4.1 尺度的协调性

从尺度上来讲，绿色基础设施涵盖了国土区域级、城市级以及邻里社区级中从宏观、中观到微观的不同尺度。而绿色基础设施规划通常会涉及跨尺度规模的协调等复杂问题，从而使得不同尺度所关注的绿色基础设施从规模大小、性质和内容类别上有所差异。基于此，绿色基础设施规划建设的重点就是跨区域的不同尺度内容的整合，战略性地连接不同尺度与规模下的城市、城镇、郊区、农村以及野外自然区。绿色基础设施网络结构贯穿于这些尺度之间，在其协调统一下，各种绿色空间元素和功能集合起来共同发挥作用。

4.4.2 内容的多样性

由于绿色基础设施所跨越的区域不同，所以绿色基础设施网络结构中不管是中心控制区、连接通道还是小场地，在同一网络结构中的类型、规模和属性都存在着差异，也就是其内容具有多样性，这是绿色基础设施构建的一个重要特征。一个绿色基础设施系统中一部分土地可能是公共保护土地，而另一部分可能是私有土地，或者一部分是给人类开放的，而另一部分则是自然保育区。更有甚者，系统连接的不一定是原本“绿色”的内容，河流水系、道路、生产农田等，虽然它们不是“绿色”元素，但它们都是绿色基础设施重要的构成要素。

认识到绿色基础设施内容的多样性对于其灵活构建有着十分重要的意义。

4.4.3　形态的网络连接性

绿色基础设施在空间形态层面是一个实体连接的网络或功能性连接。连接性是绿色基础设施的基本特征，自然系统的连接度是景观健康的一个重要指标。研究表明，同一个与网络廊道隔离的斑块相比，一个同样大小的与网络廊道连通的斑块通常会具有更多的物种及更低的本地灭绝速率。这让绿色基础设施成为一个资源整合而覆盖面广的综合系统。绿色基础设施建设的预期目标就是构建连接的网络系统并发挥其作为整体生态系统的功能作用，而不是零散的、各单元彼此分开的无关联的随意集合。

而形态上的连接性更重要的是带来人类与自然的连接，自然系统中资源、特性及过程之间的连接，系统功能组织与个体的连接，等等。最终，形成自然、社会和经济协调发展的网络平台。

4.4.4　功能的复合性

绿色基础设施构建的本质在于土地的合理规划，它承认人们对居住、工作和享受自然所需场所的需求。经过整合与优化土地资源，体现其多元功能，形成土地的可持续利用模式，其最终目的在于兼顾人类和自然的需求。更进一步讲，绿色基础设施的构建不仅仅在于自然系统的保护、恢复及维持，在保证生态系统的价值和功能外，还可为人类提供休闲、教育、景观等多种功能。

有学者在英国西北部地区进行的绿色基础设施规划实践中，将绿色基础设施能够提供的功能（表4-2）概括为缓解气候变化、缓解洪水灾害和水患管理、空间质量、健康和福利、土地和不动产价值、经济增长与投资、劳动效率、旅游观光、娱乐休闲、土地与生物多样性和来自土地的产品等11个方面。

绿色基础设施强调绿色资产多重功能的发掘和提炼，用以达到生态保护和发展相互协调与促进的目的，并帮助其发挥生态、社会和经济的综合效益。

英国西北部地区绿色基础设施的功能 表 4-2

效益	具体表现形式
缓解气候改变	绿色基础设施能够应对城市热岛效益
缓解洪水灾害和水患管理	城市绿地空间减轻排水和洪水防御系统的压力
空间质量	绿地能够创造工作机会和本地荣誉感
健康和福利	绿色空间可以降低引起疾病的风险
土地和不动产价值	自然景观能够给房地产增值
经济增长与投资	在一定背景下企业可以吸引和留住更多的流动人口
劳动效率	工作场所接近绿色空间可以减少疾病，提高效率
旅游观光	乡村旅游可以支撑工作岗位
娱乐休闲	人行步道、自行车道等使健康和低成本的消遣方式得以实现
土地和生物多样性	绿色基础设施提供大量的栖息地和土地管理工作
来自土地的产品	帮助从事农业生产的人

4.4.5 服务的共享性

绿色基础设施内容的多样性也决定了其在服务对象上的多样性。公众的、私人的以及非营利部门的绿色基础设施，都会考虑到各方的要求和利益。绿色基础设施所带来的效益将影响到所涵盖土地区域的每个人，“维持和平衡相关个体的生活质量，给予他们基本的公平，尊重他们的个人权利”。人类生活在绿色基础设施构建的体系里，每天都在享受基础设施所提供的服务，十分关注绿色基础设施为他们带来的直接便利以及给人居环境和他们的生活所带来的改变和影响。这正是越来越多的人愿意投身绿色基础设施规划建设行动、成为其支持者的重要动力。全民共享的公共性与同一性将让绿色基础设施成为人们的共同财产。

4.4.6 效益的综合性

相互连接的绿色基础设施系统可以使人类和自然系统共同获益。不同于传统的绿地保护战略只关注绿色环境的重建或生态的恢复，绿色基础设施更加关注土地利用规划的整体效益，并且强调环境与经济目标的叠合。在维持生态系统平衡、增进社会和谐、促进经济发展等多方面存在很多潜在的价值。

在生态效益方面，绿色基础设施可构筑良好的生态环境，缓解

“热岛效应”，增加野生动物栖息地，保护城市生态安全格局，改善环境质量，提高居民绿色生活健康水平，保障城市健康，高效利用土地资源。

绿色基础设施还可带来可观的经济效益，它可使区域土地提升价值、促进区域经济综合发展、降低基础设施的投资和运行费用、降低能源消耗及保护人类生活基础设施等。

绿色基础设施社会效益方面的内容包括：为居民提供休闲娱乐场所，增加居民与大自然沟通的机会；提高绿地率，增加绿色空间面积及完善绿色空间服务覆盖，构建良好的人居环境；提高公众的低碳环保意识等。

4.5　绿色基础设施规划的一般步骤

绿色基础设施理论作为一个较新的土地利用规划手段。由于所处的空间尺度（区域宏观、城市中观和社区微观）、环境内容和景观条件等的差异，并且鉴于规划目标和重点的不同，所以在具体的规划编制方面，绿色基础设施规划无法完全遵循一个固定的流程和步骤来实施。本研究仅以美国佛罗里达州和马里兰州的绿色基础设施规划为例，对绿色基础设施规划的一般步骤进行梳理。

1．确定目标和梳理要素特征

绿色基础设施构建的第一步在于确定绿色基础设施的规划目标，以及对其中可能包含的自然和人工特点进行梳理。目标的确定是亟须的，因为目标直接与规划的方法相联系，其需要依靠设计目标来指导决策。比如美国马里兰州的森林、农田和其他游憩功能的土地已经在其他项目中受到保护，所以该州绿色基础设施构建的目标是“确定那些具有全州生态重要性的地区，并且提供一个一致的方法来评估马里兰州土地保护和恢复的机会”。从中可以看出，该绿色基础设施规划的目标就是确保该州生态系统的安全格局和生态环境的复兴，并没有把重点放在农业生产、观光游憩等方面。

而对所在区域内那些即将融入绿色基础设施的要素特性的分析，将成为十分重要的工作。这里面包含对即将融入其中的区域自然资源、游憩资源、文化资源、生产资源等的分析。充分考虑要素的特征，对确定绿色基础设施的规划目标具有深远的影响。一些绿色基础设施采用合并尽可能多要素的方法，而另一些则是采用更具目标性的方法，针对某一项要素进行分析。比如一项绿色基础设施的目标是保护区域的水源水质，那么在对要素进行梳理时，更多精力应该放在对区域中与水资源相关的要素（包括水岸线、河流、湖泊、泛滥平原等）进行归纳，把它们作为绿色基础设施的重要连接要素进行分析。

2. 联系合作伙伴和与绿色基础设施利益相关者进行沟通

通过对所在区域现有发展规划和战略的解读，绿色基础设施的规划团队需要仔细分析并寻找绿色基础设施规划建设中的相关利益者。在美国，通常会涉及公众实体、土地私有者，以及对未来规划区域进行投资的集体或个人。绿色基础设施的建设需要各方的参与。在面对不同的社会成分时，将会有不同的利益需求和目标诉求，通过和他们的沟通来确定绿色基础设施发展的战略重点及其规划建设的优先事宜，从而制定政策评估框架，为随后的规划确定方向和重点。

3. 收集和处理区域相关数据

在确定了目标和沟通好相关利益者之后，接下来的工作就是确定区域的景观类型。首先，对表现景观性质的数据进行收集和分类，而后通过科学而合理的分析形成一套数据标准，从而为绿色基础设施网络结构连接的资源要素的选择提供基本依据。

具体步骤包括：按照相应的分类方法，确定用于构建绿色基础设施的景观类型，接下来按照不同的类型收集相关的数据（包括大小、多样性、景观位置、稀有程度等），将它们集中形成一个混合数据集。然后，建立一个针对不同类型要素的数据标准，用来衡量各类要素在各自类型体系下的重要性等级，以及对于绿色基础设施构建整体目标的贡献程度。不同的资源就可以根据拟定标准来进行层级分类，通常会以一个数据图册反映不同要素的位置、类型和重要层级等。这些都将成为未来绿色基础设施网络结构系统规划的重要参考。

4. 确定网络连接要素

在绿色基础设施规划中，选择最大和最高质量的区域作为中心控制区，然后通过廊道连接中心控制区，并加上一些场地区域共同构成一个网络体系，这成为绿色基础设施网络体系构建的前提。绿色基础设施的中心控制区具有最高质量、最大以及最不易被破碎的生态属性。同时，中心控制区需要足够大的面积，能够为本土动植物提供栖息地，允许生态过程不受干扰，为穿越设施的野生动物提供出发地和目的地，起到网络中生态核心的作用，也为周围的人类提供了广域的活动空间。

GIS技术能够将一个场地的不同数据图册信息综合起来，并可以用于强有力地评估现状中潜在的或已存在的绿色基础设施结构的组成要素。在GIS技术的帮助下，根据中心控制区的特点和特征，确定研究范围中的中心控制区，使之随即成为网络体系的连接要素。同时除了GIS工具以外，也可以用其他的技术，比如基础图底的叠加等方法，将不同图册数据进行整合，为绿色基础设施网络体系构建提供依据。

5．创造绿色基础设施网络连接规划

绿色基础设施规划的重要环节就是通过合理的土地利用策略，将中心控制区连接成一体，形成绿色基础设施的网络结构，最终达到优化绿色基础设施结构系统连通的目的。

对于绿色基础设施内各个中心控制区的连接，需要确定那些包含合适生态属性和过程的土地。地形、自然植被分布、栖息地质量和关键物种的特性等可用以帮助规划师们选择并确定连接中心控制区的最佳连接廊道。最佳连接廊道是指用最适宜的土地来联系不同的中心控制区。在确定最佳廊道的工作中，规划师们会针对每一种景观类型给出一个具有单一针对性的“廊道适应性”图册，经过叠加分析后得到最佳连接廊道。这个过程多半是人们关注绿色基础设施的自然过程和生态功能的结果，但绿色基础设施规划不仅仅只是关注自然的保全，还会照顾到土地上生活的人类，所以在对其进行规划时，也会将游憩休闲等系统纳入到网络系统中。其基本方法步骤也是在建立生态网络模型的基础上，通过基本的GIS等技术方法将游憩、文化网络进行叠加，帮助规划师挖掘到土地更多的潜在功能，以便实现绿色基础设施网络结构的利益最大化和效益综合化。

6．评估分析，并为绿色基础设施规划设定优先级

在完成绿色基础设施网络连接规划后，需要对网络系统进行评估，以判断是否符合最初的规划目标；判断现有绿色基础设施对当地综合发展的支撑情况；结合区域内土地利用和发展战略重点，判断当地绿色基础设施当前建设的缺陷及其潜在的、可挖掘的功能。不管是整体网络系统还是内部连接的各元素，都将成为评估分析的对象。同时还需要对区域内生态最脆弱和最易退化等敏感区域进行重点评估，以便为绿色基础设施规划设定优先区域，为接下来的各项工作制定先后顺序，确保工作游刃有余，保障工程建设的循序渐进。在对规划程序进行评估的同时，还应该对土地管理制度等进行评估，并提出修改调整措施。

7．规划实施的保障

绿色基础设施规划是一项长期的战略，绿色基础设施的建设关

乎所在体系的每个群体或个体。在其规划过程中，广大公众的参与对于绿色基础设施规划的成功与否至关重要。并且这一项工作没有明显的先后顺序，应该贯穿于整个绿色基础设施规划建设过程中。公众的参与能够带动居民对于绿色基础设施建设的积极性并有助于其识别共同的利益，让绿色基础设施规划成为一个灵活的生命系统，确保其符合规划所拟定的意愿和目标。这将有助于引导整个系统的合理推进和指导具体的实施行动。

除了相关利益者以外，关于绿色基础设施有专门了解研究的专家学者、从事游憩行业的机构、生态保护协会等等，这些都会给绿色基础设施的规划带来很多有益的反馈意见，形成积极可行的执行机制，促进绿色基础设施规划方案最终确定。

同时，积极推广绿色基础设施规划的思想和策略，将其与区域内其他规划进行对接，确保绿色基础设施规划编制的统筹协调。关注该规划实施的合理性，制定切实可行的建设资金筹措计划，调动各方力量，为绿色基础设施今后的正式实施奠定坚实的基础。

绿色基础设施规划一般步骤流程如图4-4所示。

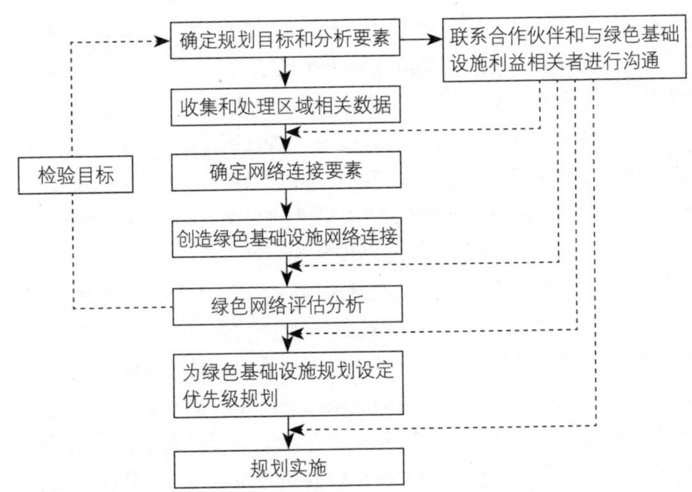

图4-4 绿色基础设施规划一般步骤流程

4.6 绿色基础设施理论的核心内涵

4.6.1 绿色基础设施规划是主动性规划

在人居环境规划中，相对于道路、水电管网等我们所熟知的城市发展中必要的基础设施，绿地一直是建设过程中一项配套的、无足轻重的设施，传统的绿地系统规划过于细碎，地点过于特殊，关注面过于狭窄，并且由于经济发展的需要拥有多项功能的绿地常常让位给其他用地，而没有受到合理保护利用。

不同于传统的规划战略，绿色基础设施规划是一种先进的规划手法，它的先进体现在通过主动的方式来适应土地发展要求。绿色基础设施规划积极发挥作为保护和开放框架的功能作用，并优先于其他专项规划，在开发前进行规划和保护。

人居环境的规划实质就是平衡人、自然、土地三者之间的关系。作为人居环境体系的一项基础设施，绿色基础设施在进行绿色空间规划时，也成为保证社会经济活动正常进行的公共服务系统。基础设施先行性和基础性的基本特征将赋予绿色基础设施在人居环境系统规划和设计中的主导地位。人居环境的规划发展不再过分依赖于城市经济水平和人口规模，而是以土地生态服务功能为前提和依据，引导城市空间的布局。通过在规划一开始就与绿色基础设施相结合，绿地可以在土地利用开发的初期就介入到整个区域的发展规划和建设过程中，为土地的合理开发预留空间，比如能够保障那些已有的开放空间、高价值的土地不被滥用开发。

在具体的规划运行过程中，绿色基础设施主动先行的策略，可以推动形成一个依托绿色基础设施的稳定、高效的土地利用架构，避免通过牺牲某些局部利益来获取整体利益，从而控制盲目建设发展所产生的负面影响，改善人居生态环境。

简而言之，绿色基础设施作为一项理性规划，旨在为人居环境规划建设构建一个理性的框架和提供解决途径。它的本质在于通过主动的方式来适应人居环境的多重发展要求，为我们和后代保护有意义的自然资源的同时，合理地引导土地的综合发展，最终实现土地各项功能的协调。

4.6.2　绿色基础设施规划是弹性的土地适应策略

绿色基础设施规划作为一项主动性规划主要体现在其能够灵活适应土地的很多不确定因素。美国著名风景园林师麦克哈格在其著作中指出：每一块土地的价值都是由其内在的自然属性所决定，人类的活动只能是认识这些价值并适应它，只有适应了才有健康和舒适，才会有生物和人的进化和创造力，才有最大效益。绿色基础设施倡导的是一种弹性的土地适应策略，而非是只有唯一答案的解决套路。

基础设施的稳定性和科学性在于对不确定的环境改变的适应能

力，其本质在于当内外环境面临不可预测的发展趋势下，能否稳定地保持其功能的正常运作。因此，绿色基础设施在人居环境中实现的关键在于构建一个有机的、富有生命弹性的土地利用机制。

在具体策略上，它表现为依据不同尺度类型制定与之适应的绿色基础设施规划目标和战略重点，或在面对不同空间尺度时能够采用不同的规划策略以完成不同的规划目标，并能够依据不同区域的目标进行灵活的调整，建立全面的规划体系，最终获得不同的效益。绿色基础设施同样能够维持所在土地的生态过程，适应不同阶段的生态系统，提高系统的利用适宜性。同时，在面对区域、社区的增长和变革时，能够灵活调整应对变化等，让绿色基础设施更具生命力。

4.6.3 绿色基础设施规划不只是在“绿色”上做文章

绿色基础设施规划更强调系统生态层面的目标和结构，但并不等于只在生态“绿色”上做文章。功能单一的绿地连接无法应对环境的改变，在城市化扩张的高速期，功能单一的绿地势必被淘汰出局。绿色基础设施系统所具有的复合功能以及带来的综合效益，将为其赢得更多的支持并推广运用。

从土地本身的特性出发，绿色基础设施为人类和自然提供多样的功能，最大化地彰显其价值。互相连接的绿色空间体系不仅仅是为了防止生物栖息地破碎化和保证生态体系的网络化构建，从为人类提供服务的角度出发，还满足日常交流、休闲游憩、景观展示、文化保护、灾后防治、环境教育、城市复兴、废弃空间再利用等多重需求，成为人类赖以生存的空间，成为生活系统的一部分。这些工作不可能只是在现有的绿色空间上做文章。

理解绿色基础设施的这一重要内涵，可以指导人们在其构建方式、组合内容（被绿色基础设施保护或连接的要素并不都是“绿色”的）和后期评估中不简单地以是否是“绿色”为标准，应该跳开“绿色”，全方位、多角度地审视绿色基础设施服务的对象和追求达到的目标，体现其相互连接的自然空间网络的多重价值和功能，给人类和自然带来更多的利益。

4.6.4 绿色基础设施连通性的内涵远大于简单的空间结构连接

连通性是绿色基础设施系统构建的关键。而绿色网络结构的建立也是绿色基础设施存在并开展工作的基础。绿色网络的连通性存在于自然土地和其他相关开发空间之间、人类与自然之间，以及各项土地利用计划之间。因此能保证绿色基础设施连通性的内容并不是简单的“由零散变整体的空间结构的联系”。实际上，其连通性的内涵远远超过空间结构的连接。

首先从生态学角度理解，各个生态系统成分的连接有助于自然生态系统的正常运行，让自然生物得以健康地生长繁殖。特别是一些珍稀濒危生物，连接性能够防止其栖息地破碎化，增强其物种多样性保护。

其次，连接还可有助于形成系统的纽带，连接起不同类型的区域和景观，形成一个整体的框架进行保护和管理。这个有机整体里面包含自然的、农业生产的、历史文化的、日常休闲的不同种类的空间。

此外，连接的还有不同工程、不同机构、不同专业的人士等。成功的绿色基础设施要求把参与相关保护行动的人们和工程计划联系在一起，发挥系统整体协调特征。所以这种连通性更多地体现在不同目标需求的整合和多种技术力量的合作上。

4.6.5　绿色基础设施规划建立在许多原则理论的基础之上

正如笔者在本章开篇提到的，绿色基础设施不是一个新的概念，它是在众多领域的原则、理论、思想等的多种作用下，不断发展进步的成果，并且多学科、多层面的专业基础也持续在为绿色基础设施的实施做出积极的贡献。这是绿色基础设施构建成功的关键因素之一。

生态、文化、社会、科技和实践等诸多理论、原则为绿色基础设施理论提供了不同领域的力量。景观生态学、地理学、生物学、城乡规划学、建筑学、地理学和土木工程学等不同学科都为绿色基础设施的成功规划和实施提供了技术支持。在政府职能部门、普通民众以及众多领域专家学者的紧密合作和共同努力下，绿色基础设施理论研究才不会显得是闭门造车，进一步保障了规划实施的实际可操作性。比如，在整体构建中实施囊括了政策、经济等多方面的措施，如区域之间合作机制的建立、建设资金筹集方式的提供等。绿色基础设施让现代先进的科学理论和发达的专业技术在对人居环境改善方面有了用武之地，让绿色基础设施理论上升为一种更加理性而严谨的理论，为构建满足人、土地、自然的共同需求的绿色空间提供坚实的理论基础。

4.7　基于绿色基础设施理论的欧美国家村镇绿地系统规划实践研究

为了更好地解决我国村镇绿地规划现实中存在的方法问题，笔者认为有必要对国外成功经验进行分析列举，以论证绿色基础设施运用于村镇绿地系统规划的积极意义。古人云："他山之石可以攻玉"，国外的成功案例可以为我国村镇绿地系统建设提供很好的借鉴和启示。

值得说明的是，绿色基础设施理论起源于美国，同时也在欧洲大陆普遍应用。该理论能够在欧美广泛兴起，除了观念先进、理念新颖、技术前沿外，更多也依赖于当地自然本底条件和土地管理模式等客观条件的支持，抛开这些客观存在的内在及外在因素来讨论绿色基础设施肯定是不现实的。尽管从自然环境条件和景观类型，或者从土地利用模式和行政管理模式来看，目前在我国进行村镇绿地系统规划时所面对的基础条件和实际情况与欧美国家存在一定的差异，但我们必须要看到，欧美国家的社会进步和经济发展同样经历过百废待兴到稳定发展中的不同阶段，这正是我国目前发展的轨迹。其在人居环境规划建设方面的新理论和新方法，对于快速发展中的我国，在村镇绿地系统规划建设方面是值得参考和借鉴的。

所以，本研究通过对绿色基础设施理论指导下的欧美国家村镇绿地系统规划实践案例进行分析研究，阐述在绿色基础设施理论下，兼顾了自然系统的生态、人类发展的社会和经济等综合利益的土地空间规划前沿思想和方法技术在欧美国家村镇绿地系统规划上的成功运用，希冀得到有益的启示。

4.7.1 美国纽约州维克多（Victor，New York，USA）村镇绿色空间规划实践研究

1. 项目背景

维克多村镇绿地系统规划的一个主要目标是通过对绿色基础设施的构建，起到保护村镇开放空间和提高农业经济水平的作用。维克多镇居民极其重视绿色基础设施建设，以及农业保护、绿色开放空间保护等相关主题。农业历来都是村镇主要的经济来源，同时绿色开放空间和乡村郊野特色也吸引了很多城市居民来到这个地区。

全球性的城市化的现状威胁着维克多村镇绿地空间，特别是在农业和发展用地的需求压力作用下，进而导致了开放空间的流失，同时传统村镇环境受到威胁。这个综合性的规划是通过构建村镇绿色基础设施来改善以上问题。该规划的主要目标是通过对村镇绿色基础设施网络的理解与保护，来保护公共空间和促进农业经济，通过绿色开放空间的保存来促进周边发展和未来土地的合理使用。

2. 基于绿色基础设施网络体系构建的维克多村镇绿色空间规划内容

（1）土地空间审核

土地空间审核的目的是描述村镇区域中正在进行的一些开发项目，以此来判断这些项目是否阻碍了维克多村镇自然系统的保护。由于这些项目并不是这个区域里所有需要改变的东西，且有些对自然系统有破坏性的项目不会成为绿色基础设施构建的内容，但理论上所有项目在区域规划前都应接受调查。

（2）定义和评估受保护的土地

这项工作为在维克多村镇建立一个完整的绿地系统框架提供了实际和科学的基础。一些基础地图用以确定场地的特点和表达与维多克村镇绿色基础设施构成中的土地使用模式的关系。

定义与评估的内容包括：

1）农田。

2）自然遗产保护区域。

3）百年一遇的泛洪区。

4）大于15%的斜坡。

5）湿地［缓冲区域100英尺（约30m）］。

6）开阔水面（缓冲区域100英尺）。

7）溪流（缓冲区域100英尺）。

8）纽约州农业区域。

9）2009年农业免税区。

10）视域远景。

11）历史区域。

12）公园和保护的地块。

13）乡村小径。

14）城乡人居空间区域。

通过对这些地图的分析和对空间要素的评估，将协助确定整个村镇区域内绿色基础设施网络结构的中心控制区和连接网络。在维克多镇，联系着区域中的自然湿地和洪泛平原的溪流以及河流廊道都是重要的连接网络。中心控制区枢纽包括了有生产力的农业土地和陡坡区域，因为陡坡区域拥有该村镇范围内大面积的林地斑块。

值得注意的是，对于以上列出的绿色基础设施的构成要素，在村镇这个特殊的以农业生产生活为主体的区域，绿色空间的规划建设势必会涉及农业生产和农业经济等相关的一些资源。所以作为村镇绿色基础设施规划中重要的农业生产保护环节，在绿色基础设施布局过程中应划定出需要受到优先保护的农业区域。这里需要把包括农业土壤地图、水和污水基础设施地图、农业区域和土地所有者意图的地图、农业免税区和有生产力的农田的分布地图等在内的农业土地基础资料作为研究对象，确保以绿色基础设施构建为基础的村镇绿地系统功能的完善和效益的最大化。

在对土地进行评估和分析后，需要确定一个土地优先级模型。模型将被用于计算和给绿色基础设施范围内的不同地块土地的价值分类。这项工作将形成一幅显示绿色基础设施网络中不同土地重要性指标的关键地图。这种显示重要性指标的地图是根据美国农业部的土地评估和当地资源现场评估（LESA）模型而进行的数字化处理，参考数据如表4-3、表4-4所示。

维克多镇域（town）绿色基础设施土地优先次序评估参考数据　　表4-3

<table>
<tr><th rowspan="2">评判点</th><th colspan="2">分数和评判的标准</th><th rowspan="2">建议</th></tr>
<tr><th>分数</th><th>评判标准</th></tr>
<tr><td rowspan="4">1. 主要土壤</td><td>3.25</td><td>在地块中占比75%以上</td><td rowspan="8">给予这些土地州级或国家级的优先权用于农业高质量土地</td></tr>
<tr><td>2.50</td><td>在地块中占比50%～74%</td></tr>
<tr><td>1.5</td><td>在地块中占比25%～50%</td></tr>
<tr><td>0.75</td><td>在地块中占比10%～25%</td></tr>
<tr><td rowspan="4">2. 遍及全州的重要土壤</td><td>3.25</td><td>在地块中占比75%以上</td></tr>
<tr><td>2.50</td><td>在地块中占比50%～74%</td></tr>
<tr><td>1.5</td><td>在地块中占比25%～50%</td></tr>
<tr><td>0.75</td><td>在地块中占比10%～25%</td></tr>
<tr><td rowspan="3">3. 斜坡（坡度15%以上）</td><td>7.5</td><td>在地块中占比50%以上</td><td rowspan="3">陡坡具有更高的优先权</td></tr>
<tr><td>5</td><td>在地块中占比25%～50%</td></tr>
<tr><td>2.5</td><td>在地块中占比10%～25%</td></tr>
<tr><td rowspan="2">4. 湿地和湿地缓冲区</td><td>5</td><td>包括湿地和100m内湿地缓冲区</td><td rowspan="2">包含湿地的土地具有更高的优先权</td></tr>
<tr><td>1.25</td><td>处于200m缓冲区以内的土地，但不包含200m缓冲区</td></tr>
<tr><td rowspan="2">5. 溪流和溪流滨水廊道</td><td>7.5</td><td>包含溪流和100m内的溪流廊道</td><td rowspan="2">包含溪流的土地具有更高的优先权</td></tr>
<tr><td>2.5</td><td>来自缓冲区200m以内的土地</td></tr>
<tr><td>6. 自然遗产区</td><td>1</td><td>特定自然遗址区中500m范围内的土地</td><td>接近自然遗址区的土地具有优先权</td></tr>
</table>

续表

评判点	分数和评判的标准		建议
	分数	评判标准	
7. 泛洪区	3	地块中被标注出来的泛洪区	具有泛洪区的土地具有优先权
8. 开阔水面	1	包含开阔水面的地块（自然区域，非人造）	具有开阔水面的土地具有优先权
9. 纽约州农业区域	1.25	纽约州农业区域中的地块	纽约州农业区域中的地块具有优先权
10. 农业免税区	7	接受农业免税的土地	确定税款的人定义的或接受农业评估的地块的积极农业实用的区域
11. 到村镇边界的距离	2.5	0.5英里（1英里≈1.6km）	离边界距离越远的地方具有优先权，靠近接受保护的地块的区域具有优先权
	5	0.5～2英里	
	1	超过2英里	
12. 临近受保护的土地和公园	7.5	临近受保护的土地	
	2.5	在受保护的土地0.25km以内	
13. 临近步道	2.5	拥有或处在1km以内的步道或步道接入点的地块	具有步道或临近步道的区域具有优先权
14. 地块大小	5	大于50hm²	更大的地块具有优先权
	4	25～49hm²	
	2.5	5～24hm²	
15. 临近当地的、州的或国家级的风景道	1.0	沿着被确定为景观性良好的道路	沿着风景道具有优先权

维克多中心村（village）绿色基础设施土地优先次序评估参考数据　表4-4

评判点	分数和评判标准		建议
	分数	评判标准	
1. 斜坡（坡度＞15%）	15	在地块中的占比50%以上 在地块中的占比25%～50% 在地块中的占比10%～25%	陡坡优先权

续表

评判点	分数和评判标准		建议
	分数	评判标准	
2. 湿地和湿地缓冲区	20	地块包含湿地或100m内的湿地缓冲区	有湿地的区域具有优先权
3. 溪流和溪流滨水廊道	20	地块包含溪流或100m内的湿地缓冲区	有溪流的区域具有优先权
4. 开阔水域	5	包含开阔水面的地块（自然区域，非人造）	有开阔水面的区域具有优先权
5. 临近保护的土地和公园	5	临近受保护的土地或公园，或者在受保护的土地或公园0.25km以内	临近受保护的土地的区域具有优先权
6. 临近步道	5	拥有或处在0.25km以内的步道或步道接入点的地块	拥有步道或临近步道的区域具有优先权，这里不包括城市内的人行道
7. 地块大小	10	大于$10hm^2$	更大的地块具有优先权
	5	$3\sim10hm^2$	
	2	$1\sim3hm^2$	
8. 现存林地	10	大于$3hm^2$的连续林地	林地是重要的野生动物栖息地，具有优先权
	3	小于$3hm^2$	

（3）确定绿色基础设施规划优先区域

在美国，村镇（town and village）同样是一个城市以外的居民点体系的总称。根据条件的不同，对居民点较为分散的镇区和居民集中的中心村庄分别建立不同的优先级模型，并绘制相应的分析图（图4-5、图4-6）。

根据前述对维克多村镇镇区内的不同地块进行的综合分析，图4-7标出了维克多镇区内诸多不同的区域，这些区域在绿色基础设施方面具有优先权。绿色基础设施优先区域地图将指导村镇内不同区域的开发密度规划，创造一个面向未来的、可持续发展的土地利用规划。

总的来说，根据土地性质的分析，在村镇区域的西北和西南角的两个区域（10号用地和6号用地）被设想为最需要保护的地方，其开发强度和建设密度应更低。地图中的1号用地和8号用地被设想为发展权能被转让的区域。2、4、5、7、9号用地为中等发展密度

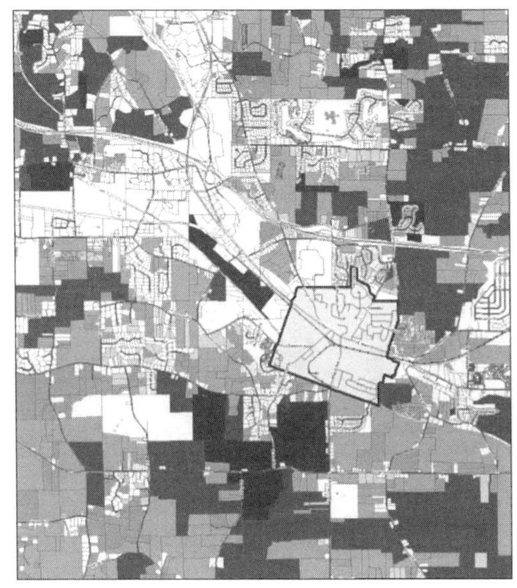
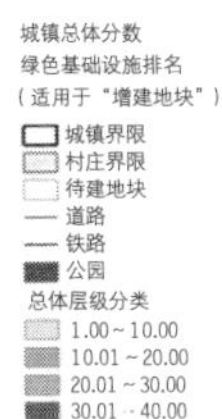

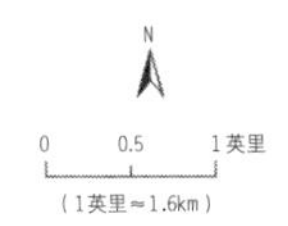

图4-5 维克多镇域（town）绿色基础设施优先次序图（图片来源：*Town and Village of Victor, New York Comprehensive Plan*）

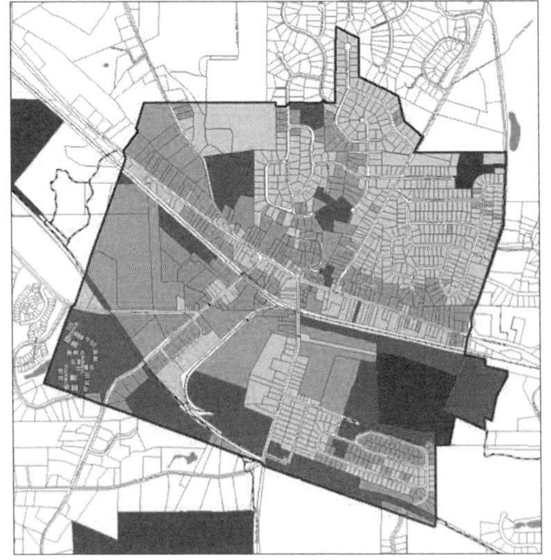

图4-6 维克多中心村（village）绿色基础设施优先次序图（图片来源：*Town and Village of Victor, New York Comprehensive Plan*）

的区域。

3. 基于绿色基础设施网络体系构建的维克多村镇绿地空间布局

前文所述绿色基础设施优先区域布局是依赖于一个以地块为基础的分析去安排绿色基础设施规划的优先顺序。由此而确定的高度

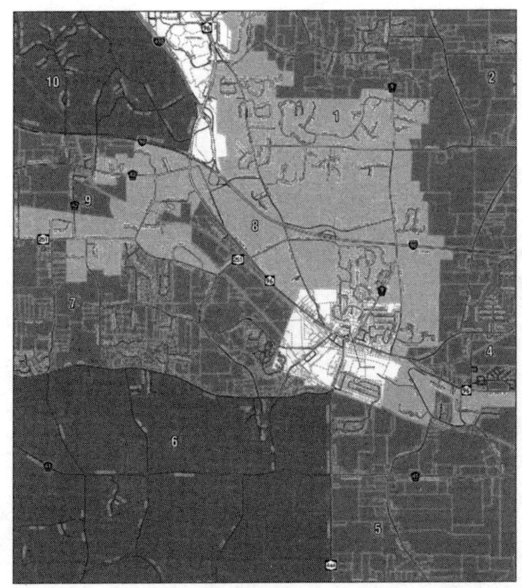

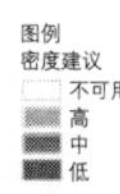

图4-7 维克多村镇绿色基础设施优先分布区域（图片来源：*Town and Village of Victor, New York Comprehen-sive Plan*）

优先的绿色基础设施地块和区域虽然很重要，但是作为一个完整的绿色空间体系，应该将绿色基础设施网络资源渗透到整个村镇区域而不是特别集中在一些特定区域。因此，保持绿色基础设施系统的完整性和其整体价值需要将整个村镇体系纳入考虑，构建多类型的绿色基础设施网络结构（图4-8）。

在多样性资源集中的地方，栖息地更加丰富多样并且绿色基础设施的影响更加深远。维克多村镇绿地系统规划中绿地空间布局的依据是区域内是否具有多样性的绿色基础设施连接资源。如果将图4-8资源布局中所确立的具有连接价值的、有影响的资源用浅的透明的覆盖图标记，那么图4-9便是一张基于绿色基础设施构建资源多样性分析的综合叠加图，具有多样性资源的区域比其他单一资源的区域在该图中有更深的颜色显示，它为村镇绿地系统总体结构的建立提供依据。

4．基于绿色基础设施理念的维克多村镇绿色空间规划成果

基于绿色基础设施构建的维克多村镇绿色空间规划为村镇构建了一个美好的未来，让村镇有了明确的发展目标。完成这些目标，将有助于实现维克多村镇的健康发展。这将提高维克多村镇的生活质量，提升经济活力和保护村镇自然资源。该规划取得了以下具体成果。

（1）提供绿色空间的连通网络平台，提升自然生态系统的价值

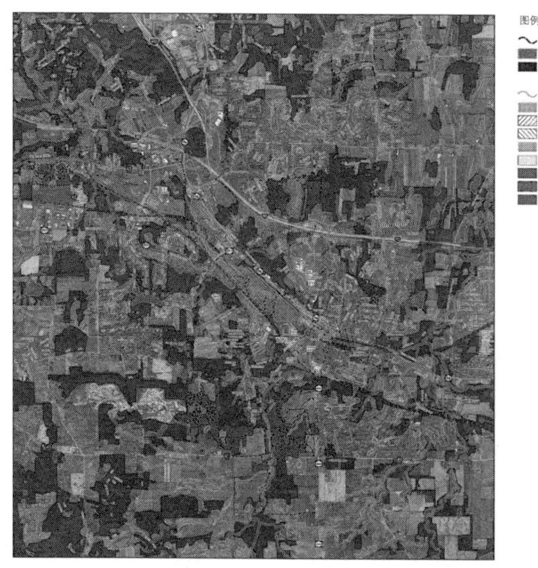

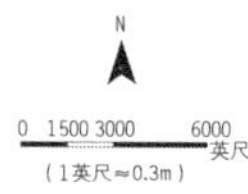

图4-8 维克多村镇绿色基础设施规划类型分布图（图片来源：*Town and Village of Victor, New York Comprehensive Plan*）

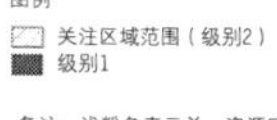

图4-9 维克多村镇绿色基础设施规划资源多样性指示图（图片来源：*Town and Village of Victor, New York Comprehensive Plan*）

和功能，并为人类带来相关的利益。

（2）保护维克多村镇区域内的地表水和地下水的水质，保护溪流和河流廊道、湿地保护区、洪泛区、含水层，同时防止侵蚀和沉积。

（3）保护村镇区域内完整的生态系统功能和生物多样性：保护和恢复区域内的植物群落和动物的栖息地，包括自然林地和森林，保护河岸和水生生态系统，以及原生自然植被区等重要的自然区域。

（4）保护或恢复整个绿色基础设施体系下的中心控制区和连接通道，绿色网络将为野生动物提供迁徙路径。

（5）尊重和保护了当地的自然地形。

（6）建立一个涵盖区域整体，针对不同景观尺度的保护方法。

（7）将维克多村镇绿色基础设施规划整合到长远的村镇区域规划之中，兼顾近期与远期，既能解决当前问题，又能勾勒出村镇的发展远景。

4.7.2 英国贝德福德郡克洛普希尔镇（Clophill，Bedford，UK）绿色基础设施规划实践研究

1. 项目背景

克洛普希尔镇位于英国贝德福德郡，是由3个不同的村庄组合而成。该镇地处英格兰平原中部，自然环境优美，环境资源丰富，风景宜人，而且该村镇历史悠久，村镇区域内拥有众多历史文化遗址，地域文化丰富，是英格兰地区著名的旅游小镇（图4-10）。

随着工业时代的到来，克洛普希尔镇的环境问题日益突出，为了改变这一境况，需要合理地处理开发与建设之间的关系。这一切

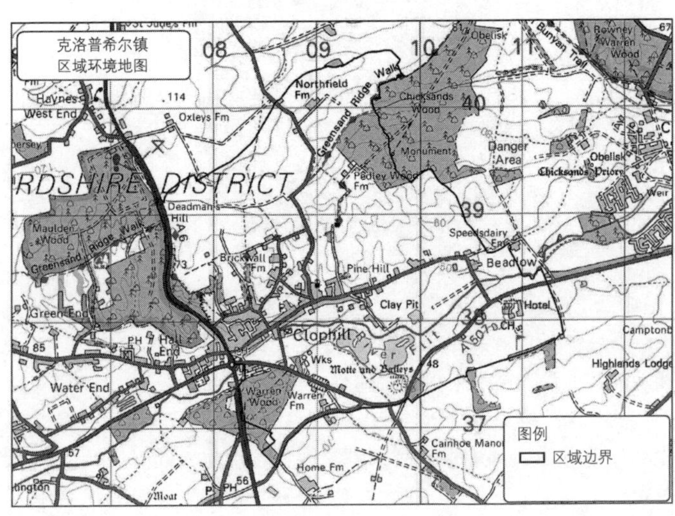

图4-10 克洛普希尔镇区域环境图（图片来源：*Clophill Green Infrastructure Plan*）

需要基于一个强大的构建方法来制定和实施一个高品质的绿色基础设施网络体系，描绘出克洛普希尔镇发展的美好蓝图。

需要强调的是，克洛普希尔镇绿色基础设施规划并不是在区域中孤立存在的，它属于贝德福德郡中部地区绿色基础设施规划项目中的一个有机组成部分。这个项目主旨在于构建一个跨越贝德福德郡中部地区的绿色网络体系，这个网络体系在不同的镇区被分解成一系列的“区域绿色基础设施规划”，而每一组区域规划根据所在区域的内容特征制定相应的规划目标，共同构成整体大区域的绿色基础设施网络体系。

克洛普希尔镇绿色基础设施规划在整体大区域下的主要任务是加强自然区域中动植物栖息地的保护，满足人们亲近历史保护区的愿望。这个项目的实施获得了由贝德福德郡中央议会提供的财政支援，并得到了当地企业和农村社区慈善基金会的大力支持。因为这项规划工作从启动开始就被定义为一项环保公益活动，旨在联合当地社区和土地拥有者，保护区域内的原生风景、历史文脉和野生动植物，并为区域内的村镇环境建设提供理论支撑和技术支持。该规划方案是在2007年由当地的绿色委员会所提出，得到了贝德福德郡绿色基础设施委员会的认可，并获得郡议会批准通过，成为该镇绿色空间规划的重要实施项目。

2. 克洛普希尔镇绿色基础设施规划内容

为了让克洛普希尔镇绿色基础设施规划更具环境适应性和可操作性，规划针对村镇的资源特征和当地居民所需将绿色基础设施规划具体分为四个规划内容，分别是从景观、生物多样性、历史和户外休闲开放空间四个层面入手。四个层面作为绿色基础设施的有机组成要素进行独立的、具体化的评估分析，并建立起相关内容的安全格局体系，充分体现该村镇区域内各景观资源的基本特征和价值，为该村镇绿地基础设施的综合安全体系构建奠定了基础，为村镇后续的开发和发展创造了先决条件。

（1）景观安全格局

克洛普希尔镇位于英格兰地区福利特河河谷腹地，北邻著名的风景区绿砂岭（Greensand Ridge）。该村镇行政区域面积约2425英亩（约合981hm^2），海拔高于海平面152英尺（约46m）至323英尺（约98m）。村镇区域内的地形西北高、东南低。土壤主要以当地常见的绿沙为主，覆盖着一些碎石及黏土，在该村镇内有一些历史久远的砂石场。该村镇的历史街区具有较好的景观价值，建筑风格多以红砖建筑墙体为主，而墙面用以白色石膏喷涂是第二常见的，建筑屋顶风格各异，还可见到英格兰传统的茅草屋顶。村镇居民点内部的街景由街区小巷和建筑墙体形成，这些连续的建筑墙体成为村镇的景观特色，它们的消失将对整个村镇的景观环境带来消极的影响。

在景观地形分析图（图4-11）上，克洛普希尔镇的基本景观要素（包含地形地貌、历史村镇保护区等）都在图上有了清晰的表达，它们反映出村镇基本自然风貌以及人为支配的景观属性的具体位置。

（2）生物多样性安全格局

克洛普希尔镇拥有丰富的野生动植物资源，而生物多样性的保护与加强也是该村镇绿色基础设施规划的重要内容。

近十年以来，随着村镇人口的不断增多和整体生态环境的改变，当地的生物多样性保护迫在眉睫。在区域内，生物多样性保护需要重点关注以下几个地区，这些也是绿色基础设施规划需要重点解决的问题。

雷德希尔（Readshill）草原是地区议会所拥有的一个覆盖0.2hm^{2}面积的小型村镇野生生物保护基地，但在过去的十年内，几乎被入侵的乔木和灌木丛所覆盖。克洛普希尔湖是一个面积53.1hm^{2}以硅藻土为主的湿地生态区，其生态资源丰富，包含有草地、林地、灌木丛、沼泽等不同生态环境类型。但是该生态区尚未与其他自然区域相连接，导致该区域生态系统的稳定性和多样性受到威胁。这是绿色基础设施连接网络需要解决的问题。在克洛普希尔镇内还拥有大面积的自然保护区和自然林地，它们是村镇重要的

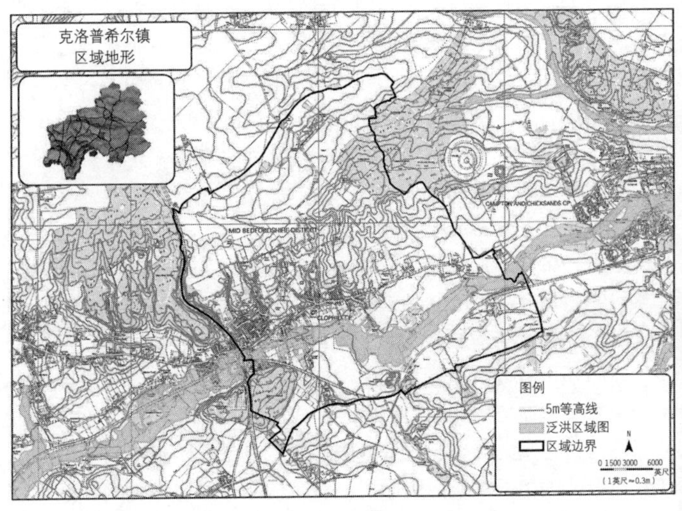

图4-11 克洛普希尔镇区域地形（图片来源：*Clophill Green Infrastructure Plan*）

生物多样性保育基地。穿越该镇的福利特河也作为区域重要的生物多样性保育区，这是一个穿越谷底的复杂的河漫滩湿地生境，是众多珍稀动植物的栖息地。

整个村镇的生物多样性区域保护规划图（图4-12）是绿色基础设施规划的基本依据之一。绿色基础设施能够积极应对这些保护区域所面临的环境问题，为该村镇的生物多样性保护提供空间，并且将依靠绿色网络廊道，连接起不同的生态系统和景观，使之成为野生动植物的生物通道，保证了整个生态系统的流通性和稳定性。

（3）历史文化安全格局

克洛普希尔镇是一个历史悠久的村镇，历史上由英格兰地区的三个古村落组成。这里的历史遗址显示该地区人类居住的最早时期可以追溯到石器时代，铁器时代的人类活动等也在该村镇留有遗址痕迹。如今，在克洛普希尔镇里还拥有着相当数量的历史古建筑如中世纪城堡、教堂等，还有众多步行尺度的历史建筑街区，这是历史留给村镇的遗产，也为村镇塑造了鲜明的特征。每年从国家到村镇，都会有大量的财力用来保护这些历史遗迹。从图4-13中可以清晰地看到克洛普希尔镇内各历史文化保护区域与绿色空间的关系。绿色基础设施规划将为这一项对人类有意义的历史文化保护工程创造一个更加广阔的平台，在历史资源保护与生态绿色环境建设上构建一种平衡的土地利用及开发模式。

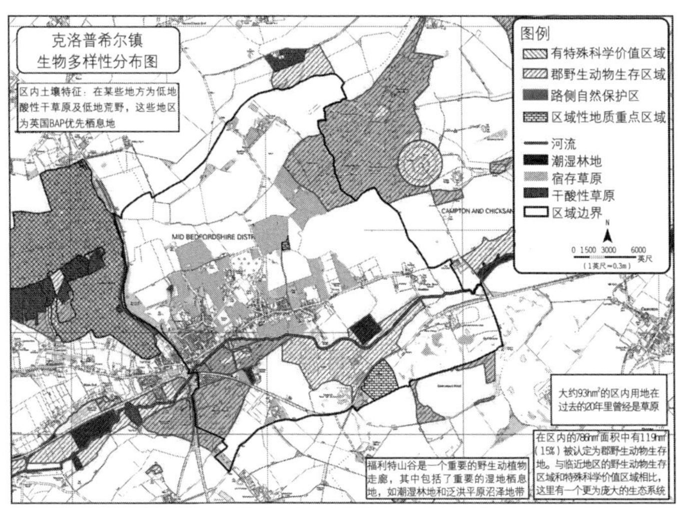

图4-12 克洛普希尔镇生物多样性分布图（图片来源：*Clophill Green Infrastructure Plan*）

（4）户外开放空间安全格局

从图4-14中可以看到，克洛普希尔镇内主要的户外绿色开放空间是位于居民点周边的林地，面积大约有150hm²。自然林地非常受当地村镇居民的欢迎，有许多穿越林地的游步道为村镇居民提供步行休闲的线性空间，其同样也是当地居民周末骑马郊游的主要交通线路，而村庄内部的游步道将一些历史文化区域联系起来。但是这些户外开放空间并没有完全联系在一起，一方面是缺乏整体的网络绿色体系概念，比如

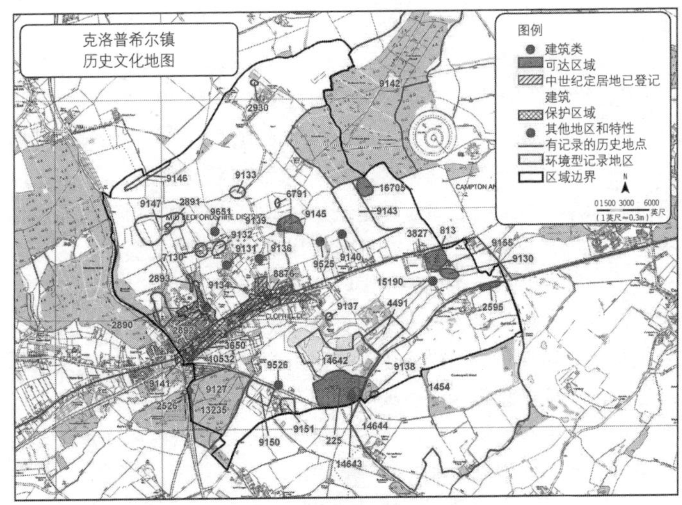

图4-13 克洛普希尔镇历史文化图（图片来源：*Clophill Green Infrastructure Plan*）

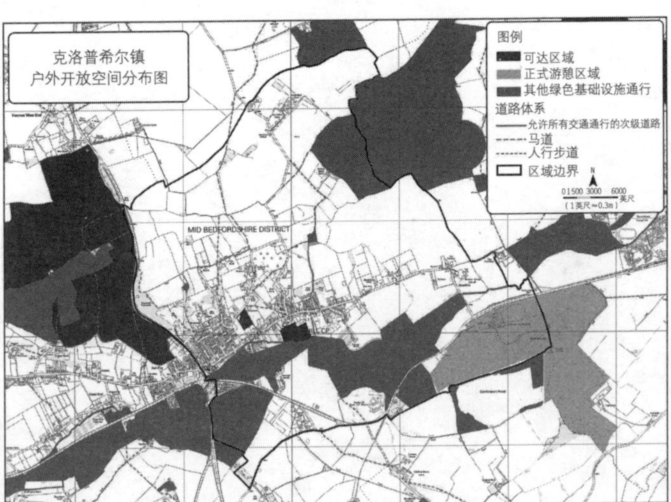

图4-14 克洛普希尔镇户外开放空间分布图（图片来源：*Clophill Green Infrastructure Plan*）

在风景优美、环境宜人的克洛普希尔湖区，目前缺少必要的游步道体系与村镇相连。该区域应该成为整个村镇户外开放空间的一部分，这将有助于人类深入了解该区多样的生态系统；另一方面，由于自然保护区考虑到对自然生态环境的保护，在保护区或林地的一些重要区域限制人类的进入，为自然植物群落或野生动物提供安全的繁衍场所。

克洛普希尔镇绿色基础设施规划将重新梳理该村镇范围内的户外开发空间体系。在尊崇土地自然格局的前提下，充分考虑村镇居民对绿色空间廊道连接性和开放性的需求，形成一个线性的、带状的、跨越不同绿色休闲空间的户外开放空间安全体系。

3．克洛普希尔镇绿色基础设施总体布局结构

基于绿色基础设施在克洛普希尔镇所涉及的四项主要构建因素分析，得出了针对这四项不同要素内容的数据图层，在针对不同研究内容的数据图层中展示了空间分析中需要考虑的特征和标准。以上四种不同内容特征的图层，显示了克洛普希尔村镇空间下的生态特征、地理属性以及土地利用模式等，还显示出影响开发和土地扩张的限制内容，如开发受限制的地形地势、受限制的自然保护区域等。

从克洛普希尔镇景观、生物多样性、历史和户外休闲开放空间这四个方面来分析该村镇未来的保护与发展。当所有分析图册在同一比例尺下进行叠加后，一个与克洛普希尔镇绿色基础设施构建相关的综合叠加图层便显现出来，这便是该村镇绿色基础设施空间结构的雏形（图4-15）。它可以用来帮助组织并指导这个村镇绿地系

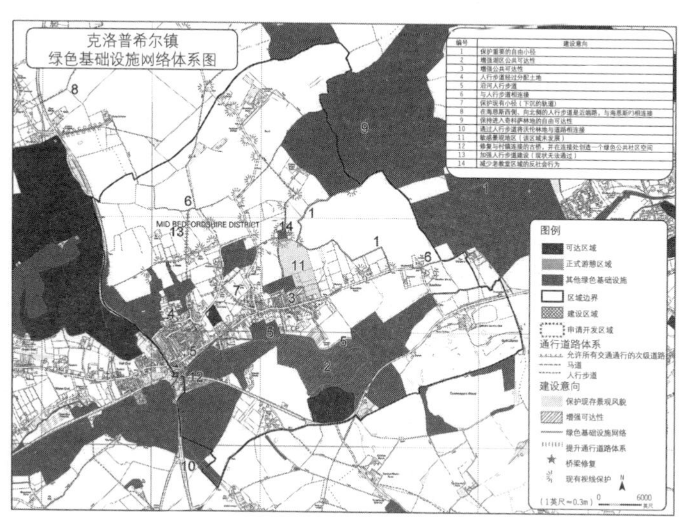

图4-15 克洛普希尔镇绿色基础设施网络体系图（图片来源：*Clophill Green Infrastructure Plan*）

统的建设和发展，也可以让村镇居民了解村镇未来的变化。同时在理论数据和图层叠加分析的同时，必须要结合公众意愿，强化一些土地保护和恢复的优先区域，逐步完善绿色基础设施的总体布局结构。

4. 基于绿色基础设施理念的克洛普希尔镇绿色基础设施规划成果

为了鉴别该村镇区域内的自然、历史、文化和景观资源，创造居民接近绿色空间的可达性和共享性，绿色基础设施规划为村镇提供一个相互联系的绿色空间网络结构，为当代人和后代人争取最大化的利益。

它为克洛普希尔镇带来大量的现实利益：

（1）保护自然风景、动植物多样性和历史文化；

（2）加强了村镇居民和自然的联系；

（3）提供了一个多功能复合型的绿色网络；

（4）在开放利用之前为村镇土地开发者、土地拥有者和开发者提供土地资源信息和特征属性；

（5）积极推动该村镇社区居民参与到绿色基础设施构建中，公众的参与能够带动村镇居民对于绿色基础设施建设的积极性，让村镇绿色基础设施规划成为一个灵活的生命系统，确保其符合规划所拟定的目标，有助于引导整个规划的推进和指导实施行动；

（6）确定具体实施项目并为之确立了发展实施方案。

4.7.3 案例研究启示

从欧美国家实践案例中我们可以看到，绿色基础设施理论为欧美国家的村镇人居环境建设提供了一条途径去解决村镇各种土地利用相关的问题，并规划出一个共同的前景和一个精妙的解决办法。

基于绿色基础设施理论的欧美村镇绿地系统规划成功案例给现在正处于迷茫期的中国村镇绿地系统规划建设带来了一些启发。通过对绿色基础设施理论的解析和实践案例的参考借鉴，并结合我国村镇绿地系统规划的现状问题，可清晰地归纳出对我国村镇绿地系统规划的启示，以便进一步分析绿色基础设施理论结合我国村镇绿地系统规划的可行性和实用性。

1. 定位启示：不是“适应总规”的规划，而是“适应土地”的规划

纵观欧美两个村镇绿色空间规划实际案例，从规划背景到规

划目标和原则，再到规划策略等都是理性地从村镇区域内土地本身性质出发，重视土地本质属性和发展趋势，积极应对人类和自然不同需求所带来的影响。“适应土地”即在面对环境不可预测的发展规模和速度时，能稳定持续地保持土地本身的安全和健康属性，为人类和自然服务。这个定位直接影响了规划的理论框架和方法步骤，让绿地从始至终都是大地生命机体的有机组成部分。从这个意义上来说，这和中国现行的“适应总规”的绿地系统规划有着质的区别，村镇绿色系统规划的科学和合理不在于对上位城市总体规划的适应能力。特别是在“快速城镇化发展的非常时期”，适应环境改变和用地扩张下的土地生命系统变化，把握土地发展趋势，才能让规划更具有现实意义并且切实可行。欧美村镇的绿色基础设施规划案例让我们看到一个有机的、富有生长弹性的土地利用模式，我们应该逐步摒弃“纸上画画、墙上挂挂”的做法，以及“适应总规”对指标的单一追求和绿地规模的传统规划，重新定位我国村镇绿地系统规划。

2．方法启示：源于土地本身和村镇发展需求的主动性规划方法

欧美村镇的绿色基础设施规划案例让我们看到一种新的绿地系统规划方法。本着尊重土地自然系统的原则，将绿地系统规划置于先行考虑的地位，绿地系统规划从适应城市总体规划的框架中脱离出来，形成独立的主动性规划。在此基础上，规划方法寻求将绿地本身的功能价值与土地利用决策相结合，对土地、环境等进行长期评估和监测，制定土地在不同需求下的最佳利用方案，最后进行总体布局和全面评估，形成村镇绿地系统空间的构建方案。例如，在英国克洛普希尔镇绿色基础设施规划中将土地本身的属性与该村镇历史文化、休闲游憩的需求结合起来，最后形成整体的土地利用模式。基于绿色基础设施理论的绿地系统规划方法从步骤到实施都是紧紧抓住协调土地本身和村镇发展下人与自然需求的主线。这样的方法更加具有灵活性和适应性，而非被动地服从上位规划。

3．内容启示：跳开绿地本身的土地可持续利用规划内容

欧美村镇绿地系统规划案例给我们的另一个启示是：绿地系统规划并不只是在现有绿色空间上做文章。绿地系统规划内容应该跳开现有绿地，从整体上进行土地利用的布局。美国维克多村镇绿地系统规划中，绿色基础设施构建的是一个涵盖区域的网络结构，所涉及的内容包括：水域、湿地、林地、道路绿带、农业用地等等，绿色基础设施规划对待它们是平等的。在欧美村镇绿地系统规划中将可能利用的资源作为绿色网络结构的有机组成部分，通过对它们的综合分析和鉴定，确定将哪些资源要素包括在内或有必要连接到

绿色基础设施网络体系中，这项工作是超出绿地本身研究范围的。欧美村镇绿地系统规划告诉我们，不同属性的土地对区域内的自然生命系统都是有贡献的，研究内容的增加与对象范围的扩大让村镇绿地系统规划更是在对村镇土地的可持续利用进行检讨、调整和再规划，绝不是对现行土地利用规划中“自上而下”的空间落实。

4. 效益启示：规划关注人、土地和自然的综合效益

从上两节所解析的欧美村镇绿地系统规划案例中我们可以看到，绿色基础设施理念下的绿地系统规划关注的是整体效益。通过村镇绿色基础设施的规划为村镇土地保护和开发制定了综合策略，策略关注的重点也不再单是解决生态或游憩问题。在欧美两国村镇案例中，绿色基础设施网络结构实实在在地解决了当地村镇的生态环境保护问题，为保护当地生物多样性作出了巨大的贡献，同时也帮助维持林地、农田等其他生产性土地，并允许其发挥功能。除此之外，在保证自然系统和水文系统良好运行和对人类安全有利的条件下，满足了村镇居民对绿色空间的需求，提供了户外休闲娱乐的场所，给居民带来了精神和身体上的健康。同时规划后的绿地系统保护了村镇区域内具有观赏价值和历史价值的资源，吸引了旅游与投资，盘活了村镇经济。关注整体、追求综合效益的规划方法势必能够解决我国村镇绿地系统规划中常见的开发与保护之间的矛盾等问题。

5. 程序启示：重视公众参与，硬性与软性相结合

由于绿色基础设施规划理念关注的是整体利益，其规划、实施和管理都离不开场地上生活居住的人类，在欧美村镇绿地系统规划案例中都有村镇居民的积极参与。解决公众的需求，得到公众的理解和支持，这是确保村镇绿地系统规划能够顺利推进和实施的关键。不只是在规划方案公示阶段，从最开始的规划目标确定到最终实施的每一步都需要建立公众参与机制，不断地搜寻公众对于该项规划的反馈意见。这样一方面确保了绿地系统规划能够完全公开透明，充分考虑规划中所涉及的居民的公众利益；另一方面也反过来作为环境绿色教育的鲜活案例，督促居民积极配合规划，为构建村镇和谐环境贡献自己的力量。可以看到，公众参与下的绿地系统规划是一种负责任的“全面规划”，综合了物质空间的“硬规划”、公众意志合理落实和环境教育引导的“软规划”，这也是一种规划进步的表现，体现出其理念的科学性和行动的务实性。

第5章

绿色基础设施理论应用于我国平原村镇绿地系统规划的探索

5.1 绿色基础设施理论应用的先进性分析

5.1.1 绿色基础设施理论倡导的主动性规划能使村镇绿地系统规划成为村镇土地利用和环境建设的科学基础，改变平原村镇发展混乱的现状

现阶段我国平原村镇绿地系统建设的“乱源”在于缺乏科学而合理的村镇绿地系统规划手段，而一个科学而合理的规划手段是建立在土地本身特性和属性以及土地发展过程和机制的基础之上的。目前我国大部分村镇发展方兴未艾，从村镇土地利用到村镇各项发展仅仅从经济利益角度出发，一切以提高所谓象征“繁荣”的GDP为目的。在传统城市规划“建筑优先，绿地填空”思想的制约下，绿地系统并未在规划前做好必要的土地属性和功能等方面的分析。

绿色基础设施理论的引入将颠覆以往建立在满足数量和优美形态构图上的，较为被动和随意的村镇绿地空间组合方式。在提出村镇各项规划方案前，以村镇环境的自然过程、生物过程和人文过程为研究基础，通过科学手段对村镇大环境和区域土地生命系统进行综合分析，甄别出各种要素单元在整体生态结构中的功能作用和地位，得出代表土地属性和特征的理论数据；并从人类和自然的服务角度出发，由此决定该区域土地的利用方式，对于维持生态过程特别重要的单元予以重点保护或加强，对于一些生态脆弱的单元予以修复。这种以数据量化的规划模式给予土地利用和环境保护有力的科学支撑，为包括村镇绿地系统在内的平原村镇各项规划提供理性的规划依据和基本规划条件。

绿色基础设施理论的主动性规划是主动地从环境土地本身找特性，在此基础上进行的规划才能够真正地表达土地本质和反映土地基本属性。通过土地本身的特征来引导规划，顺应其发展，建立在村镇土地过程和生态大环境格局演变基础上的村镇建设发展才是理性的，当然也是最合理而最具有生命力的。从我国平原村镇建设大环境条件来看，绿色基础设施的规划方法能够填补现阶段我国村镇发展研究过程中村镇土地本身基础资料数据缺失的不足，为推进我国村镇更快更好更健康的发展奠定坚实的基础。

5.1.2 绿色基础设施理论弹性规划机制能够适应村镇快速发展变化下不同阶段对土地的要求，增强村镇绿地系统规划的动态性和灵活性

我国城市化建设最重要的部分就是农村的城镇化运动。伴随着村镇经济建设的快速发展，我国农村城镇化对我国村镇社会发展产

生了前所未有的影响，村镇环境也发生了翻天覆地的变化。不管是近十年、现在还是未来很长一段时间，由于城市空间和资源的日趋饱和，村镇必成为我国发展的重点。

经济和社会的快速发展对于突然成为主角的村镇来说既是提高居民生活水平和改善居民生活条件的契机，同样也是对村镇自然环境资源保护和合理利用的挑战。从本身职能上讲，村镇绿地系统规划就是合理安排村镇体系下各类绿地，确保其多重功能能够实现，并指导人们对村镇绿地进行合理建设、利用和保护，最终构建村镇和谐进步和健康发展的外部环境。但是快速的村镇环境变化和不同发展阶段对土地的功能要求让村镇发展充满着不确定性，为了让这一切发展能够被控制和掌握，并引导这种不确定的未知情况向着良性方向发展，需要找到一个动态的、可塑性强的规划理论作为建设指导。显然，过去那种一次性预测10年或20年后所研究区域规模、内容和性质的城市规划理论已无法应对村镇快速发展的现实境况，并显得落后和不切实际。

相反，绿色基础设施理论所构建的生态网络是建立在对环境弹性适应的基础上，包括对生态系统不同阶段的适应，对不同对象需求的适应，以及对不同尺度范围、不同目标任务的适应，等等。村镇是一个由众多元素紧密组成并相互联系的有机体，处于不断变化的发展过程中。尤其在当今快速发展的时期，这种动态性更加明显。绿色基础设施理念下的村镇绿地系统规划将积极构建成应对这种日益加剧的动态变化的综合发展战略框架，将可能的动态因素纳入到村镇绿地系统规划布局中，并不限定于一个定时定量的规划目标，而是能够容许不断发生的变化。通过合理地控制与协调各种动态因子，引导其朝着一个健康的村镇发展方向和以一种和谐的自然环境利用模式来推动村镇的绿地系统建设。利用绿色基础设施的弹性特征，增强规划的弹性适应力，以此来化解建设与保护、近期与远期之间的矛盾，满足村镇良性持续发展的需求。

5.1.3　绿色基础设施理论构建的综合绿色网络体系不仅仅是空间上的融为一体，还让村镇的多种公共需求有了载体和支撑平台，也为城乡一体化作出贡献

村镇绿地与城市绿地空间组合模式的区别体现在：前者是以绿色大环境下各居民点内小组团绿地作较为离散的分布，而后者在一个较为确定的城市区域内进行“点—线—面”形态的绿色填空。村镇绿地相对于城市绿地来说更多的内容不是居民点建设用地内部的

绿地，而是以村镇体系空间范围内各居民点间的自然大环境为主。根据村镇各居民点单元规模小、个体独立分散，但实质作为一个有机整体的基本特征，村镇居民点之间的自然大环境正是村镇绿地的特色所在，也是村镇绿地发挥多种功能作用的主要空间场所。而按照现行的城市绿地系统规划思路，村镇绿地系统规划的重点只会是各居民点建设用地以内的绿地，外围的绿地无非是村镇环境大背景而已，所以绿化不受重视，绿化资金投入也偏少。加上目前我国村镇农业土地政策，也让空间内的绿地分布零散，不成体系。

正是在这种传统绿地规划的引导下，现阶段村镇绿地的功能体现显得苍白而无力，村镇用地而只能变为其他建设用地的附庸品。绿色基础设施理论的核心是创建一个连通性强的绿色空间网络体系。首先从定位来说，网络体系的整体性确立了村镇各居民点建设用地内的绿色空间和村镇居民点外围绿色空间的同等地位，一视同仁地进行规划统筹；其次从形态结构来看，绿色基础设施理论的引入将传统的“建筑为底，绿地填空”的图底关系进行转换，依靠平原村镇的空间特点，巧妙地构建了在城市中由于用地局限而难以实现的“绿色为底，建筑填空”的良好生态空间格局；从构建目的来说，绿色网络体系能将那些生态价值良好、具备明显保护价值或一些生态脆弱、亟须保护的土地联系起来，清晰明了地指出区域内保护、修复和重建的范围，为绿地系统规划工作勾勒出了重点；从功能上来说，村镇的公共需求可以结合绿色网络体系的构建，让以往在经济发展下无法合理落实的需求比如生态环境保育、村镇传统历史文化遗产保护等有了载体和平台，充分发挥绿地的多重功能作用，促进村镇的建设发展，使得效益最大化。

面对城乡一体化的建设趋势，绿色基础设施理论的引入也让平原村镇绿地系统规划成为整个城乡统筹建设大环境下的重要组成部分，构建城乡之间的绿色网络体系将村镇绿地系统规划提升为推进城乡一体化过程中绿色空间一体化建设的重要工作环节，而不再禁锢于村镇规划下的单项规划的框架之内。

5.1.4 绿色基础设施理论的多尺度策略为协调和统筹村镇体系下从整体到单元的绿地建设提供了支持

村镇体系涵括体系范围内一般建制镇、乡村集镇和村庄等居民点单体。从村镇体系大空间到各居民点空间，这是一个拥有不同尺度和空间范围的综合体。为了与村镇规划更好地衔接和协调，村镇绿地系统规划应该充分考虑到村镇体系多尺度内容的这一基本特点，在具体规划中应体现出规划的完整性和协调性。

绿色基础设施规划会积极应对区域的空间特征，对区域内的各景观要素进行规划前的尺度解析，在空间上对区域景观进行合理分类，同时也将区域内不同尺度层面的要素进行分层解析，并提出不同的规划目标，让绿色基础设施规划更具有针对性和可操作性。

纵观绿色基础设施理论和我国平原村镇的实际情况，我们可以看到整体统一而又分类具体的多尺度策略让绿色基础设施理论更加适合村镇体系空间尺度下的绿地系统规划。在面对村镇体系总体环境范围和各村镇居民点这两种不同尺度梯度时，在绿色基础设施网络体系的整体布局下对各尺度内容进行具有针对性的规划策略的实施。比如，对于整体体系区域来说，绿色基础设施意味着广泛的景观连接，而对于各个村镇居民点来说，则是指导居民点内部的人类活动和附属功能的绿地空间体系规划的标准等。不同尺度下的规划内容的协调配合让村镇绿地系统不再像过去城市绿地系统规划那样只关心建成区范围内的绿地建设。适应于不同尺度与规模的绿色基础设施理论为统筹村镇体系下从整体到单元的村镇绿地系统建设提供了全面而又具体的技术支持，并反过来充分体现了绿地系统规划的职能和目标。

5.1.5　绿色基础设施理论所探究的追求综合效益的土地利用及发展模式能够使村镇经济发展与自然环境间日益严峻的矛盾得以调和

党的十八大报告对推进中国特色社会主义事业做出了“五位一体”的总体布局，通过经济建设、政治建设、文化建设、社会建设、生态文明建设实现社会主义现代化和中华民族伟大复兴。党中央高瞻远瞩的国家战略也指出了我国村镇人居环境建设的必由之路——通过科学的绿地系统规划手段构建可持续发展的村镇人居环境，促进村镇生态、经济、社会共同发展，全面建设村镇小康社会。

而现阶段我国平原村镇建设却遇到了发展瓶颈：如火如荼的村镇建设由于缺乏科学规划的引导和先进实践理论的指引，导致在经济发展的背后却是人居环境问题的日益突出，土地利用粗放低效，功能束缚过于繁杂并超出实际承载力，各种资源消耗超负荷。这样的发展是一种恶性循环，带来的恶果便是在村镇经济快速发展的假象破碎后，村镇居民生活质量和环境资源的“两败俱伤”。绿色基础设施理论为改变这样的恶性循环提供了村镇绿地系统规划建设的另一种选择。

绿色基础设施理论的核心是摒弃以往传统规划对土地的单方面功能赋予，而更加关注土地利用规划的整体效益，强调环境保护与经济建设的目标叠合。在进行村镇绿地系统规划时，关注的不是单方面的因素，不仅仅对绿色空间和自然资源进行保存，同时为经济建设、人类游憩休闲和历史文化保护等提供依据。所以绿色基础设施所构建的村镇绿地网络体系是绿地多种功能和不同利益的叠合过程，这个过程是有因果关系的逻辑过程：从土地本质属性出发，以综合的多功能需求为依据，对绿地进行合理的规划和布局，这样才能体现广泛的生态、社会和经济的综合价值和效益。

5.1.6　绿色基础设施理论催化了村镇建设的各方力量的大联合，给各种专业力量创造了合作的舞台

当前，我国平原村镇经济社会发展进入城镇化发展和社会主义新农村建设的双引擎驱动的新阶段。面对这一充满机遇与挑战的发展前景，村镇的有序建设离不开城建、农业、林业、水利、经济、交通等众多层面的紧密配合，也需要从政府、企业到普通民众的多方力量的协作。

绿色基础设施规划的目的是为规划对象谋取可能条件下的最大利益。因此，选取对象和衡量利益是绿色基础设施规划的两个关键。对于村镇绿地系统规划来说，规划对象就是村镇体系下的绿地空间。而我国平原村镇由于地理条件限制较小，和城市交往密切，发展较快但所面临的情况也较为复杂，所涉及的利益涵盖村镇新农村建设质量、基础设施建设、农业生产、环境保育、居民生活水平等多方面。所以在规划中应该充分考虑各方需求，构建绿地综合利益的长效机制。这就需要把村镇绿地系统规划所涉及的各项工作和任务联系起来，弥补在进行单一保护和规划时的缺陷。

同时，在村镇绿地系统规划过程中还会涵盖城镇化、农村改革发展、农业生产、土地利用等不同部门关心的问题。而相对于城市来说，村镇体系内单元分散，村镇的综合管理效率不高，所以应构建一个多部门协调合作的体系，打破各部门的职能权限隔离，这对于推动我国平原村镇健康发展来说势在必行。绿色基础设施理论构筑了这样一个平台，依靠绿色网络体系下的多方力量能够形成一个大联合、大协作的态势。让国土、规划、财政、农林等相关部门有了施展职能的空间，让绿地系统规划不再是单一部门主导的编制，村镇绿地系统规划变“园林的一家”为“村镇发展的大家”。这使

绿地系统规划中所涉及的某些问题可以周全地解决，也使不同专业形成一股整体力量为村镇人居环境建设提供技术支持，有利于未来规划的具体实施。

总而言之，绿色基础设施理论指导下的村镇绿地系统规划并不只是在做上位规划指导下的绿地建设和保护的工作，它也为村镇的其他发展项目提供了机会，甚至成就了许多有助于村镇健康发展的工程，比如，村镇灰色区域复兴、地方历史文化遗址保存、环境教育、村镇水资源保护等，最终实现村镇土地的最适宜利用。

5.2　绿色基础设施理论应用的积极意义

本研究第3章在对目前我国平原村镇绿地系统建设与发展的现状条件进行阐述后，找到我国现阶段平原村镇绿地系统建设发展存在的主要问题。通过多视角、全方位地审视表象问题与分析实质核心，指出我国村镇绿地系统规划理论和方法相对滞后，以及盲目套用我国现行城市绿地系统规划方法是导致问题的根源之一。

正是由于对现行滞后的绿地系统规划方法导致包含村镇绿地系统规划在内的人居环境建设乱象的清醒认识，对绿地系统规划新理念的探索一直没有停止过。在西方，欧美等发达的资本主义国家先于中国经历了城市发展对土地的需求与土地的本身承载力矛盾调和的过程，一直以来，它们关于土地利用策略、城市空间发展战略规划等寻求人、土地和自然三者关系平衡的理念实践经历了种种革新。绿色基础设施理论，作为一项对传统绿色空间规划和保护的挑战，目前已经受到西方发达国家规划界的普遍认同，并拥有很多成功的案例。不同于以往传统的土地空间利用规划，绿色基础设施理论采用了对土地本身所属的性质和功能的鉴定、保护和长期管理的方法，所涵盖的内容超越了行政边界，并且跨越了多种景观类型，提出了土地空间利用战略对策。从本质上来说，绿色基础设施理论作为一种土地空间规划策略，是将可持续发展、基础设施规划、土地精明增长等一系列理念融入生态保护之中，并充分证明自然系统功能和空间的合理规划、保护、恢复及维持不仅能够实现生态系统的价值和功能，也为人类提供了社会和经济等多重利益。

2010年5月在苏州开幕的第47届国际风景园林师联合会上，时任住房和城乡建设部副部长的仇保兴同志表示，中国城镇化已是不可逆转的趋势，未来20年仍是中国城市化持续发展的时期。而积极稳妥地推进城镇化是当前中国经济社会发展的主要任务和目标之一。目前，中国城镇体系逐步完善，城市基础设施状况显著改善，人居环境质量持续提升；但同时，也面临着人口增长过快、资源压力增大、局部环境恶化等挑战。因此，必须走出一条可持续的、健康的城镇化道路，这也是中国迈向生态文明的必然选择。虽然西方国家与我国在基本国情、基础条件和发展水平等方面有很大的差异，但是面对我国正在进行的城镇化建设，为了避免走西方资本主义国家的老路，应在学习西方现代先进的规划理论并充分结合我国平原村镇实际情况的基础上，提炼出一套新的方法来指导我国平原村镇绿地系统的规划建设，走出一条适合中国村镇实际情况、合理而科学的村镇绿地系统规划建设道路来解决中国平原村镇的诸多问题，并为村镇的人居环境发展贡献自己的智慧和力量。这是解决目前我国平原村镇绿地诸多问题的当务之急，也是改善我国平原村镇生态环境，推动我国平原村镇健康和谐发展，构建美丽村镇，实践党中央“美丽中国”伟大决策的关键所在。

目前，我国平原村镇绿地系统规划建设主要的矛盾在于滞后的绿地系统规划理论和方法技术无法解决村镇社会经济发展过程中不断产生的绿色空间土地利用问题。而我国现阶段平原村镇绿色空间土地利用的主要问题则是在于快速的经济发展对土地空间和自然资源等的急切需求与土地资源和自然环境本身承载力之间的矛盾。绿色基础设施理论的核心是找到一套土地最优化的利用方案，兼顾人类和自然的多种需求。而我国现行的城市绿地系统规划方法相对于绿色基础理论虽说不上是一无是处，但是目前我国城市绿地人居环境建设正处于实践和摸索的阶段，某些方法不够成熟或相对滞后，用在村镇绿地系统规划中更是脱离现实，困难重重。如果我们把绿色基础设施理论的方法策略、我国现行的城市绿地系统规划方法和我国平原村镇绿地系统建设这三项内容所存在的突出问题按照不同的关注层面进行对比分析，那么我们可以得出初步结论（表5-1）：我国现行城市绿地系统规划方法不能从根本上解决我国村镇绿地系统的本质问题，从规划引导角度来说，其更是造成现在我国村镇绿地系统建设问题乱象的根源。而相比之下，绿色基础设施理论主动的规划态度和源于土地本质研究的规划思路让其与我国村镇绿地系统规划的结合有着十分积极的现实意义。一方面，先进的绿色基础设施理论能够为目前我国较为欠缺和落后的平原村镇绿地系统规划方法的改进与更新带来新的契机，为解决现阶段我国平原村镇绿地诸多问题提供更全面而更科学的解决途径，而当务之急便是要建立一套绿色基础设施理论下的村镇绿地系统规划方法体系，以引导该项工作的正常进行。另一方面，不只是方法层面，从我国村镇绿地系统规划思维到规划理念，都存在着诸多误区，对于急需的村镇绿地系统规划的编制，以及村镇绿地的建设和发展都具有制约性的影响。所以从更大意义上来说，绿色基础设施理论能够给我国村镇绿地系统规划界带来一种新的思考方式，重新定位村镇绿地系统规划。

城市绿地系统规划方法与绿色基础设施理论方法策略对比　表5-1

层面类型	我国村镇绿地系统建设突出问题	现行我国城市绿地系统规划方法	绿色基础设施理论下的方法策略
规划目的层面	（1）大多为体现村镇经济发展水平而将绿地系统建设作为门面工程，未能从土地本质出发进行绿地建设。 （2）作为村镇经济建设预留建设用地。随着经济建设所需空间的缺乏，绿地随即“引退”	（1）现行的城市绿地系统规划是对各种城市绿地进行统筹安排。 （2）形成具有结构形态的绿色空间系统。 （3）实现绿地所具有的生态保护、游憩休闲和社会文化发展等功能。 （4）以环境修复和现有绿地保护为重点。 （5）为城市绿化建设提供依据参考	（1）提供一种空间规划机制，满足综合利益。 （2）引导一个超越绿色空间的综合开放空间体系，将生态保护与人类的利用价值联系在一起。 （3）构建绿色网络体系作为土地资源战略性主动保护工具。 （4）以构建土地最优化利用模式为主要目的
规划次序层面	（1）随意性规划。 （2）未能把村镇资源条件、经济社会发展作为规划依据。 （3）绿地系统规划是为了满足村镇总体规划目标和要求进行的，较村镇其他规划时序滞后。 （4）被动适应村镇各项发展	（1）被动性规划。 （2）绿地规划依附于城市总体规划，落实总体规划的绿地内容。 （3）按照上位规划设定的目标与方向，按部就班地完成任务	（1）主动性优先规划，形成稳定而高效的土地利用构架。 （2）根据不同规划尺度及目标调整规划策略。 （3）适应不同土地空间动态过程的灵活性规划
功能表达层面	（1）村镇绿地定位为游憩空间，功能定位单一。 （2）并未充分挖掘村镇绿地潜在的内容和重视其综合功能和价值	受限于城市绿地分类系统，严格按照公园游憩、生产、防护、附属为主要绿地功能分类	（1）不仅仅是生态保护，绿色基础设施承载着人类对土地的各种需求。 （2）整合与优化土地，体现其多元功能，形成土地可持续利用模式

续表

层面类型	我国村镇绿地系统建设突出问题	现行我国城市绿地系统规划方法	绿色基础设施理论下的方法策略
要素构成层面	(1)严格参照村镇规划的用地类型进行绿地的用地鉴别，其他用地内的绿地视为附属绿地，导致建设用地层面的村镇绿地构成单一且要素组成简单。 (2)单一要素的绿地构成，让村镇绿地建设并不是真正意义上的绿地系统建设，村镇建设极易忽视村镇的绿地建设	(1)一部分是城市总体规划所确定的一类建设用地（绿地G）。 (2)另一部分是城市建设用地范围内的其他用地内（除绿地G以外）的附属绿地	(1)组成内容多样，构成方式灵活。 (2)包含受保护的自然区域、生产性土地、公共开放空间、线性空间体系等。 (3)构成的内容不仅仅是“绿色”
空间布局层面	(1)行政管辖的限制，导致体系下的各村镇居民点绿地建设各自为政，村镇体系下各单元绿地分散，相对独立，未形成体系。 (2)而每个居民点单元内的绿地建设让步于经济建设，形态日益“破碎化”	(1)“建设优先、绿地填空”的“见缝插绿”的布局法。 (2)依照城市总规所确定的绿地按照传统的“点—线—面”布局方法将绿地按照一定的形态和空间模式进行组合	(1)构建区域“绿色为底、建筑填空”的图底关系。 (2)绿色基础设施的空间形态是实体连接的网络体。 (3)网络连通性是绿色基础设施系统构建的关键，形成一个资源整合而覆盖面广的综合系统
成果评估层面	只能单纯地以有限空间的绿地“量”作为成果评估标准	三大绿化指标“量化”作为主要评估标准：城市绿地率、人均绿地面积和人均公园绿地面积	绿色基础设施强调绿地多重功能的发掘和提炼，注重生态、社会和经济的综合效益“质”的提升

5.3 绿色基础设施理论应用的重难点

5.3.1 重新理解村镇绿地

绿色基础设施理论的“中国村镇化”运用需要找到中国平原村镇的基本特点，顺应中国村镇发展大势。如今，我国平原村镇城镇化程度越来越高，如果我们深度透视中国平原村镇的发展现状可以总结出：经济的快速发展和村镇与城市的互动逐步加强让村镇建设欣欣向荣，也导致其对外部环境资源的依赖性越来越强，可以说中国村镇建设是正在“通过消耗资源来进行经济和社会的各项发展”。如果从这个角度来理解我国平原村镇的发展建设，那么将揭示其中村镇绿地作为客体对象和主体工具的复杂关系。村镇绿地是村镇体系中人类赖以生存的自然环境，同时在村镇中也扮演了不同形式的生活、生产和流通等功能角色。无论从哪一方面看，村镇绿地的这些属性都是不可或缺的，与村镇的日常功能运作紧密地联系在一起。然而，村镇绿地在作为客体对象（自然环境、绿色空间）和作为主体工具（如游憩开发、农业生产、产业销售等）时，这两个角色之间存在某种复杂的关系，其实也是人类和自然之间的关系（图5-1）。基于这一点，即使是以保护或恢复为目的的所谓适度的建设开发同样也被看作是与我国村镇建设和经济发展相对立的；当然反过来，因追求生产、经济等功能而牺牲村镇良好的绿地空间的态势也日趋严峻。所以必须要寻找一个兼顾多种利益的村镇绿地系统规划理论来平衡和协调这之间的复杂关系。

现阶段我国平原村镇绿地角色关系不协调的处境，实质上是土地利用方式的混乱和土地空间规划的无序的体现。一方面，承载着城镇化快速发展的契机，我国平原村镇的开发速度远远超过过去任何时期，由开放空间转变为建设用地的土地转化速度更是史无前例，但随之而来是生态系统的破碎、村镇居民生活环境的恶化。在我国一些村镇，所谓“垃圾靠风刮，污水靠蒸发”的现象与村镇快速经济增长的GDP格格不入。另一方面，“发展是硬道理”的经济政策不能让尚在经济建设起步期的村镇置“建设与开发”而不顾。村镇作为一个发展单元来说，城镇化进程并不是一件坏事。许多村镇，特别是在我国西部地区贫困的村镇，通过城镇化带来了经济收入的提高、人民生活水平的提升。回到村镇绿地系统规划的目的，其核心是创造村镇居民良好的生活环境，但在基本经济基础缺失的条件下，这种创造只能是“乌托邦”式的不现实的生活，所以单纯的、刻意的保护资源的方式只是理想地保护了绿地数量，有悖于人类生产力向前发展和社会关系不断进步的历史发展轨迹，对于村镇综合发展来说适得其反，已不再管用。

这两个方面似乎让村镇在保护和发展两方面不可调和，互为掣

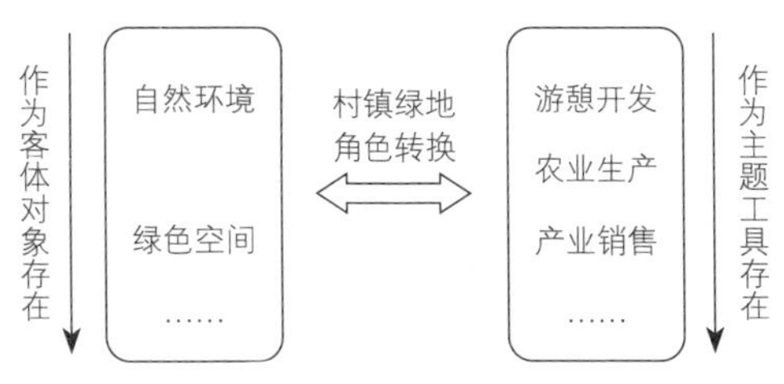

图5-1 村镇绿地的角色转换关系图

肘。这正是村镇土地利用混乱的核心问题——自然环境与村镇用地关系严重失调：村镇资源代谢在空间、时间尺度的生态滞留和耗竭；生态系统在结构、功能关系上的破碎和板结；经济社会行为在局部和整体关系上的孤立以及调控机制上的缺陷。

1. 村镇资源代谢在空间、时间尺度的生态滞留和耗竭

村镇环境恶化在于村镇资源的无端浪费，在空间上、时间上的错误利用导致生产生活剩余的大部分资源流失到村镇的土壤、水域和空气中，造成严重的污染，如过量营养物质进入水生态系统后的富营养化现象以及由于过度密集的人类活动所造成的热岛效应和污染等。生态代谢过程中系统输入远远大于其输出时，过量物质或能量滞留于系统内，打破原有生态平衡的这种现象叫作生态滞留。而村镇为了发展而大规模地侵蚀自然空间，不断地向村镇内部和周边的土地索取资源，而反过来用于修复和保护的部分投入太少，造成了生态资源的耗竭。

2. 生命系统在结构、功能关系上的破碎和板结

村镇建设用地的无序扩展，导致村镇原本复合的生态环境破碎凌乱，生态承载力不断下降，生态稳定结构逐渐被破坏，生态功能日益退化，最终影响到原本属于村镇优势特长的生态服务功能。同时，自然与村镇居民的关系严重板结，村镇生命系统维护并不是村镇规划建设中的首要任务。

3. 经济社会行为在局部和整体关系上的孤立以及调控机制上的缺陷

环境与经济行为步调不一致，保护环境就只知道保护环境，发展经济也只顾经济的发展，对于土地的规划利用缺乏整体的配合，各方孤立封闭，在处理生态恶化和经济滞后的这两项村镇棘手问题的调控上存在极大缺陷。这也是现阶段我国有关环境规划（绿地系统规划、生态规划、生物多样性规划等）与总体规划之间都是以一种前者被动服从后者的关系存在的根本原因。

5.3.2 以绿色基础设施网络重建自然系统与村镇发展的共轭关系

为我国当代和后代创造一个可持续的、连续的村镇绿地系统规划，我们需要重新思考村镇体系空间下复杂的人、自然和土地的关系。笔者在本研究中摒弃长期在我国绿地系统规划界占主导地位的传统城市绿地系统规划方法，将倡导构建人、自然、土地之间的和谐关系，合理平衡开发和保护之间利益冲突的绿色基础设施理论作为指导我国平原村镇绿地系统规划的理论基础，其核心就是通过绿

色基础设施网络支撑体系的构建来满足人类发展和自然保护共同之需，重建自然本底与村镇发展之间的“共轭关系”。

两头牛背上的架子称为“轭”，轭使两头牛同步行走，默契向前，节奏和谐。数学理论上的共轭则是指按一定的规律相配的一对。本研究所提出的共轭关系则是指存在矛盾和分歧的双方通过一定规律互为存在、协同共生。

在2001年6月5日世界环境日之际，由世界卫生组织、联合国环境规划署和世界银行等机构组织开展的全球《千年生态系统评估综合报告》（*The Milleannium Ecosystem Assessment*）指出，人类社会和自然生态系统这两者之间本身是按照一定规律和谐相处的，它们之间存在四种互相作用的关系，如图5-2所示。自然系统给予人类诸多资源和服务，生态功能作用强大；人类社会发展反过来会对自然环境产生影响，带来生态胁迫；待这种胁迫积累到一定程度的时候，自然系统就会出现相对应的生态响应，通过类似自然灾害等对人类发出警告；而人类再一次反过来集中智慧和技术通过生态建设解决这些负面影响，消除对人类发展的威胁。这是一种来自系统本质、和谐的双向进化的关系，是一种典型的共轭关系。在我国，这种自然与人类的共轭关系同样存在，历史上我们的先人在平衡处理这两者关系上充满着无限的智慧，如“天人合一”的理念和“顺天时，量地利，则用力少而成功多”（《齐民要术》）的理法技术都值得我们后人学习。

现如今，我国平原村镇发展面临的诸多问题让我们清醒地认识到这些问题正是由村镇的自然生态系统和人类社会两者之间共轭关系的破裂和失控所导致的。绿色基础设施理论将村镇绿地系统规划真正地定位为村镇可持续发展所必需的“基础设施”，支持村镇在进行生态资源的保护与恢复的同时可以合理地开发土地空间和自然资源。也就是说，绿色基础设施作为我国平原村镇绿地系统规划理论基础的核心，就是通过土地最优化的绿色基础设施网络建设，重建村镇自然系统与村镇发展的共轭关系（图5-3）。

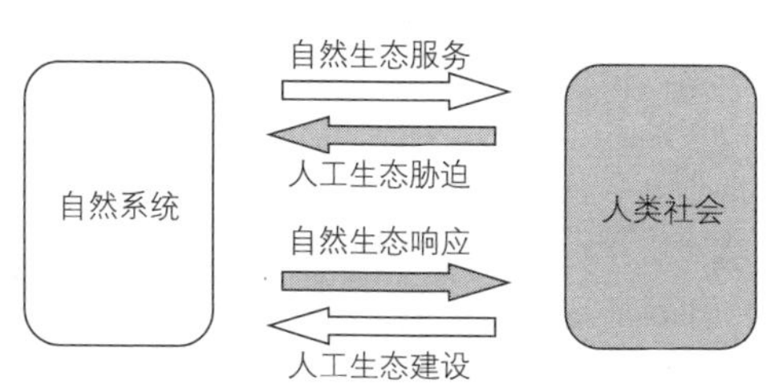

图5-2 人类社会与自然系统的共轭关系示意图

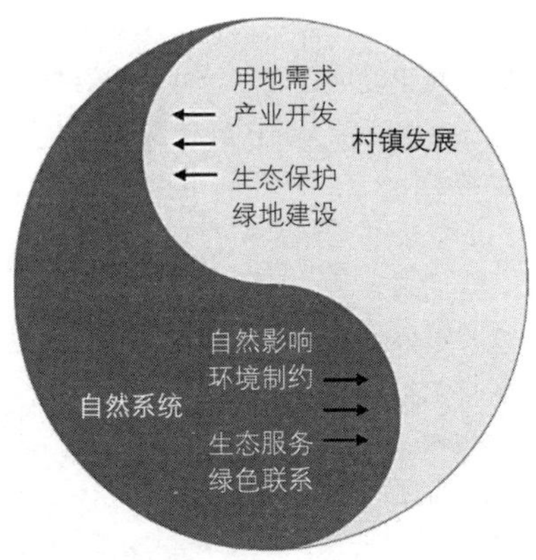

图5-3 村镇绿地所构建的共轭关系示意图

通过村镇绿色基础设施网络重建村镇自然系统与村镇发展共轭关系的内容主要包括以下几方面：

（1）为村镇新的经济发展提供具有综合效益的绿色基础设施，并促进其融入未来村镇建设中。

（2）提高村镇居民的生活质量和旅游观光者服务质量，增强人对绿地环境的认知和归属感。

（3）通过强化现有绿色空间和加入符合当地不同元素的新的绿色空间来体现村镇特征的延续。

（4）保护和提升村镇空间下的生物多样性，重建生物生境之间的连接，减少因村镇建设而导致的破碎化等现象，创造新的生境。

（5）为村镇居民和野生动植物建立村镇之间更有效的功能联系。

（6）实现村镇绿色空间最优化利用，提升其多功能效益，应对村镇发展的诸多挑战。

（7）提出保护、恢复和强化村镇的历史文化遗产，在合理保存的同时提高公众的可达性。

（8）提升绿色网络空间质量，允许生态保护、社会活动和经济建设同时发展。

5.4 构建应用于我国平原村镇的绿色基础设施理论框架

本章前面部分从绿色基础设施理论解决我国平原村镇绿地实际问题的角度进行了深入研究，总结出绿色基础设施理论能够为我国平原村镇绿地系统规划带来积极的影响，能切实有效地解决我国平原村镇绿地目前所面临的诸多问题，并对绿色基础设施理论运用于我国平原村镇绿地系统规划的核心点进行了分析和阐述。

本次研究的主题是针对我国平原村镇绿地系统存在的问题而提出技术的改进，重点在于优化现有理论与方法。研究所引入的欧美绿色基础设施理论，并不是把绿色基础设施的概念和方法直接套用在我国平原村镇绿地系统规划建设上，绝对不是“1+1=2”的简单组合。如果说我国平原村镇绿地系统规划建设是一扇大门，绿色基础设施理论则是一把钥匙，这把钥匙能否打开这扇门，关键在于这把钥匙是否能够对应这扇门的锁。所以根据这个比喻我们可以清楚地看到，绿色基础设施的先进理论是否能够真正地运用于我国平原村镇绿地系统规划建设中，实现“可行”到“真行”的飞跃，在于绿色基础设施理论是否能基于我国平原村镇的现实背景和实际情况而充分发挥其理论优势。所以绿色基础设施理论在我国平原村镇绿地系统规划中的运用更多的是将其进行“中国村镇化”的转变，而非实际方法的全盘照抄。脱离我国平原村镇现实的绿地系统规划当然只会是纸上谈兵，也是不现实的。

绿色基础设施理论的“中国平原村镇化”运用是为了让绿色基础设施理论与我国平原村镇绿地系统规划的融合突破仅停留在理论层面的可行性讨论，向着更加科学和实际的实践方向升华。当务之急，则是需要首先构建一个村镇绿地系统规划方法体系，作为绿色基础设施理论运用于我国平原村镇绿地系统规划建设的基本平台和框架。在此基础上，对来自西方规划界的绿色基础设施理论运用于我国平原村镇绿地系统规划方法体系框架中的各个内容作全面的思考，寻找切实可行的融合思路，为解决现实中我国平原村镇绿地系统规划存在的问题提供科学而可操作的方法途径。

体系，是指若干有关事物或某些意识相互联系而构成的一个有特定功能的有机整体。南京大学的张敏博士提出规划方法论和具体规划方法共同构成城市规划方法体系的整体。规划方法建构是以规划方法论作为理论的基础和重要组成部分。村镇绿地系统规划的职责是对村镇绿地进行定性、定位、定量的统筹安排，同样也是一套完整的规划方法体系构成，本研究将其分解为规划理论基础和规划运用方法两大部分（图5-4）。这两部分相辅相成，紧密联系。研究将绿色基础设施作为规划理论基础，结合我国村镇特点，建立针对我国平原村镇绿地系统规划的可运用的方法。而规划运用方法部分可以根据方法的层次又分解为技术方法和程序组织两部分。技术方法是理论路线的具体落实和体现，在村镇绿地系统规划中，技术方法主要包括村镇绿地分类方法、村镇绿地布局方法和村镇绿地指

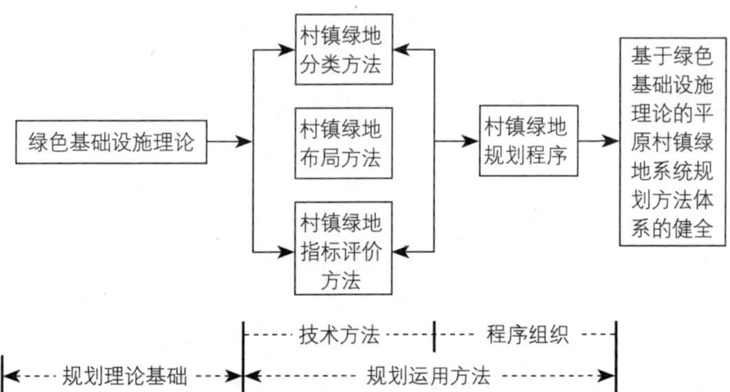

图5-4 构建平原村镇绿地系统规划的方法体系框架

标评价方法。其中，绿地分类是整个绿地系统规划工作的基础，而绿地布局则是绿地系统规划工作的核心内容和工作的重心。所以，绿地分类方法和绿地布局方法将是本研究探讨的主要的方法内容。在此基础上，改进完善我国平原村镇绿地系统规划程序，最终构建基于绿色基础设施理论的我国平原村镇绿地系统规划方法体系，从而推动平原村镇绿地系统的规划与建设。

第6章

基于绿色基础设施理论的平原村镇绿地系统规划方法

6.1 基于绿色基础设施理论的村镇绿地分类

6.1.1 绿色基础设施理论下村镇绿地分类的基本原则与核心思想

绿地分类是绿地系统规划工作的基础，既是绿地布局结构与绿地功能研究的前提条件，又是开展绿地规划设计的首要任务。

当前我国村镇绿地分类研究存在诸多不足。基本套用我国城市绿地的传统分类方法，《镇规划标准》GB 50188—2007中将镇（乡）区的绿地划分为公园绿地（G1）和防护绿地（G2）。在《镇（乡）村绿地分类标准》CJJ/T 168—2011中提出将镇绿地分为G1公园绿地、G2防护绿地、G3附属绿地、G4生态景观绿地四类，将村绿地分为G1公园绿地、G2环境美化绿地、G3生态景观绿地。可以看出，以上所进行的村镇绿地分类基本还是采用城市绿地分类的思路，只针对村镇建设用地内部的绿地，而真正针对我国村镇绿地的分类体系尚未成熟，严重脱离了村镇的现状条件与实际情况。近几年由于城乡一体化的城镇发展趋势，一些学者在城市绿地系统研究范畴中提出了市域绿地规划的概念，这似乎涵盖着村镇区域的绿地，但还是以城市绿地为分类重点，在村镇绿地系统规划工作中操作性不强，对实际的指导意义也不大。

基于绿色基础设施理论的村镇绿地系统规划需要建立针对村镇的科学合理的绿地分类。本文认为对村镇绿地进行分类既要站在村镇体系空间大环境绿地系统的高度，又要遵循村镇各个居民点绿地自身的特点，探索出一条适用于我国村镇体系不同空间层次的绿地分类方法，为村镇的生态环境改善、人民生活水平提高、农业生产安全、社会经济发展等提供强有力的支持，进而为体系化开展村镇绿地系统的各项研究工作打下坚实的基础，弥补我国村镇绿地分类研究上的缺陷，使其成为绿色基础设施理念与村镇绿地系统规划实践相结合的桥梁与纽带。

1．村镇绿地分类的基本原则

（1）科学性

村镇绿地分类必须遵循科学性的原则，尊重事物发展的各种规律，顺应事物发展的合理趋势，让村镇的各项绿地规划建设有据可循、有理可依，为村镇绿地系统科学规划奠定科学的基础。

（2）全面性

村镇绿地涵盖内容较多，绿地组成要素多样。村镇绿地分类要依照全面统筹的原则，各类绿地除考虑各居民点建设用地内的绿地外，还应该包括建设用地之外，村镇体系空间内的各项对生态、景观、安全防护和居民休闲生活有直接影响的绿地。全面的村镇绿地分类将系统性地反映村镇绿地的组成要素和内容，推动村镇绿地系统规划编制与我国村镇实际情况更加紧密地结合。

（3）功能性

绿地功能是绿地分类的主要依据。把握绿地的功能属性，将使得村镇绿地的规划建设更加实际和实用。基于功能的绿地分类也能让村镇绿地的规划、建设和管理部门的工作更加具有针对性，能够引导村镇绿地系统规划建设把握工作的重点，做到事半功倍。

（4）实用性

必须要立足于我国村镇的特殊背景和实际条件，不能超越事物本身的发展阶段，也不能无视事物存在的客观环境。源于村镇本身的绿地分类才能更好地适用于我国村镇绿地系统规划建设。

（5）识别性

村镇绿地和城市绿地在绿地组成要素、功能结构、管理模式、大环境条件等众多方面都有质的差异，在村镇绿地分类体系中应该体现出与城市绿地分类体系的区别。这样的识别性让村镇绿地系统规划更能够发展自身的特点和优势，才能和城市绿地一道构成完整的绿地大环境。

（6）协调性

村镇绿地分类体系要从整合各专业的高度出发协调我国其他相关部门所出台的条例、规范和标准，使村镇绿地分类能够与其他标准和规范进行呼应和对接，让绿地分类体系便于实施和操作，推动村镇绿地规划工作的无障碍进行。

2. 村镇绿地分类的核心思想

（1）体现村镇绿地的特殊背景，彰显其要素多样性

村镇人口密度较小，居民点分布较为分散，与城市不同。村镇整体的植被资源充足，绿地的组成要素也丰富多样。居民点建设用地内的人工绿地仅仅是村镇绿地很小的一部分内容，村镇绿地还包含建设用地以外的，更大空间区域内的生态型、生产型绿地。它们共同构成了村镇体系下完整的绿地体系。若仍沿用以建设用地内部的绿地为主要内容的城市绿地分类体系就已经完全脱离了村镇实际。基于绿色基础设施理论的村镇绿地系统规划的基本理念是构建人类与自然的和谐关系，更加强调了绿地类型的综合性、绿地组成要素的多样性、绿地资源间的联系性。绿地分类作为绿地系统规划首要的工作任务，更应该积极落实基于绿色基础设施理论的村镇绿地系统规划思想，体现村镇绿地要素的多样性特征，全面而科学地

反映绿地的基本情况，为绿地系统规划提供坚实的基础条件。

（2）全面呼应村镇绿地的功能多样性

村镇绿地要素的多样性直接决定了其所承载的功能的复杂性。绿地分类中“绿地功能”是其主要的分类依据。村镇绿地承担着自然生态功能（涵养水源、保持水土、野生动植物多样性维持等）、居民使用功能（公共游憩、邻里交流、文化保存等）、农业生产功能和景观美化功能等多重功能。有别于城市建成区绿地的基本功能，村镇绿地的功能涵盖更广，与城市绿地功能的侧重点也不一样。村镇绿地的功能作用更加倾向于改善气候、保护环境、维护生态平衡和创造多样性景观等方面，服务对象也就不仅仅限于村镇居民。追求生态、经济和社会的综合效益是绿色基础设施理论的基本原则，在其指导下的村镇绿地分类也应该充分彰显村镇绿地的综合功能，全面呼应其多样性，为村镇绿地系统规划和土地最优化利用提供更加科学的依据，也使未来村镇绿地的建设更加具有针对性。

（3）从立足建设用地走向体系大空间

建设用地是包括城市和村镇在内的发展建设的主要场所空间。长期以来建设用地内的各类型功能用地的平衡关系是推进城市与村镇的建设开发，确保各项任务按照既定目标推进的基础。由于经济社会活动主要集中在城市建设用地之内，所以城市绿地分类也基本是在建设用地之内探讨，如果按此规律仅仅考虑村镇建设用地之内的绿地系统，出发点就十分局限。因为从村镇绿地的要素分布和功能结构等方面来看，村镇的实际条件是有别于城市的。村镇体系空间范围内，居民点建设用地之外的广域绿地系统在维护村镇生态系统平衡、构建稳定生态结构、塑造村镇特色景观、提供休闲游憩活动空间、保护历史遗产和文化资源等方面都发挥着举足轻重的作用。所以村镇绿地的空间分布和功能结构要求村镇绿地分类一定要跳开所谓的“建设用地内外分割”的思维圈，立足于“绿色为底，建筑填空”的村镇体系大空间格局，制定与之相呼应的绿地分类。

（4）协调村镇体系下的各种尺度层次，统一分类

村镇体系涵盖了镇（乡）域大环境、各居民点（一般建制镇、乡村集镇和村庄）等尺度下的空间内容。笔者认为，适用于不同尺度与规模的绿色基础设施理论引导村镇绿地系统规划建设不仅要关注传统建设用地内小尺度的绿地，更要关注村镇体系范围内大环境地区的绿化生态建设。村镇体系作为一个有机协调、内部紧密联系的整体，绿地分类应该与村镇体系下的各种空间尺度相协调。在具体的村镇绿地系统规划中要求村镇体系下的绿地统一分类，以便于

进行统一的绿地调查、统计分类，汇总出村镇各尺度层次下的绿地数据和调查成果，为村镇绿地统一的规划和管理打下基础。所以村镇绿地应在其分类体系上强化村镇空间尺度的协调统一，体现村镇体系一体化的原则，便于按照统一的指标进行规划、建设和管理，有助于推动村镇体系绿地系统规划建设的整体发展。

（5）积极对接规划、建设、国土等相关行业的规范

我国的农林业、规划建设与国土等部门是参与村镇发展建设的组织单位和责任单位。对于村镇各项建设，都有相关的政策规范。如住房和城乡住建部发布了《城市用地分类与规划建设用地标准》GB 50137—2011、《村庄整治技术标准》GB/T 50445—2019，自然资源部发布了《土地利用现状分类》GB/T 21010—2017。村镇绿地的分类应积极地与相关行业进行密切配合，并在具体的分类工作中进行积极对接，让村镇绿地系统规划工作有更加实际的可操作性。

6.1.2　以“绿色基础设施网络要素与村镇绿地功能纵横联合”为导向的分类思路

1. 绿色基础设施网络要素功能显性表达的设想

基于绿色基础设施理论的村镇绿地系统是通过村镇绿地空间的“绿色基础设施网络结构”建设，将村镇的自然环境保护和社会经济发展进行积极整合，达到村镇土地最优化利用的目的。

绿色基础设施理论倡导构建一个功能复合的绿色空间体系，而其更多是以绿色网络结构的空间形态为主要体现。所以绿色基础设施侧重于功能复合的连接实体，而这种实体是存在于自然土地和其他开放空间之间、人类之间，以及其他自然和人工要素之间。绿色基础设施的网络体系实际是整合了整个区域内土地的各项功能，构建了各项功能的最优化组合。这种网络体系穿越了行政边界，并跨越了多类型的景观。对于绿色基础设施这一土地功能的载体，其功能的表达主要体现在绿色网络结构系统的组成要素上：作为自然特征和生态过程保护恢复、人类绿色体验主要场所的中心控制区（hubs）；作为绿色网络体系中的连接动脉和系统整合纽带，同时承担生态连接、游憩廊道、防护条带等功能的连接通道（links）；还有规模较小的绿色基础设施组成要素——场地（sites）。这种按照绿色基础设施组成要素构成的分类为绿色基础设施的规划、建设和后期维护提供了基础平台和基本依据。中心控制区、连接通道和场地在规模、功能及建设方式上都有差别，同时维持这三大组成要素的合理存在和系统的科学分类是绿色基础设施发挥综合效益的

前提条件，也是评价绿色基础设施功能服务的基本单位，成为定量化分析绿色基础设施效益的主要考核内容。

我们可以看到绿色基础设施网络结构并未从真正的功能角度——按照我国传统的公园、生产、防护等类型——对其进行分类。剖析其原因主要有以下两方面：其一，规划的关注点不一样；其二，综合功能的多种叠加让绿色基础设施如果按照单一功能分类会出现分类体系模糊和分类对象概念不确定等现象。但我们绝不能说绿色基础设施网络结构不存在功能的类别区分，因为绿色基础设施的分类更侧重于其构建的绿色基础设施网络的结构体系。从我国城市绿地系统规划的基础条件和规划背景来看，以“绿地功能”为导向的绿地分类思路，是符合我国城市发展方向的，能够满足城市发展对绿地的各种需求，也能为后期绿地的分析处理提供数据，有助于刚性控制绿地的具体建设。

绿色基础设施理论的“中国村镇化”是本次研究的关键所在。如何既能结合绿色基础设施的先进理论，又能立足于我国村镇现状来进行村镇绿地的分类？本研究尝试在绿色基础设施结构中进行功能分析，以绿色基础设施网络结构的组成要素为线索，按照所承担的功能进行分门别类，使绿色基础设施理论的研究由以往多关注其网络结构的空间形态向着探索绿色基础设施网络结构组成要素（中心控制区、连接通道和场地）所承担的具体功能转移，即绿色基础设施网络要素功能的显性表达。

2．绿色基础设施网络结构与村镇绿地功能的纵横联合

作为村镇土地利用方式的重要组成部分，村镇绿地功能满足了村镇发展建设中不同功能的需求，正如第2章所谈到的，村镇绿地除了承担有别于城市的农业生产的功能之外，还发挥着自然资源保存、生态环境保护、乡村景观保护、文化遗产保护、乡村游憩、科普教育等诸多功能作用。此外，村镇绿地还发挥着促进城乡一体化，改善村镇人居环境的重要功能作用。村镇绿地满足的需求越多，也就说明其承担的功能越多，其重要性也就越高。村镇绿地功能的梳理和分类是对村镇绿地的基本认识，也是进行村镇绿地系统规划的工作前提。

绿色基础设施网络结构是绿色基础设施的基本形态，也是村镇绿地的主要布局空间和功能展示平台。为了使基于绿色基础设施理念的村镇绿地分类具有现实意义，笔者尝试提出以“绿色基础设施网络结构要素”与“村镇绿地功能”纵横结合的村镇绿地分类方法，基于绿色基础设施网络体系的构建，让绿色基础设施理论指导下的

村镇绿地系统规划能够最终回归到以绿地功能为标准的分类方法上，便于和我国城市规划、土地利用规划和城市绿地规划等其他规划之间进行衔接和整合，也便于我国村镇园林规划部门的实际操作。

表6-1显示的是，在我国村镇范围内，以绿色基础设施网络结构为载体的各组成要素与村镇绿地功能的对应关系。

从纵向来看，基于绿色基础设施网络结构的分类，包括中心控制区、连接通道和场地。而从横向来看，则是村镇绿地的基本功能属性，表6-1中列举了8种典型的功能：生态保育功能、农林生产功能、休闲游憩功能、防灾避险功能、文化保护功能、景观塑造功能、安全防护功能、城乡连接功能。为了协调村镇体系下的不同空间层次，合理并完整地对应村镇绿地的功能，表格在此基础上对上述绿地功能可能存在的村镇体系空间范围（按照村镇各居民点建设用地内、建设用地外）进行细分。通过纵横两部分内容的联合分析，可以看到基于绿色基础设施网络构建的村镇绿地中心控制区、连接通道和场地所承担的村镇绿地功能虽有重叠，但是在具体功能及空间范围方面还是体现出各自的特征。比如中心控制区主要是承担着村镇各居民点建设用地之外的生态保育、农业生产、绿色游憩等功能；连接通道则将村镇居民点建设用地内外空间联系在一起，生态、游憩和防护功能则是作为村镇绿地系统中绿色连接通道的主要功能；而场地主要针对是村镇体系下各类居民点（一般建制镇、乡村集镇和村庄）建设用地内部的、规模相对中心控制区较小的、满足居民游憩需求的休闲绿地空间。

在这里笔者需要强调的是，在表6-1中所显示的绿色基础设施网络结构组成要素所存在的空间是一种较为理想的状态。因为随着我国城镇化的发展，在一些经济较为发达的城市近郊，村镇已逐步和城市融合，村镇的建设用地也作为城市未来扩展的用地而被纳入规划区范围内而逐年扩大，所以中心控制区很有可能也会位于建设用地之内，而场地也有可能出现在城市建设用地和村镇建设用地之间的缓冲区域中。

融入功能的绿色基础设施网络结构　表6-1

	生态保育功能	农林生产功能	休闲游憩功能	防灾避险功能	文化保护功能	景观塑造功能	安全防护功能	城乡连接功能	最大可能存在的空间
中心控制区（hubs）									○

续表

	生态保育功能	农林生产功能	休闲游憩功能	防灾避险功能	文化保护功能	景观塑造功能	安全防护功能	城乡连接功能	最大可能存在的空间
连接通道（links）									◎
场地（sites）									●

注：●存在于村镇各居民点建设用地内；○存在于村镇各居民点建设用地外；◎同时存在于村镇各居民点建设用地内外。

6.1.3 基于绿色基础设施理论的村镇绿地分类体系

绿色基础设施理论下的村镇绿地分类体系与绿色基础设施理念相融合，站在绿色基础设施网络结构的空间协调与功能复合的角度，充分衔接我国目前按照绿地主要功能进行分类的特点，提出基于绿色基础设施理论的村镇绿地的三级分类体系（表6-2）。

基于绿色基础设施理论的村镇绿地分类体系 表6-2

一级（大类）	二级（中类）	三级（小类）
中心控制区G_H	生态保育绿地G_{H-E}	G_{H-E1} 森林 G_{H-E2} 湿地 G_{H-E3} 草甸 G_{H-E4} 自然保护区
	农林生产绿地G_{H-F}	G_{H-F1} 耕地（拥有植被覆盖） G_{H-F2} 园地 G_{H-F3} 经济林地 G_{H-F4} 苗圃地 G_{H-F5} 牧草地 G_{H-F6} 其他农林生产绿地
	公共游憩绿地G_{H-R}	G_{H-R1} 村镇特色主题专类园（农业观光园、村镇历史文化民俗园等） G_{H-R2} 风景名胜区 G_{H-R3} 森林公园 G_{H-R4} 湿地公园

续表

一级（大类）	二级（中类）	三级（小类）
连接通道G_L	生态廊道G_{L-E}	G_{L-E1} 生态廊道
	带状游憩绿地G_{L-R}	G_{L-R1} 公共绿色游憩廊道 G_{L-R2} 主题专类游憩廊道
	防护绿地G_{L-P}	G_{L-P1} 村镇基础设施防护绿地 G_{L-P2} 卫生防护绿地 G_{L-P3} 农业生产防护绿地 G_{L-P4} 水源防护绿地 G_{L-P5} 防风固沙绿地
场地G_S	居民点休闲绿地G_{S-R}	G_{S-R1} 镇区级公园绿地 G_{S-R2} 村庄级公园绿地
	附属绿地G_{S-A}	G_{S-An} 各居民点建设用地内的附属绿地

以绿色基础设施网络结构组成要素为绿地一级（大类）分类依据，共分为3个绿地类型，即中心控制区（hubs）、连接通道（links）和场地（sites）；二级分类则针对一级分类中的单个类型，依照所承担的村镇绿地各项功能进行下一层级即二级（中类）的分类；最后参照《土地利用现状分类》GB/T 21010—2017等规范和标准，按照绿地组成要素和内容对村镇绿地进行第三级（小类）分类。在第三级（小类）中由于不同区域的村镇自然环境和资源条件差异较大，本分类体系中只将一些常见的内容进行罗列，在实际操作中可以根据村镇所在环境的实际情况进行调整。

从该分类方法的内容上看，新的分类方法采用大类、中类、小类三个层次，这是绿色基础设施理论融入我国村镇绿地系统规划的具体体现。第一级分类参照绿色基础设施网络结构，目的是依靠其网络连接性将村镇体系下的绿地进行统筹协调，保证尺度空间的综合性、结构的完整性和涵盖内容的全面性，体现出绿色基础设施网络结构作为基于绿色基础设施理论下的村镇绿地系统的主要布局空间和功能展示平台的基本特征。同时，一级分类中的每一种类型都拥有多个二级分类内容，充分证明了基于绿色基础设施构建的功能复合型绿地结构。第三级分类充分结合了村镇的资源条件、土地利用类型和建设用地类型等。

该绿地分类基于新理论而又能够落实到实际的分类方法上，保证了能够承上启下，使该分类系统具有较强的可操作性。

从该分类方法的特点上看，它既融合了绿色基础设施网络连接性、尺度协调性和功能复合性等先进理念，又能与我国村镇实际有较为紧密的结合，为下一步绿色基础设施理论指导下的村镇绿地系统空间布局、规划实施等诸多工作奠定了基础，使绿色基础设施网络构建下的村镇绿地定量化分析（包括中心控制区面积、连接通道数量和宽度等）有了依据。

6.1.4 绿地分类体系的说明

基于绿色基础设施理论的村镇绿地系统的一般性说明如下：

（1）理论基础

该绿地分类体系以绿色基础设施为理论基础制定。

（2）分类代码

为使分类代码具有较好的识别性，便于图纸和文件的使用和绿地管理，本标准使用英文字母、英文字母下行小字符和阿拉伯数字混合型代码表示。大类用英文green space（绿地）的第一个字母G和绿色基础设施网络结构组成要素英文首字母（中心控制区hubs第一个字母H、连接通道links第一个字母L和场地sites第一个字母S联合表示），如中心控制区用G_H表示。中类以村镇绿地主要功能为依据，在大类代码后增加代表功能的英文（生态ecology、农林生产farming、游憩recreation、防护protect、附属attached）的第一个字母，如中心控制区类型下的生态保育绿地用“G_{H-E}”表示。小类则是在中类后增加一位阿拉伯数字表示，如G_{H-E1}代表生态保育绿地（G_{H-E}）中类下的一小类——森林。

本分类体系同层级类别之间存在着并列关系，不同层级类别之间存在着隶属关系，即每一大类包含着若干并列的中类，每一中类也包含着若干并列的小类。

各类绿地的名称和内容如表6-2所示，现依次进行详细阐述。

1. 中心控制区G_H

（1）生态保育绿地（G_{H-E}）

中心控制区大类下的生态保育绿地是村镇体系空间内，位于村镇各居民点建设用地范围以外的面积较大的原生态保留地，包含陆地、水域、水陆交界等自然生长状态或人工二次培育下的绿地，包括村镇体系空间下的森林、湿地、草甸，还包括国家或地方所划定的大型自然保护区，它们是野生动植物的主要栖息和分布地。大面积的绿色空间保证了村镇体系空间内的物质及能量的流动维持在一个相对稳定的状态，进而实现村镇生态系统的平衡，达到改善村镇生态环境的作用，为村镇发展和居民生活提供良好的绿色保障。

中心控制区大类下的生态绿地对于整个村镇绿色基础设施网络的稳定和平衡具有重要的意义。其所占有的面积大小、空间位置等会直接影响绿地的整体效益，并可用以评估、确定村镇绿地所能承载的生态功能。“生态保育绿地（G_{H-E}）”所划定的区域内绝对不应有工程建设及资源开发等人为经济社会活动。

1）森林（G_{H-E1}）

森林是指在村镇体系范围内，占有较大面积的原生态生长或人工二次培养的以乔木为主体的生物群落。森林是村镇体系空间内最大的陆地生态系统，是村镇自然环境中重要的一环。它是村镇的基因库、碳贮库和能源库，对维持整个村镇的生态平衡起着至关重要的作用，也是村镇居民赖以生存和发展的环境资源。

2）湿地（G_{H-E2}）

湿地是村镇范围内陆地、流水、静水、河口和海洋系统中各种沼生、湿生区域的总称。湿地是一个具有多种独特功能的生态系统。它不仅为人类提供大量食物、原料和水资源，而且在维持村镇生态平衡、保持生物多样性和保护珍稀物种资源以及涵养水源、蓄洪防旱、降解污染、调节气候、补充地下水、控制土壤侵蚀等方面均起到重要作用。

3）草甸（G_{H-E3}）

草甸是指在适中的水分条件下发育起来的以多年生草本为主体的植被类型。草甸是村镇重要的可更新自然资源。它的所在地多数地势平坦，有机质丰富，土壤肥沃。多数草甸植物适宜作为牧草，其中有些草家畜喜吃、适口性优异，是村镇家畜的上等饲草。因此，草甸成为许多村镇发展畜牧业的重要基地。

4）自然保护区（G_{H-E4}）

自然保护区是指以保护村镇体系内特殊生态系统进行科学研究为主要目的而划定的，受国家法律特殊保护的自然区域。自然保护区往往是一些珍贵、稀有的动植物物种的集中分布区，是候鸟繁殖、越冬或迁徙的停歇地，也是某些饲养动物和栽培植物野生近缘种的集中产地，是具有典型性或特殊性的生态系统。自然保护区以保护为主，一般不允许人为开发利用。

（2）农林生产绿地（G_{H-F}）

中心控制区大类下的农林生产绿地一般指分布在我国村镇空间内、各居民点建设用地范围之外的，存量较大、分布面也较广的农田、果林等生产性土地。它们是整个村镇的绿色基质，也构成了村镇的基本风貌。在城市绿地分类体系中对“生产绿地”的释义为：为城市提供苗木、草坪、花卉和种子的各类圃地。这样的释义是基于城市的条件及环境而得出的，面对现实状况下的我国村镇绿地，如果对“生产绿地”作出这样的认识显然缺少科学性。笔者站在村镇实际环境格局上，提出“农林生产绿地”的新定义，即包括村镇体系空间内，居民点建设用地外的耕地、园地、经济林地、牧草地及苗圃地等以果粮、苗木生产为主，兼含生态、游憩、美化等作用的绿化用地。需要说明的是，本文将纳入农林生产绿地（G_{H-F}）的耕地定义为拥有一定乔灌植物覆盖的耕地，也出于不鼓励大面积毁林造田的做法，而提出了耕地结合绿化植被的生态农田概念。

1）耕地（拥有植被覆盖，G_{H-F1}）

农业生产是村镇的主要经济来源之一。而耕地作为农业生产的用地即耕种的田地，是村镇土地利用类型中面积较大的一类，包括各种农田地、菜地等。耕地作为村镇粮食生产的主要空间，是村镇赖以生存和经济发展的物质基础。而今，生态农业大力推广，通过耕地生态涵养建设工程，恢复耕地自然价值，提高耕地的生物多样性，协调农业发展与环境建设之间的关系，形成生态上与经济上的良性循环，实现经济、生态、社会三大效益的统一。可见，耕地在一定程度上也发挥着绿地的功能作用。因此，应对耕地进行严格的保护和管理。

2）园地（G_{H-F2}）

园地属于村镇农业生产用地的一类，这里的园地是指村镇空间下较大规模的、集约经营的，种植以采集果、叶为主的多年生木本和草本植物的、覆盖度在0.5以上或每亩株数大于合理株数70%以上的土地，包括用于育苗的土地。如村镇瓜果园、茶园等。

3）经济林地（G_{H-F3}）

经济林地是村镇空间内较大面积的以生产木料或其他林产品来直接获得经济效益为主要目的的林地。有别于生态保育绿地中类下的森林（G_{H-E1}），经济林地是人工培育为主，主要为村镇生产经济服务的林地。由于其性质也属于郁闭度较高的绿色空间，所以它既能充分发挥农林生产的作用，同时也是村镇重要的绿色生态“源”。

4）苗圃地（G_{H-F4}）

这里的苗圃地是指为村镇周边城市或村镇绿化服务而提供所需的苗木、草坪、花卉和种子等，具有一定规模的各类苗圃地。它是村镇周边城市以及村镇的用苗生产基地。

5）牧草地（G_{H-F5}）

牧草地是指以种植生长草本植物为主，用于村镇畜牧业的土地，包括以牧为主的疏林、灌木草地以及较大规模的存在于村镇空间下的农业生产用地。“牧草地”范围内的草本植被覆盖度一般在15%以上，干旱地区在5%以上；树木郁闭度在10%以下。用于牧业的均划为牧草地，包括以牧为主的疏林、灌木草地。

6）其他农林生产绿地（G_{H-F6}）

其他农林生产绿地是指村镇空间内其他的一些占有较大面积，并拥有一定绿化资源的农林生产绿地，比如畜禽饲养用地、设施农业用地，以及用于村镇渔业养殖的坑塘周边绿地等。

（3）公共游憩绿地（G_{H-R}）

随着绿色观光和生态旅游的兴起，民众已经把拥有广袤绿色的村镇作为体验自然、接触绿色的最佳选择之一，如农业观光园、农业体验园等已经成为节假日市民近郊出游的主要目的地。这些面向社会大众的公共游憩绿地以其绿地面积大、自然资源丰富的优势，同样也在整个村镇绿色基础设施体系中发挥着中心控制区的核心作用。公共游憩绿地（G_{H-R}）还包括其他一些主题专类游憩绿地（历史主题、人文主题、农村民俗主题等），以及一些在村镇空间内拥有人工休憩设施、主要供人们休闲活动使用的较大面积的绿地，比如森林公园、湿地公园、风景名胜区等都属于这个中类的内容。

1）村镇特色主题专类园（农业观光园、村镇历史文化民俗园等）G_{H-R1}

近几年，在我国掀起了“乡村体验、回归自然”的绿色旅游浪潮，在此带动下，以一定乡村特色内容为主题，为城市和村镇居民提供休闲娱乐的具有一定规模和面积的绿地遍布我国村镇空间内。主要包括以观光游览功能为主的农业观光园，以村镇历史文化保护为主的民俗园，还有农耕体验园、采摘园等。它们以提供休闲游憩服务的绿地为主，同时也是村镇绿色空间的重要组成部分。

2）风景名胜区（G_{H-R2}）

风景名胜区指在村镇体系空间下，风景资源集中、环境优美，具有一定规模、知名度和游览条件，可供人们游览欣赏、休憩娱乐或进行科学文化活动的地域。但该区域在地理上属于村镇，而在行政管理上，由风景名胜区所在地县级以上地方人民政府设置的风景名胜区管理机构负责风景名胜区的保护、利用和统一管理工作。

3）森林公园（G_{H-R3}）

森林公园是指在村镇空间内，拥有较大面积的，具有一定规模和质量的森林风景资源与环境条件，可以开展森林旅游与游憩休闲活动，并按法定程序申报批准的森林地域。森林公园也是一种以保护为前提，利用森林的多种功能为人们提供各种形式的旅游服务的可进行科学文化活动的经营管理区域。与以生态保育为主的森林（G_{H-E1}）和以农林生产为主的经济林地（G_{H-F3}）不同，森林公园是以人类游憩为主要功能。

4）湿地公园（G_{H-R4}）

湿地公园是指在村镇空间内，以湿地良好生态环境和多样化湿地景观资源为基础，以湿地的科普宣教、湿地功能利用、湿地文化弘扬等为主题，并建有一定规模的旅游休闲设施，可供人们旅游观光、休闲娱乐的生态型公园。湿地公园是具有湿地保护与利用、科普教育、湿地研究、生态观光、休闲娱乐等多种功能的社会公益性生态公园。与生态保育绿地中以生态涵养为主要功能的湿地（G_{H-E2}）不同，湿地公园更多的是为居民提供自然游憩和湿地观赏的绿色空间。

2．连接通道（G_L）

（1）生态廊道（G_{L-E}）

作为村镇绿色基础设施网络结构连接通道的生态廊道是整个体系纽带的有机组成部分，在村镇绿地中主要发挥着生态连接的作用，对于村镇生物种群的健康、多样性起着至关重要的作用。作为连接各个大型绿地的纽带，生态廊道不仅将现有的中心控制区连接起来，为本土的生物提供迁移繁衍空间，并且还作为整个系统的连接体，连接起不同的土地类型和景观类型，丰富了整个系统的内容。

生态廊道（G_{L-E1}）：生态廊道是连接各个生态核心区域的绿色廊道，为村镇本土野生动物提供充足的生息、繁育和迁徙通道。生态廊道远离人口集中的村镇各居民点，主要集中在人为干扰较小的自然区域，保障着村镇生态系统功能的正常运转。

（2）带状游憩绿地（G_{L-R}）

除了作为生态廊道之外，连接通道还可以作为村镇居民或游客绿色休闲娱乐的线性绿色空间，比如村镇滨水绿带等。在一些特殊区域，还可以为历史地段提供线性绿色保护，为农业特色体验等提供主题专类游览空间，成为联系人与自然、文化的游憩线性廊道。作为连接通道的带状游憩绿地既可以位于村镇各居民点建设用地之内，也可以位于居民点之外，并且可以和城市近郊的绿道等慢行廊道系统联系到一起，共同构成城乡一体化联系的绿色纽带。

1）公共绿色游憩廊道（G_{L-R1}）

公共绿色游憩廊道可以位于村镇居民点建设用地内部，也可以向建设用地外围进行扩展联系，为村镇或城市居民的休闲游憩活动提供公共性、共享性、开放性的线性空间。它以带状公园为主要表现形式，如滨水空间、村镇沿道路带状绿地等。

2）主题专类游憩廊道（G_{L-R2}）

主题专类游憩廊道同样以线性带状公园为主要存在形式，但拥有一定的主题表达内容，主要为村镇或城市居民体验特色主题或经典村镇休闲等提供游线空间，诸如历史文化长廊、农业观光绿色游憩绿廊等，构成村镇体系下的休闲游憩绿色廊道，联系村镇体系空间内外与城市近郊。

（3）防护绿地（G_{L-P}）

基于绿色基础设施理论的村镇防护绿地分类应充分反映防护生产、生活和生态安全的基本功能，释义应完整、客观地反映“村镇防护绿地”的核心内容。一般以带状绿地出现的村镇防护绿地包含对村镇生活、村镇农业生产具有卫生、隔离和安全防护功能的绿地，包括村镇范围内的基础设施防护绿地、卫生防护绿地、农业生产防护绿地、水源防护绿地和防风固沙绿地等。这些防护绿地更多是站在我国村镇环境条件和资源的实际基础上，积极应对现代村镇水源污染、风沙侵蚀等诸多现实问题，让村镇绿地系统规划更具实际的意义。

1）村镇基础设施防护绿地（G_{L-P1}）

村镇基础设施防护绿地是指村镇体系内对村镇发展建设有积极服务作用的基础设施的周边起防护作用的绿地，其对象包括村镇道路基础设施、电力电信基础设施、供热燃气基础设施、环卫基础设施等设施廊道和站点，其功能主要是防护基础设施在运行时对村镇居民日常生活的影响及高压走廊、变电站、配气站、输油管等对周边居民生理机能的伤害。

2）卫生防护绿地（G_{L-P2}）

卫生防护绿地是指村镇居民点内部不同功能用地间用于卫生隔离、安全防护的绿地。其主要防护对象是村镇体系下居民点功能组团，以及一些存在环境污染、对村镇居民安全存在威胁的区域，如在工业组团与居住组团间，需设置防护绿地进行必要的卫生隔离，再如重大仓库组团和石化基地组团，需在其四周设置隔离绿地，以保障周边组团的安全。目前为了经济的发展，很多村镇已进驻许多生产企业，而这样的防护绿地变得十分必要。

3）农业生产防护绿地（G_{L-P3}）

农业生产防护绿地是指村镇空间内用于保障农业生产安全的防护

绿地。它主要分布于村镇空间下农林生产用地或农林生产设施等的周边，主要包括农田防护林、沟渠防护林等。它保护了村镇农林生产大环境，防止水土流失，控制面源污染，减少农药喷洒和化肥扩散。

4）水源防护绿地（G_{L-P4}）

该类绿地主要是以调节、改善村镇水源流量和水质为主要功能的一种防护绿地。其主要的防护对象是河川上游的水源地区，该类绿地对于调节径流，防止水旱灾害，合理开发、利用水资源具有重要意义。

5）防风固沙绿地（G_{L-P5}）

此类防护绿地在我国北方平原地区的村镇中较为常见，是以降低风速、防止或减缓风蚀、固定沙地以及保护村镇居民生活生产空间免受风沙侵袭为主要目的的绿地，且以森林、林木和灌木林为主。该类绿地主要是针对我国北方平原地区村镇日益恶化的土地荒漠化现象而构建的。

3．场地（G_S）

（1）居民点休闲绿地（G_{S-R}）

居民点休闲绿地作为场地的公共游憩绿地通常比中心控制区规模要小，在村镇绿地中，特指村镇体系下两大类居民点，即镇区级（一般建制镇、乡村集镇）和村庄级（中心村、基层村）建设用地内的公园绿地。它为乡镇及农村的居民服务，是服务村镇居民日常生活的主要绿地。因各个村镇居民点的性质、规模、用地条件、历史沿革等具体情况不同，村镇建设用地内的这两类居民点休闲游憩绿地的规模和分布差异较大，故本分类体系对居民点休闲游憩绿地的最小规模不作具体规定，但对于其服务半径则沿用城市居住区公园服务半径的要求，即服务半径0.5～1.0km，具体还应该根据所在村镇的实际情况来进行调整并最终确定。

1）镇区级公园绿地（G_{S-R1}）

镇区级公园绿地位于村镇一般建制镇或乡村集镇建设用地内，是供该居民点内的各年龄居民日常休憩、活动交流的绿色空间，承担着景观塑造、环境美化、科普教育和沟通居民点内部邻里关系等主要功能，具有一定活动休憩设施和园林景观设施，它对居民点环境建设和居民社会活动起着重要的作用。

2）村庄级公园绿地（G_{S-R2}）

与镇区级公园绿地相对应，村庄级公园绿地是位于村镇体系下中心村或基层村建设用地内部的，是村民日常游憩交流的绿色空间。它规模虽小，但作为村庄内居民主要的聚集空间，承载着满足村庄居民日常休闲活动需求，构建村庄和谐健康邻里关系等诸多功能。

（2）附属绿地（G_{S-A}）

按照《镇规划标准》GB 50188—2007中的建设用地分类，镇区或乡集镇建设用地中除绿地之外还拥有居住用地、公共设施用地、生产设施用地、仓储用地、对外交通用地、道路广场用地、工程设施用地等各类用地。同样在村庄中也存在较为简单的建设用地，而依附于这些建设用地内的绿地属于附属绿化用地。它们面积虽小，但广泛分布于村镇各居民点建设用地之内，与村镇居民的日常工作生活息息相关。同时，作为绿色基础设施中的小场地，它们通过连接通道与居民点建设用地外的中心控制区等大型绿地紧密联系，成为一个完整的村镇绿地网络体系。

各居民点建设用地内的附属绿地（G_{S-An}）：附属绿地是指村镇体系下一般建制镇、乡村集镇和村居民点建设用地内，除绿地G以外的各功能用地内部的绿化空间。它规模较小，但在村镇各居民点内部分布广泛，是村镇全面绿化和绿地系统规划建设的有机组成部分。在村镇绿地系统中应该重视其规划和建设发展，并按照村镇的实际情况，确定各类功能用地中附属绿地所必须达到的最低标准。

6.1.5　与我国相关标准中用地分类体系的对接

1．与城乡总体规划标准中城乡用地分类体系的对接

本研究所建立的基于绿色基础设施理论的村镇绿地分类可以直接通过其分类体系中的大类和中类层面与我国现行的城乡总体规划中的城乡用地分类体系《城市用地分类与规划建设用地标准》GB 50137—2011进行对接（表6-3）。

本书第1章中已经讨论了村镇绿地系统规划与我国城乡总体规划之间的关系。村镇绿地分别存在于市（县）域内建设用地中的城乡居民点建设用地、非建设用地中。宽泛地讲，村镇绿地还可以延伸到城市规划区范围内，即城市规划用地的村镇体系空间。

本书所建立的村镇绿地分类体系中，中心控制区（G_H）和连接通道（G_L）（村镇各居民点建设用地范围外的部分）这两大类下的各中类，与城乡总体规划城乡用地分类中的市（县）域范围内非建设用地（E）大类下面的中类农林用地（E2）和其他非建设用地（E9）针对相应内容进行对接。而连接廊道（G_L）（村镇各居民点建设用地范围内的部分）和场地（G_S）两大类下的各中类，则与建设用地（H）下的中类城乡居民点建设用地（H1）的内容［镇建设用地（H12）、乡建设用地（H13）和村庄建设用地（H14）］进行相应的对接。

与城乡规划标准中城乡用地分类体系的对接示意图 表6-3

	本研究所确立的村镇绿地分类				《城市用地分类与规划建设用地标准》GB 50137—2011 中的城乡用地分类
大类	中心控制区G_H	连接通道C_L（村镇各居民点建设用地范围外的部分）	⟺	大类	非建设用地E（市、县域范围内）
中类	生态保育绿地G_{H-E} 农林生产绿地G_{H-F} 公共游憩绿地G_{H-R}	生态廊道G_{L-E} 带状游憩绿地G_{L-R} 防护绿地G_{L-P}	⟺	中类	农林用地E2 其他非建设用地E9

	本研究所确立的村镇绿地分类				《城市用地分类与规划建设用地标准》GB 50137—2011 中的城乡用地分类
大类	场地G_S	连接通道C_L（村镇各居民点建设用地范围内的部分）	⟺	大类	建设用地H
中类	居民点休闲绿地G_{S-R} 附属绿地GS-A	带状游憩绿地G_{L-R} 防护绿地G_{L-P}	⟺	中类	城乡居民点建设用地H1（镇建设用地H12、乡建设用地H13和村庄建设用地H14）

2．与镇（乡）规划标准中用地分类体系的对接

本书所建立的村镇绿地分类可以直接在其分类体系中的大类和中类层面与我国现行的镇（乡）规划中的用地分类体系（《镇规划标准》GB 50188—2007）进行对接（表6-4）。

连接通道（G_L）（村镇各居民点建设用地范围内的部分）和场地（G_S）两大类下的各中类与镇用地分类中的绿地（G）大类中的公共绿地（G1）、防护绿地和其他建设用地（G2）内容进行相关内容对接。中心控制区（G_H）和连接通道（G_L）（村镇各居民点建设用地范围外的部分）这两大类下的各中类则与镇用地分类中的水域和其他用地（E）大类下的农林用地（E2）、牧草和养殖用地（E3）、保护区（E4）等相关内容进行对接。

3．与城市绿地系统规划中城市绿地分类体系的对接

村镇绿地只有在城市规划区范围内这一前提下才能与城市绿地分类体系（《城市绿地分类标准》CJJ/T 85—2017）有对接的可能。即由于靠近城市中心城区而被划为城市规划范围的村镇，其空间下的村镇绿地大类中心控制区（G_H）和连接通道（G_L）（村镇各居民

与镇（乡）规划中城乡用地分类体系的对接示意　表6-4

本研究所确立的村镇绿地分类				镇规划标准 镇用地分类	
大类	场地G_S	连接通道G_L（村镇各居民点建设用地范围内的部分）	⟺	大类	绿地G 其他建设用地类型
中类	居民点休闲绿地G_{S-R} 附属绿地G_{S-A}	带状游憩绿地G_{L-R} 防护绿地G_{L-P}	⟺	中类	公共绿地G1 防护绿地G2 其他建设用地类型

本研究所确立的村镇绿地分类				镇（乡）规划标准 镇（乡）用地分类	
大类	中心控制区G_H	连接通道G_L（村镇各居民点建设用地范围外的部分）	⟺	大类	水域和其他用地E
中类	生态保育绿地G_{H-E} 农林生产绿地G_{H-F} 公共游憩绿地G_{H-R}	生态廊道G_{L-E} 带状游憩绿地G_{L-R} 防护绿地G_{L-P}	⟺	中类	农林用地E2 牧草和养殖用地E3 保护区E4

点建设用地范围外的部分）与城市绿地分类体系中位于城市规划用地范围之内、建设用地之外的风景游憩绿地EG1有了重叠。而连接通道（G_L）（村镇各居民点建设用地范围内的部分）和场地（G_S）则与城市规划建设用地中除中心城区建设用地外的村镇建设用地内公园绿地（G1）、防护绿地（G2）、广场用地（G3）和附属绿地（XG）有相应内容的对接（表6-5）。

与城市绿地系统规划中城市绿地分类体系的对接示意　表6-5

本研究所确立的村镇绿地分类				城市绿地分类标准 城市绿地分类体系	
大类	中心控制区（G_H）	连接通道（G_L）（村镇各居民点建设用地范围外的部分）	⟺	大类	区域绿地（EG）（城市规划用地范围内、城市建设用地之外的区域）
中类	生态保育绿地（G_{H-E}） 农林生产绿地（G_{H-F}） 公共游憩绿地（G_{H-R}）	生态廊道（G_{L-E}） 带状游憩绿地（G_{L-R}） 防护绿地（G_{L-P}）	⟺	中类	风景游憩绿地（EG1）

续表

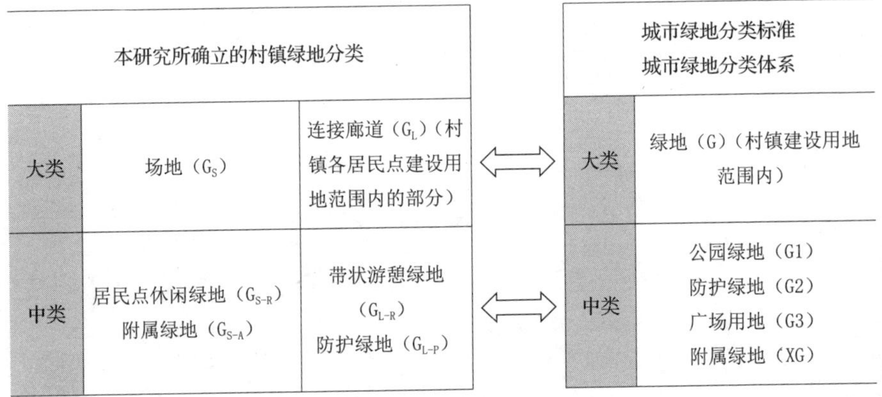

本研究所确立的村镇绿地分类			城市绿地分类标准 城市绿地分类体系	
大类	场地（G_S）	连接廊道（G_L）（村镇各居民点建设用地范围内的部分）	大类	绿地（G）（村镇建设用地范围内）
中类	居民点休闲绿地（G_{S-R}） 附属绿地（G_{S-A}）	带状游憩绿地（G_{L-R}） 防护绿地（G_{L-P}）	中类	公园绿地（G1） 防护绿地（G2） 广场用地（G3） 附属绿地（XG）

4．与其他规划中用地分类体系的对接

本研究所建立的基于绿色基础设施理论的村镇绿地分类体系中各绿地小类可以根据其绿地资源组成要素，与村镇土地利用规划中土地利用现状分类体系下的二级分类构成要素进行对接。同理，通过各农业资源内容的梳理，农业区划的分类体系与本研究所建立的村镇绿地分类体系也有了衔接的可能（图6-1）。

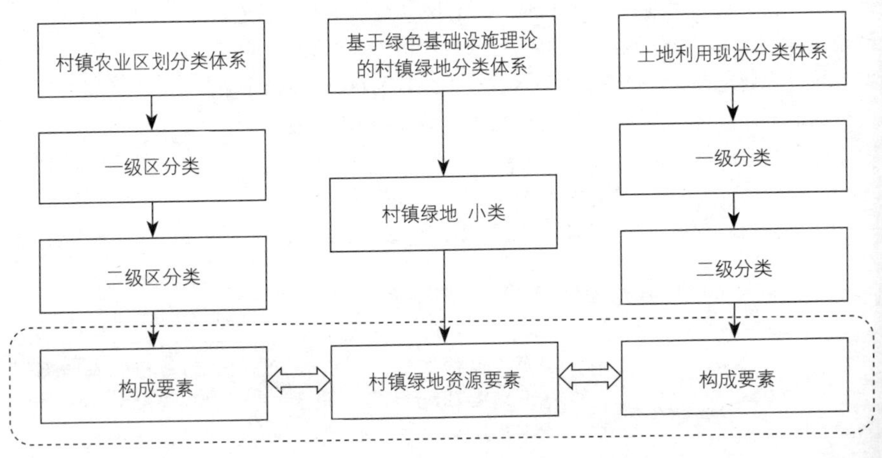

图6-1 与其他规划中用地分类体系的对接示意图

6.2 基于绿色基础设施网络的村镇绿地系统布局方法

6.2.1 基于绿色基础设施理论的村镇绿地系统布局目标与基本原则

1. 村镇绿地系统布局目标

本研究在第2章对有关村镇绿地系统规划内容进行论述时，确立了有别于城市绿地系统的村镇绿地系统规划目标，即应贴近村镇绿地的实际条件和服务功能，更加强调村镇体系的整体性和统一性。因此，绿色基础设施理论下的村镇绿地系统布局也以此目标为基准，科学布局、合理规划，形成多层次、多类型、多功能和多效益的村镇绿色网络体系。

（1）构建完整而稳定的生态环境

村镇绿地系统中很大一部分是自然要素（一小部分是人造的第二自然），是村镇生态环境的主体，具有保持水土、涵养水源、调节小气候、提供动植物栖息地等多种生态服务功能，并为村镇的建设发展提供生态绿色保障。因而，完善而健全的村镇绿地布局形态可以积极地保护村镇生态环境、改善和优化整体自然资源条件。

（2）维护村镇的农林生产、居民生活安全

有别于城市，村镇农业经济所占的比重要大，村镇绿地布局将为村镇的农林生产构建安全的绿色防护体系。而绿地防护体系也将积极改善村镇环境和卫生条件，如防风固沙，保护饮用水资源等，保障了村镇居民基本的生活安全。

（3）提供邻里尺度的日常休憩绿色空间

村镇尺度较城市小，生活节奏也比城市慢，村镇绿地成为村镇居民交流活动的主要空间。合理的绿地服务半径和均匀的绿地空间分布可以让每一位村镇居民平等享用绿地，绿色空间可满足村镇居民日常的休憩、娱乐、休闲、交流的需求，有助于改善村镇邻里关系，促进村镇社会的和谐发展。

（4）塑造村镇旅游品质，为村镇户外游憩开发创造条件

村镇是城市居民体验绿色生态、感受自然的旅游目的地之一。近几年，农家乐、农业绿色体验等村镇特色游憩项目蓬勃发展。村镇绿地系统布局将整合村镇的旅游资源，塑造村镇旅游的绿色品质，积极为村镇的户外游憩开发创造条件。

（5）延续文化特色风貌，营造特色景观

我国地大物博，文化底蕴深厚。不同地域的村镇都具有各自独特的自然地理结构和地貌特征，而每个村镇也必然有其丰富的历史

文化遗存以及最具个性的民俗民生。村镇绿地系统布局必须将它们有机地组织起来，通过绿地充分反映村镇的地方文脉和特征，形成村镇独有的风貌特色。

（6）控制村镇空间形态，引导城乡一体化建设发展

村镇绿地系统布局应充分协调村镇的建设用地与周围环境的互动关系，控制村镇在经济发展中无序的用地扩张与蔓延及生态资源和土地空间的不合理占用。同时合理的村镇绿地布局将村镇绿地和城市绿地有机地联系起来，通过对村镇绿地和城市各类绿色空间的统筹考虑，引导城乡一体化建设发展。

（7）确保安全健康的村镇环境

人为灾害和自然灾害时有发生。村镇绿地的合理布局可以满足灾害发生时不同区域村镇居民的应急疏散和灾难救援等需求。同时，村镇绿地应积极构建安全的村镇环境，可以在一定程度上减少部分人为灾害的发生，降低灾害对村镇居民安全和村镇发展的损害和影响。

2. 村镇绿地系统规划的基本原则

（1）整体性原则

村镇体系下的各类绿地构成村镇绿地整体系统。村镇绿地系统布局的整体性不仅仅表现在内容、功能方面，绿地布局结构也是一个有机联系的整体。其规划与设计工作应在村镇绿地系统规划的统筹安排下有计划地进行，使村镇体系大空间以及村镇各居民点中的绿地成为一个有机整体，发挥其应有的作用。

（2）优先性原则

绿色基础设施作为一个保护和开放的框架，其理论体现在通过主动的方式来适应土地发展要求。该规划优先于其他专项规划，在开发前进行规划和保护，绿色基础设施先行性和基础性的基本特征将赋予村镇绿地布局在人居环境系统规划和设计中的主导地位，因而也应在村镇绿地系统规划工作中保持绿色基础设施优先的地位。

（3）生态性原则

生态性原则是村镇绿地系统布局积极反映村镇良好自然资源和生态环境的一项基本准则，应通过合理的村镇绿地系统布局构建村镇与自然的绿色基础设施网络平台。为彰显村镇生态优势，必须用系统、关联和平衡的思维方式及方法来对待和处理村镇绿地与人类社会和自然环境之间的关系。

（4）功能多样性原则

绿色基础设施是一个引导土地功能多样化利用的框架，其理念

引导下的村镇绿地系统布局应成为融合村镇绿地多种功能的绿色网络平台。所以村镇绿地系统布局既要着眼于整个村镇生态大环境的保护，又应该强调自然景观和人文景观的协调以及与村镇经济建设发展的关系；还要根据人的心理、行为要求来合理安排和组织村镇各类绿地，以人为本，提高绿地的实用价值，满足村镇发展的各项要求。

（5）尺度协调性原则

村镇是一个空间复合体系，并非单一的空间场所。在绿色基础设施理论指导下的村镇绿地系统布局应该充分发挥绿色基础设施跨区域整合不同尺度的优势，通过绿色基础设施联系各种绿色空间元素和功能，集合起来共同发挥作用。在绿地布局中应注重尺度的多样性，按照不同空间尺度有针对性地提出布局策略，并将它们有机地整合成为一个整体结构。

（6）可达性原则

绿色基础设施理论下的村镇绿地系统规划把“公平共享”作为基本原则。村镇居民是否能够公平地享用村镇绿地的各项功能与服务，即村镇绿地资源享用的可达性与公平性，将是村镇绿地系统规划合理性评价的重要指标。一个可达性强的村镇绿地系统布局也将为村镇社会的和谐发展注入新的动力。

（7）地域性原则

村镇绿地系统布局还应该立足当地实际条件，充分考虑各个村镇的自然条件、资源基础和历史文化等地域特色。因地制宜，通过绿地的整体布局彰显村镇当地独特的自然风貌、景观类型、地域特征和文化特色，创造既统一协调而又丰富各异的村镇绿地类型，突出所在村镇的地域性特色。

6.2.2　以村镇基础设施为导向的绿色网络结构布局思路

深入剖析绿色基础设施理论，其核心理念是对土地的合理化利用。其理论指导下的村镇绿地系统规划建设，并不是只为了生态环境的修复而“植树添绿”或“绿化造林”，其核心体现在以绿色网络结构为载体展现村镇绿地功能的多样化和土地利用的最优化。本书尝试用绿色基础设施理论指导我国村镇绿地系统布局，突破以往传统单一的“点—线—面”的城市绿地布局手法，积极整合村镇周边自然环境和村镇建设用地内的绿色空间，构建一个既能实现生态系统价值和功能，又能为村镇居民提供多样的休闲空间以及实现社会和经济利益的，具有绿色空间可达性、保护村镇生物多样性、确保村镇经济社会发展等多功能的绿色网络结构。

绿色网络结构要求村镇绿地互相连通，形成一体。通过网络结构联系村镇绿色空间的绿地总体布局，符合我国村镇绿地发展方向，可以形成多层次、覆盖面广的布局模式，满足村镇发展对绿地的各种需求。基于绿色基础设施理论的村镇绿地系统布局首先需要明确即将融入绿色网络结构的要素的基本内容与特征。由于我国平原村镇的建设模式、自然资源条件与欧美不同，绿色网络连接要素在内容、类型、特征等方面也存在差异。因此，针对我国平原村镇近几年经济发展快速、建设不断推进的客观现实，为了使村镇绿地网络结构与村镇的现状条件和发展趋势紧密结合，笔者尝试提出“以村镇基础设施为导向的绿色网络结构”布局思路，使以“村镇基础设施”为导向形成绿色网络结构的村镇绿地系统布局最终能落到我国平原村镇的实际中，便于具体操作。

所谓基础设施，是指为社会生产和居民生活提供公共服务的物质工程设施，是用于保证地区社会经济活动正常进行的公共服务系统。它是社会赖以生存发展的一般物质条件，具有功能系统化、结构网络化等基本特征。对于我国平原村镇来说，基础设施功能更为完善，结构更为明确，基本涵盖了村镇作为居民点实体的一切功能和价值。从结构上讲，平原村镇布局具有结构清晰、土地利用相对明确等优势，综合其所搭建的村镇基本空间格局和村镇周边环境的自然肌理来看，具有形成绿色网络体系的潜力。同时从绿地布局的最终成果来看，通过整合村镇基础设施体系来构建绿色基础设施网络结构也是依托基础设施功能的综合性、服务对象的全面性，所进行的一种较为“高效且集约、合理且适宜”的土地利用方式。

我们首先需要将绿色基础设施所整合的我国村镇基础设施进行分类解析。参照我国新农村建设的相关法规文件，农村基础设施包括：农业生产性基础设施、农村生活性基础设施、生态环境基础设施、农村社会发展基础设施4个大类。其中，农业生产性基础设施主要指现代化农业基地及农田水利建设；农村生活性基础设施主要指饮水安全、农村沼气、农村道路、农村电力等基础设施建设；生态环境基础设施主要指天然林资源保护、防护林体系建立、种苗工程建设、自然保护区生态保护和建设、湿地保护和建设、退耕还林等；农村社会发展基础设施主要指有益于农村社会事业发展的基础建设，包括农村义务教育、农村卫生、农村文化基础设施等。由于本章节主要研究平原村镇绿地空间布局，在充分梳理和整合平原村镇空间实体后，本研究所谈到的“基础设施”特指村镇的空间实体，包含人工和自然两大类型。同时基于我国平原村镇的现实条件，本书又将我国平原村镇基础设施空间实体按照功能性质分为三类：发展基础设施、后勤基础设施和生态基础设施（图6-2）。

（1）发展基础设施

提供村镇发展建设的物质基础是村镇基础设施的基本职能。发展基础设施是村镇常规职能的物质功能形态的体现，是村镇作为一类居民点各种功能相互关联、发挥作用的基础平台，包括保障村镇基本生产、生活的一些常规功能性设施。在我国，村镇建设用地、道路交通网络、农林生产用地等都属于村镇的发展基础设施，它们共同构成了村镇的基本形态格局和肌理。

（2）后勤基础设施

村镇体系下的后勤基础设施具有分配、运送、消费、休闲等功能，包括服务设施（能源、电力、水利等）、休闲游憩场地、历史文化遗产等。后勤基础设施是村镇日常服务、信息和能量的流动场所。

（3）生态基础设施

这里所谈的生态基础设施特指村镇自然山水格局、绿色自然植被覆盖区域和人工绿化区域等。它们是村镇的绿色基底，为村镇生态环境改善、居民休闲游憩提供了绿色的户外空间，也是村镇其他生物生存的基本保障。目前，我国村镇的生态基础设施以村镇居民点外围的自然环境资源为主。不同于发展基础设施和后勤基础设施，它能够运用生物性基底、网络和廊道进行规划，能够预测并分担长期和短期的复杂环境过程的结果。

对于村镇来说，基础设施体系是保障村镇健康发展、经济增

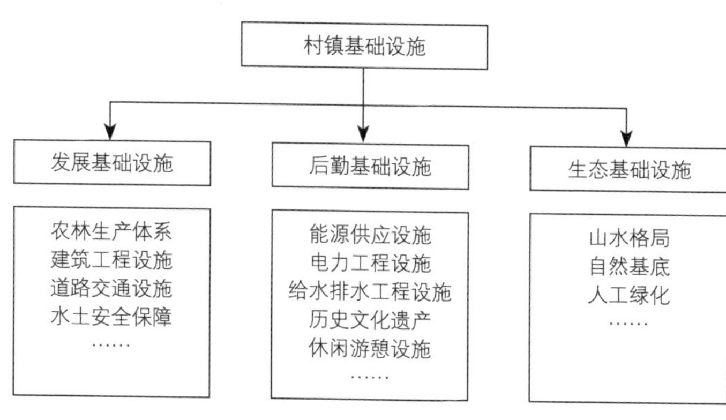

图6-2 我国平原村镇基础设施的分类

长、社会稳定的物质基础，是村镇一切功能的基本载体。对于我国平原村镇来说，村镇基础设施网络更是构成了村镇空间形态的基本格局。通过构建绿色网络体系，绿地系统可整合村镇中存在的诸多基础设施，使绿色基础设施网络结构变得更加易于实现，并充分发展其多重功能，协调各方利益，最终构成一个服务于村镇生态自然、社会和经济的支持系统。

“以村镇基础设施为导向的绿色网络结构”的含义可从以下3个方面进行理解：

第一，这是我国平原村镇基本情况和现实条件的反映。经济快速发展使我国土地资源日益紧张，各项建设突飞猛进，许多平原村镇频繁调整用地规划。因此，加强村镇各项基础设施建设对于村镇发展尤为重要，村镇基础设施已塑造起我国平原村镇的基本形态结构，同时也是经济生产建设、生态环境保护和居民日常生活的功能基础平台。而社会经济发展和生态环境保护之间日益紧张的矛盾也在村镇各项基础设施建设中逐渐反映出来。由此可见，村镇基础设施的广泛性、普遍性、功能全面性和建设复杂性是我国村镇基本情况和现实条件的真实反映。

第二，这是绿色基础设施理念形态及功能特征的落实。本书的研究是基于绿色基础设施理论，而在该理论下的村镇绿地系统布局则与绿色基础设施网络结构布局直接对应形成一个由中心控制区、连接通道和场地构成的绿色网络系统。除了形态之外，本书以构建绿色网络复合功能为线索，研究生态环境保护约束和村镇建设发展共同作用下的村镇绿地系统布局，阐述拥有复合功能的绿色网络体系重建，以及村镇自然系统与村镇发展的共轭关系。

第三，绿色基础设施“中国村镇化”实际上就是要客观面对我国平原村镇土地日趋紧张、各项基础设施之间建设矛盾日益突出的现状，突破单一的仅作为自然系统基础结构的绿色基础设施概念，抓住基础设施网络化、体系化的特点，将其概念扩大至“生态化”的人工基础设施。这样，既对现有的人工基础设施（道路、水渠、田埂等）进行绿地建设，采取生态化的处理和改造，同时又对现有的生态环境进行保护和恢复；从根本上杜绝了村镇空间增长以牺牲村镇周边高质量的耕地、山林和湿地等资源空间为代价的现象，大大加强了资源条件对城市空间增长的约束；反过来，面对村镇发展的大趋势，在保证增长总量及空间分布需求的基础上，也促进了村镇自然资源的整合和重构。

综上所述，通过“以村镇基础设施为导向的绿色网络结构”

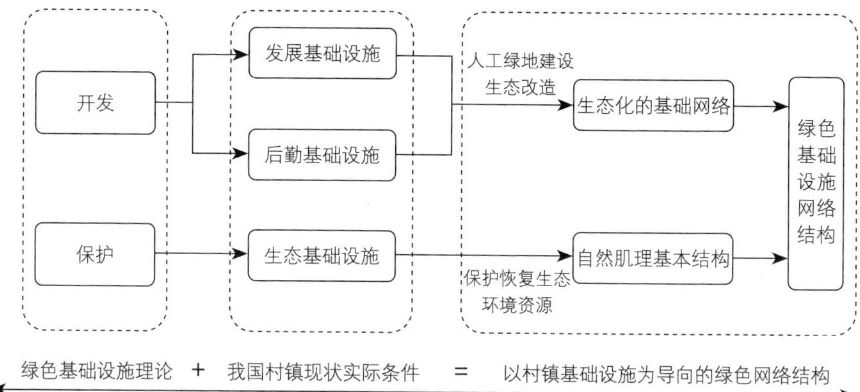

图6-3 “以村镇基础设施为导向的绿色网络结构”布局思路

的思路来进行村镇绿地的网络系统布局，强调了从村镇发展需求和生态资源保护方面来指导绿地建设，确保村镇土地的最优化利用和村镇发展的综合效益，重新确立了村镇建造环境和村镇自然环境之间协调联系的可能性。尽管村镇社会、经济和环境在不断变化，但“以村镇基础设施为导向的绿色网络结构”为村镇绿地系统规划本身保留了多种功能以及遇到发展和保护冲突时自我协调的可能，并建立起村镇自然本底与村镇用地之间的共轭关系。而且将基于村镇基础设施不同类型维度下的绿地适宜性评价与村镇总体规划要求相融合，还可以对村镇绿地布局进行更为客观、全局的引导（图6-3）。

6.2.3 基于“村镇绿地适宜性评价”的绿地布局方法

1.“千层饼”模式分析方法的借鉴

20世纪70年代始，生态环境问题日益受到世人的关注，美国宾夕法尼亚大学景观建筑学教授麦克哈格提出了将景观作为一个包括地质、地形、水文、土地利用、植物、野生动物和气候等决定性要素相互联系的整体来看待的观点。该观点一反以往土地空间规划和城市规划中感性的处理做法，强调了景观规划应该遵从所在区域自然原本的价值和土地的自然过程，在尊重自然规律的基础上建造人工生态系统，与自然协调、与人类共享，并进而提出基于土地和自然的生态规划理念，发展出一整套相关的从土地适应性分析到土地利用的规划方法，以及以单因子分层分析和综合叠加分析为核心的技术，即“千层饼”模式（图6-4）。

“千层饼”模式的技术核心在于“叠加”。作为系统景观思想的产物，用“千层饼”叠加技术进行土地分类和适宜性分析的方

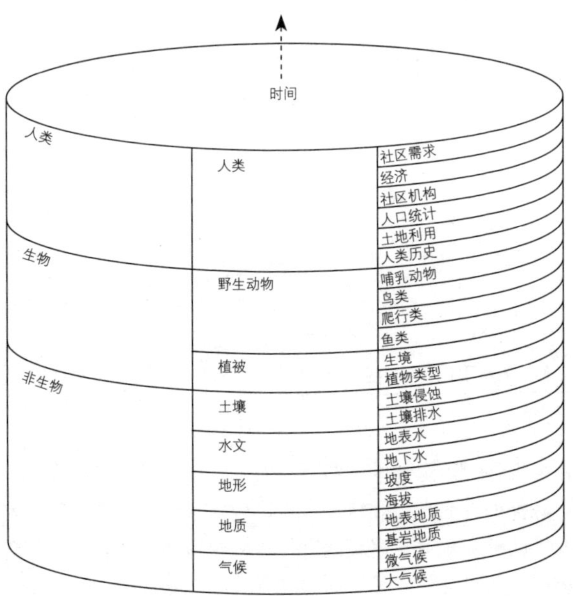

图6-4 麦克哈格的“千层饼”模型

法并不是麦克哈格首创。20世纪初，美国景观设计师沃伦·H. 曼宁（Warren H. Manning）在为波士顿附近的比尔里卡（Billerica）作规划时，就用一系列的地图来显示道路、人文景点、地形、地界、土壤、森林覆盖，以及现有的和未来的保护地。这些展示单一分析因子的地图在同一比例下通过地图叠加技术来进行分析，并用我们现在常用的叠加方法将设计方案呈现出来，这被认为是有文献记载的最早使用手工地图叠加技术的例子。曼宁以自然资源和自然系统为基础的土地分类思想以及用叠加技术来制定资源保护和利用的方法直接对之后的以麦克哈格、菲尔·刘易斯（Phil Lewis）为代表提出的生态规划思想和“千层饼”模式产生了重要影响。麦克哈格等后来的生态规划师的重要进步在于在曼宁等前人方法的基础上进一步引入了超越景观的多学科的工作途径，并发展了相关多学科的技术融合，同时对研究场地中不同景观资源进行评价。在曼宁同时代或稍后的城市及区域规划中，规划师们也用同样的地图叠加技术来反映城市的发展历史、土地利用及区域交通关系网以及经济、人口数据。比如：1923年，地图叠加技术被用于纽约的人口与经济分析；1929年，在纽约的区域规划和环境制图中，所有重要的景观元素如公园系统被分层制图，它们与地形图有相同的比例，以便比较和说明；1943年，在伦敦战后重建过程中，同样的技术被用来分析城市公共空间的分布现状，并根据叠加可以判别绿地的分布状况，在此基础上制定城市绿地与开放空间的重新规划方案。当然在这些工作中都没有明确提出地图叠加方法，但它们的做法及步骤都是通过对单一元素的分析分层叠加，并经整合和筛选，最终来确定某一地段土地的适宜性，或对人类活动的影响。直到1950年，杰奎琳·蒂里特（Jacqueline Tyrwhitt）的《城乡规划教材》首次将地图叠加技术作了系统的介绍，并指出这一技术的核心是在以同样的地形或地物信息作为参照系的基础上，相同比例的地图之间的叠合。在后来的多个实践中，规划师们为了方便和更加直观地展示这一过程，将所有地图都在透明纸上制作，便于接下来的叠加。可见，至少在20世纪50年代，景观设计师已经普遍地将地图分层叠加方法用于规划和展示了。

“千层饼”模式的分析方法即根据区域自然环境状况的调查，选定多个生态评价因子，将单一资源进行制图，然后采用因子叠加法、因子加权评分法或因子组合法对其进行综合分析，最后得到能反映土地建设适宜性等级的量化地图。其方法步骤为：

（1）确定研究土地的利用方式和每一种利用方式的基本要求。

（2）基于每一种土地利用需求找到所对应的自然要素。

（3）把生物物理环境与土地利用需求相联系，确定与需求相对应的自然要素下的具体自然因子。

（4）把所需求的自然因子叠加绘制成图，并分别表达适宜性的梯度变化，进一步完成一系列土地利用机遇分析图。

（5）确定潜在土地利用与生物物理过程的相互制约。

（6）将制约分析图和机遇分析图相叠加，在特定的结合规则下绘制成描述土地多种利用方式下的适宜性地图。

（7）完成综合地图，展示各种土地利用方式下具有高度适宜性的区域分布。

目前，“千层饼”模式中的地图分层叠加方法已渐成熟，被广泛运用到土地规划、城市规划、生态规划、风景园林等相关学科领域。其最大的特点是经过种种客观分析和归纳后，可以得出较为理性的规划结果，体现出某种程度上的科学性质。麦克哈格的“千层饼”模式对于村镇尺度的景观与环境规划来说，意味着探究村镇土地的最优化利用，寻求各方的共同利益，这也是绿色基础设施理论的最佳实践。

例如，在进行纽约斯塔滕岛的环境评价研究时，通过对地质学、水文学、土壤、植物生态学和野生动物学等知识的运用，探索土地合理的利用组成以及各种属性土地的位置安排与形态构成。斯塔滕岛的研究目的不是为了完成一项规划任务，而是寻求以最低的成本取得最大的节约和效益的途径。通过对斯塔滕岛的研究分析，麦克哈格将基岩地质、地表地质、水文、土壤排水环境、土地利用现状、历史上的地标、潮汐侵蚀区域、地貌特征、地质特征、坡度、现有植被、森林的生态群落、现有野生生物生存环境、森林现有质量、土壤基础限制因素、土壤水位限制因素等自然要素作为调查因子（图6-5），并对各因子及其具体内容进行土地适宜性的评

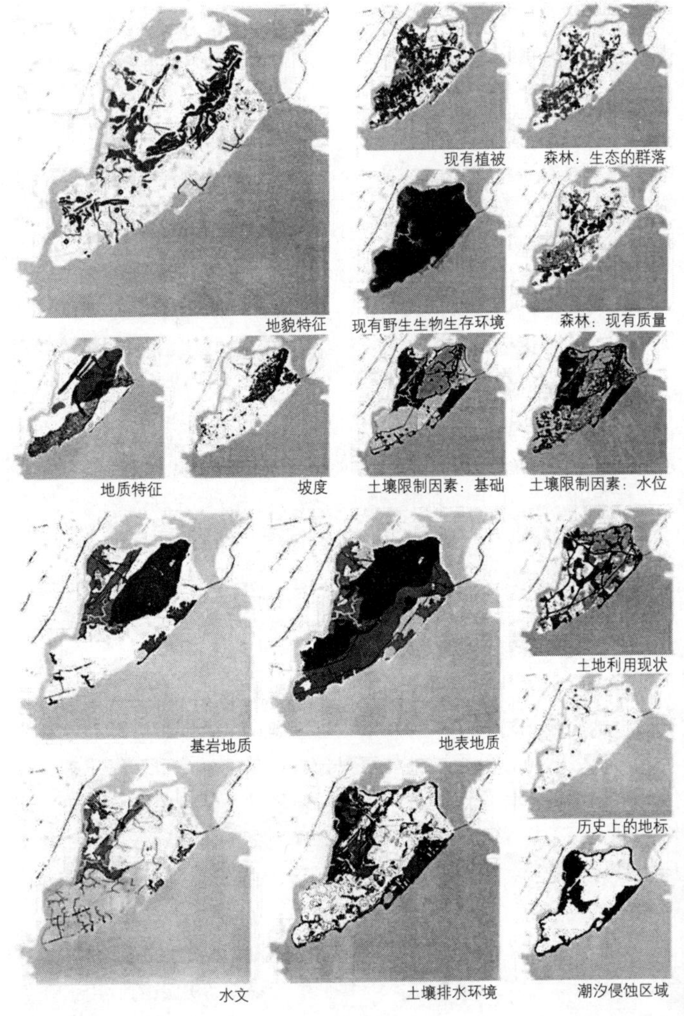

图6-5 生态因子分析

价，最后得到综合的土地适宜性评价结果（表6-6）。这种方法基于对自然环境的客观判断，摆脱了以往主观地进行规划设计的传统思维模式，生态学与土地规划、景观设计的融合也提高了土地利用及空间规划的科学性和合理性。

基于生态因子调查与评价的斯塔滕岛土地适宜性利用分析　表6-6

生态因子	生态因子的具体内容	等级标准	土地价值
气候	空气污染	发生率：最高→最低	P, A, R
	潮汐泛滥淹没	发生率：最高→最低	A, R, I
地质	地质独特，具有科学和教学意义的地貌	稀有程度：最高→最低	C, P, R
	基础条件	压力强度：最高→最低	A, R, I
地貌	地质独特，具有科学和教学意义的地貌	稀有程度：最高→最低	C, P
	有风景价值的地貌	独特性：最突出→一般	C, P, A, R
	有风景价值的水景	独特性：最突出→一般	C, P, A
	带有水色风光的河岸土地	易受损坏的程度：最突出→一般	C, A, R, I
	沿海湾的海滩	易受损坏的程度：最突出→一般	C, P, A, R
	地表排水	地表水和陆地面积之比：最大→一般	C, P, A, R, I
	坡度	倾斜率：高→低	A, R, I
水文	水上活动，商用船舶	通航水道：最深→最浅	P
	游乐用船舶	可自由活动的范围：最大→最小	C, P, A
	新鲜水（淡水），积极的游憩活动	可自由活动的范围：最大→最小	C, P, A
	河边游憩（钓鱼、打猎等）	景色：最好→一般	C, P
	保护河流水量的流域	风景优美的河流：最好→一般	C, P, A, R
	含水层	含水量：最高→最低	C
	地下水回灌地带	含水层的重要性：最重要→一般	C
土壤学	土壤排水	地下水位高度表示渗透性：最好→一般	C, A, R, I
	基础条件	耐压强度和稳定性：最大→最小	A, R, I
	冲蚀	易受冲蚀程度：最大→最小	C, A, R, I
植被	现有森林	质量：最好→最差	C, P, A, R, I
	森林的类型	稀有程度：最大→一般	C, P, R
	现有的沼泽	质量：最好→最差	C, P, A, R, I

续表

生态因子	生态因子的具体内容	等级标准	土地价值
野生生物	现有的生长环境	稀有程度：最少→一般	C,P,A
	潮间地带的物种	以海岸活动强度为基础的环境质量：活动强度最低→最高	C,P,A
	伴水而生的物种	以城市化程度为基础的环境质量：非城市化→完全城市化	C,P,A,R
	陆地和森林的物种	森林质量：最好→最差	C,P,A,R
	与城市有关的物种	树木的外貌：多→无	P
土地利用	地质独特，具有教学与历史价值的地貌	重要性：最大→一般	C,P, R
	具有风景价值的地貌	独特性：最大→最小	C,P,A,R
	现有的和潜在娱乐游憩资源	可利用的程度：最高→最低	C,P,A

注：土地价值中各字母代表内容，C——保护；P——消极性娱乐游憩活动；A——积极性娱乐游憩活动；R——居住建设；I——工业与商业开发。

2.“村镇绿地适宜性评价”方法的设想

基于绿色基础设施理论的村镇绿地系统布局立足于构建联系村镇自然大环境和居民点内部的绿色网络体系，谋求村镇土地利用的最优化，达到村镇绿地效益的最大化。如果把麦克哈格的“千层饼”模式引申到村镇绿地系统规划上，需要从村镇整体出发，分析和研究村镇绿地与生态、社会、文化之间的耦合关系。为了避免对村镇绿地系统的主观臆断，突破传统城市绿地系统规划汇总“被动、简单追求形态”的布局模式，突出绿色基础设施理论指导下村镇绿地系统规划的科学性和合理性，本书6.2.2节中阐述过现阶段村镇基础设施已成为我国平原村镇形态结构组成、经济生产建设和居民日常生活的基础平台。运用“千层饼”模式中的地图分层叠加技术，针对平原村镇基础设施的结构类型，尝试通过“村镇绿地适宜性评价”来确定一个多目标、多内容、多功能的村镇绿地网络布局方案，可以科学地根据我国各个平原村镇的发展战略和建设条件，制定不同的村镇绿地发展目标，提出多种有针对性的方案，最终形成一个最优的村镇绿地网络布局结构。

“村镇绿地适宜性评价”方法是根据我国平原村镇的各项基础条件，从生态、景观、游憩、文化、产业发展等多方面识别影响村镇绿地分布的主要因素；在“村镇基础设施转变绿色网络结构”的思维基础上，提出通过发展、后勤、生态这三大基础设施类型维度下的各单因子的安全评价来进行村镇绿地结构的布局。在此基础上，建立评价标准对各因子安全格局下的绿地结构布局进行适宜性评价，借助GIS等先进技术对各因子下的结构布局进行叠加，并通过与其他村镇规划的充分协调和综合分析，最终得出合理的村镇绿地网络空间布局形态和不同适宜度下的绿地组合形态。

所以，本研究所提出的“村镇绿地适宜性评价”布局方法实际上是适应村镇基础设施的村镇绿地网络布局方法，或者是“以村镇基础设施为导向的绿色网络结构”设想的具体实施方法。

3. 基于“村镇绿地适宜性评价”的绿地布局方法操作过程

如图6-6所示，该方法在村镇绿地布局的具体操作过程中可以分解为以下六步：

第一步；识别影响因子。

首先识别影响村镇绿地布局的主要因子。由于各个村镇的发展条件、所处环境和功能性质等方面存在差异，村镇基础设施发展现状也因此有所不同。在规划过程中，应结合所在村镇的实际情况，根据村镇绿地系统规划的具体目标，选择相应的绿地布局影响因子，比如土地生态因子、气候因子、生物因子、居民游憩因子、历史文化因子等。

第二步：建立“村镇基础设施类型维度下村镇绿地网络适宜性”评价体系。

在基于影响因子的识别下，可以建立以村镇基础设施分类为导向的“村镇绿地适宜性”评价体系。这是整个绿地布局中较为关键的一步，从发展、后勤和生态基础设施三种维度来分析绿地的适宜性（具体内容见本书6.2.4节内容），建立一个科学而客观的评价体系来评估影响因子对绿地布局的影响，划分出三级绿地，分别表示该影响因子下的高适宜性绿地、中适宜性绿地和低适宜性绿地（表6-7）。这一步的重点是根据三种基础设施类型对所选择的村镇绿地布局影响单因子进行分门别类。

第三步：基于“单因子分析的绿地适宜性”评价。

在上一步“村镇绿地适宜性评价体系”下，针对三种不同类型的村镇基础设施，采用不同的绿地适宜性评价标准和方法（标准可根据实际规划进行调整），对这三大基础设施类型下的绿地布局影响因子进行分析和评价，最终形成在发展、后勤和生态三种不同基础设施维度下的绿地适宜性评价结果，根据绿地所体现的适宜性的强弱程度，为绿地布局提供依据。

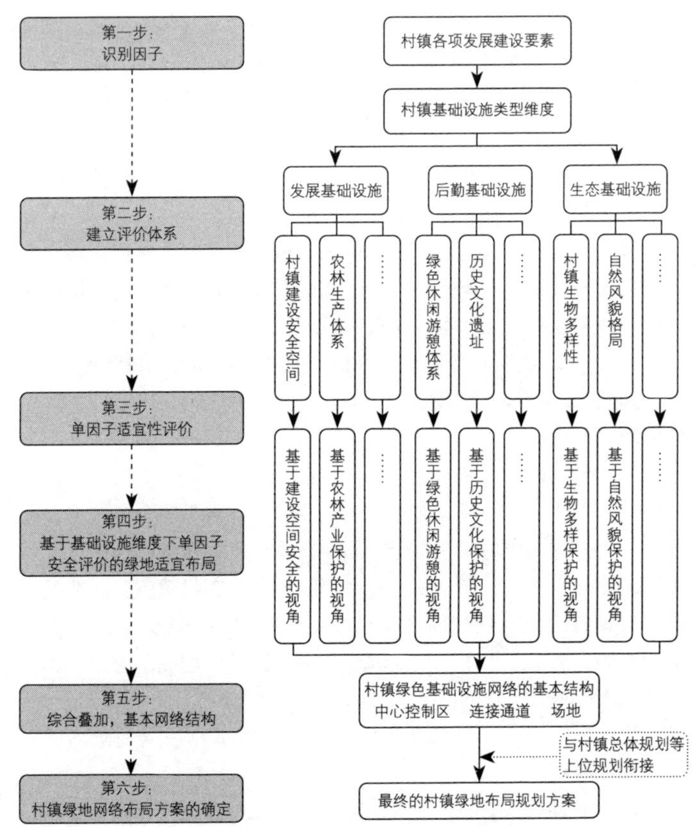

图6-6 基于“绿地适宜性评价”的村镇绿地布局方法步骤

“村镇基础设施类型维度下村镇绿地网络适宜性”评价体系 表6-7

布局影响单因子		适宜性等级		
		高适宜	中适宜	低适宜
发展基础设施维度	基于农林产业发展保护的视角			
	基于村镇建设空间安全的视角			
	……			
后勤基础设施维度	基于村镇绿色休闲游憩的视角			
	基于历史文化保护的视角			
	……			
生态基础设施维度	基于生物多样性保护的视角			
	基于自然风貌保护的视角			
	……			

第四步：基于“村镇基础设施维度下单因子安全评价”的绿地适宜性布局。

提出基于“村镇基础设施维度下单因子安全评价”的绿地适宜性布局。在村镇各类型基础设施的独立分析的基础上，提出针对三种基础设施类型（发展、后勤和生态）维度下的绿地布局影响因子安全格局。根据相应的布局规划目标和标准，形成各自独立的绿地适宜性布局草案，并通过图案表达或GIS等技术绘制成图。

第五步：综合叠加，构建村镇绿色基础设施网络的基本结构。

将上一步所形成的针对各类型基础设施的绿地布局草案借助计算机技术进行汇总叠加。叠加层数越多的地区，说明该地区的绿地适宜性越强，重要性也越高。基于此，选择最大、最高质量、内容最丰富的区域作为中心控制区（hubs），同时梳理并构建连接中心控制区的连接通道（links，廊道宽度根据实际情况设定），形成村镇绿色基础设施网络的基本结构。

第六步：调整完善，在构建不同策略下绿地布局方案的基础上确定最终的村镇绿地布局规划方案。

根据所在村镇的实际情况，对村镇总体规划等上位规划进行调整。并根据不同的规划目标（村镇发展、生态保护、绿色游憩等），给予不同村镇基础设施维度下或不同单因子影响下的绿地以不同的优先等级或权重，设计不同规划目标下的村镇绿地网络空间布局。最后在综合分析和调整下形成一个最终的村镇绿地布局方案。

通过步骤五所确定的村镇绿色基础设施网络结构组成要素分类，结合步骤三的评价标准可以分别判别出高适宜、中适宜和低适宜的村镇绿地，可以为以后村镇绿地建设政策的制定提供更为科学而又详实的依据。

4. 与村镇相关规划的衔接

上述“村镇绿地适宜性评价”主要是在“以村镇基础设施为导向的绿色网络结构”的布局思路下，基于村镇发展对绿地的布局需求而提出的。在绿色基础设施理论的指导下，依托成熟的村镇基础设施系统结构来构建村镇绿地网络。它假定村镇各项建设发展都会顺应村镇绿地的空间布局，所以对于我国平原村镇的现实情况而言，这是一种比较理想的模式。我国平原村镇发展条件由于各地区经济条件和环境因素的不平衡而导致状况错综复杂，包括村镇产业结构调整、村镇城市化带来的用地供给能力的大小、村镇居民人口变化等一系列现实的问题。尤其在我国西部地区经济条件较差的一些村镇和中东部平原地区的城市化发展“过于猛烈”的一些村镇，历史遗留问题较多，或者村镇发展速度超过其土地承载力等各种历史和发展的现实问题让平原村镇建设状况更为复杂。因此，面对现实，理想的村镇绿地网络布局模式必须纳入指导我国平原村镇发展建设的村镇规划中进行全面的考虑，结合村镇规划中所确定的规划范围、层次及总体目标，在绿地布局前及时地确定该村镇的绿地系统发展战略。让绿地系统规划最终在村镇规划的总体协调之下得到修正和完善。

值得说明的是，这里所提到的“村镇绿地系统规划与村镇规划衔接”绝不是我国现行城市绿地系统规划中“依附城市总规、服从城市总规”的方法。在绿色基础设施重建自然本底与村镇发展之间共轭关系的理念下，村镇绿地布局不但要追求绿色基础设施网络结构的“理想化”，更应该寻求反映村镇发展和自然条件的“可实现化”，确保绿地系统规划能够“落地”，让原本可能相互制约的绿地系统规划与村镇规划有了互动和对接，根据实际最终得出理想的村镇绿地布局模式。

为此，本书将前一节通过“村镇绿地适宜性评价”得出的村镇绿地布局与村镇规划中的各项基础专题类型的指示图进行再次叠加，如村镇体系中各居民点建设用地现状、规划用地和村镇产业发展分布、村镇发展规模、人口密度分布、各项基础建设项目规划等，通过整体考虑、相互比较、综合分析、合理验证等决策过程，不断修正和调整理想模式下的村镇绿地布局，追求绿色基础设施理论下的土地利用最优化及各方利益最大化，最终形成目标明确、结构完整、可行性较强的村镇绿地网络布局规划图（图6-7）。

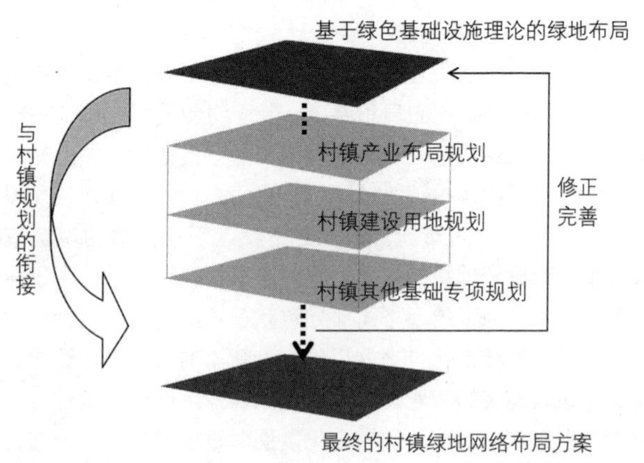

图6-7 村镇绿地网络布局与村镇相关规划的衔接示意图

6.2.4　村镇绿地系统布局适宜性主要内容解析

1．发展基础设施维度

（1）基于农林产业发展保护的视角

农林产业是村镇经济的主要来源，也是村镇的基础产业。在保证村镇农林生产的基础上，通过村镇绿地网络布局，实现村镇农林生态系统的价值和服务功能，兼顾村镇农林用地的生产功能和生态服务功能。

基于农林产业发展保护的村镇绿地网络布局在于以农林生产为基础，充分发挥村镇农林用地的生产、生态、景观的综合功能作用。依托农林用地的道路、水系、田埂、护坡等基本结构，通过农田林网、田埂生态绿网、树篱、农田边界植物带建设，强化农林产业基础设施的"生态化"，并与其他林地、绿色廊道和绿色空间连接在一起，形成生态网络体系。图6-8所表示的是一种农田防护林设计模式图。

同时应在绿地布局中重视经济林、果园、设施农业园等大面积林地覆盖，兼顾农业生产的空间建设和资源保护。通过农林产业发展保护主导功能下的绿地营建，与发展农村经济和形成多样化的村镇田园景观紧密结合，形成绿色廊道串联大型农林绿色空间的多层次、多功能的村镇绿地系统。而近年来，都市观光农业、农家乐等结合生产、生态保护和休闲游憩的绿地发展迅猛。这也是绿色基础设施理论下追求土地综合效益理念的具体实践。

（2）基于村镇建设空间健康发展的视角

村镇发展需要一个健康、安全的良好环境。合理的村镇绿地网络布局能够构建村镇空间健康发展的网络体系，包括保障村镇发展

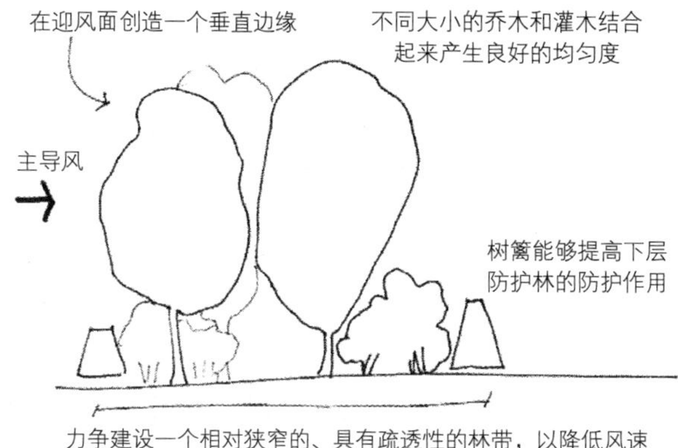

图6-8 农田防护林设计模式图

的水土安全、居民用水用电设施安全、减轻道路车行的噪声和光污染、改善村镇居民点的小气候和热岛效应、提供防灾避险功能等。

基于村镇空间健康发展的村镇绿地通过加强村镇发展基础设施的绿化建设，如铁路和公路设施的防护绿地建设、村镇居民点的组团隔离绿地建设、村镇引水渠沿线绿地建设、养殖业的卫生隔离绿带建设、高压电力线路走廊绿化建设和防风林带建设等，为村镇发展基础设施健康安全地发挥功能作用提供绿色保障，并注重绿地空间结构的连续性和功能的完整性，促进其融入村镇绿地系统网络建设中。

村镇与城市所处的大环境的差异在于前者处在自然大环境之中，甚至本身也是区域自然的组成部分。对于村镇所在的自然环境，其组成要素远比城市复杂。村镇自然格局的稳定有序得益于自然元素的相互作用和内在联系，即自然过程。违背自然过程的开发利用必然会导致村镇整体环境的混乱与无序，最终影响村镇建设空间的安全发展。所以基于村镇建设空间安全的村镇绿地网络布局将尽可能地保持或促进与区域内自然过程的演进规律，通过绿地网络布局将村镇建设发展对自然过程和生态系统的不良影响降到最低。

充分发挥绿色基础设施理论中弹性土地适应性的基本特性，积极研究绿地格局与自然过程空间动态的关系，将自然演替过程中的水域、山地、森林等空间动态变化与村镇绿地系统规划相融合。保持水土安全，通过安全空间的设定避免或减少自然灾害对村镇建设发展的破坏，同时通过这些缓冲区域的合理利用“变害为利”，为构建村镇绿地网络系统提供良好的连接素材。例如，对于村镇自然水系，应合理评估其降水、径流等条件，通过定量分析得出防洪安全区域；而在这些缓冲区域通过湿地、沼泽的生态建设和环境修复不仅能对可能遇到的洪涝灾害具有重要的抵御和调节作用，同时其本身作为村镇绿地的一个组成部分，提供了丰富而多样的村镇绿地环境。

另外，防灾避险也是村镇绿地保障村镇空间健康发展的重要功能。参考我国城市防灾避险绿地的要求，我国村镇避灾绿地体系的建立则需要充分考虑以下三类绿地：一是灾害时确保人员安全避险的绿地，包括紧急避灾绿地和长期避灾绿地；二是灾后开展恢复重建活动的绿地，包括长期避灾绿地和中心避灾绿地；三是连接各类避灾绿地的绿色网络等。由于村镇用地规模和人口数量远不及大城市，每个村镇之间也存在较大差异，并且村镇绿地从组成要素和分布空间来看与城市绿地有很大的不同，对于防灾避险视角下村镇绿地的定量化布局则需要根据实际情况而确定。居民点防灾绿地体系中各元素的布置如图6-9所示。

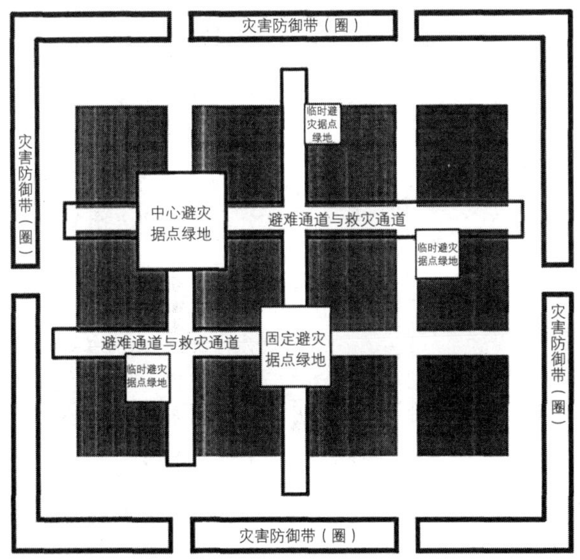

图6-9 居民点防灾绿地体系与元素

2. 后勤基础设施维度

（1）基于历史文化遗产保护的视角

历史文化遗产是村镇的公共财产，也是村镇发展历程的见证。村镇绿地作为村镇地域特征和历史文化遗产保护的载体，具有传承历史文化的功能。村镇绿地系统网络布局应有助于保护和加强村镇地域特征、保护历史文化遗产，让那些即将消失或正被人们遗忘的人类遗产能够得到保留。通过景观的干预，让历史文化遗产能够重新融入现代生活，让越来越多的人认识和了解它们，让社会大众自觉自愿地加入保护行列，增强人们对村镇绿地系统的地域归属感。

在村镇绿地网络布局中，首先，应确保村镇所有新的发展和建设规划不破坏现有地域特征景观和历史文化遗产；其次，基于对当地历史背景的理解，根据村镇当地历史文物的分布和内容，划分出历史化遗产的种类和等级，如历史遗址、宗教建筑、文物古迹、古树名木等等；最后，在评估历史文化遗产与周边环境的关系后，提出保护、提升和重建策略，做出适宜的绿地布局，将这些区域通过绿地网络联系起来，保护具有连接意义的道路和线性空间，形成充满地域特征的历史文化保护网络。在促进村镇地域特征和历史文化保护和延续的同时，提供人们进入村镇历史文化遗址的机会并实现可达性。表6-8是第一批列入中国传统村落名录的村落名单。

第一批列入中国传统村落名录的村落名单　表 6-8

地区	数量	地区	数量	地区	数量
北京	9	黑龙江	2	福建	48
天津	1	上海	5	江西	33
河北	32	江苏	3	山东	10
山西	48	浙江	43	河南	16
内蒙古	3	安徽	25	湖北	28
湖南	30	广东	40	广西	39
海南	7	重庆	14	四川	20
贵州	90	云南	62	西藏	5
陕西	5	甘肃	7	宁夏	4
青海	13	新疆	4		

资料来源：《住房城乡建设部 文化部 财政部关于公布第一批列入中国传统村落名录村落名单的通知》（建村〔2012〕189号）。

（2）基于村镇绿色休闲游憩的视角

从政治社会学角度看，绿地作为居民生活中的公共物品具有公共性和公平性，任何人都有权便捷、公平地享用绿地。从绿色基础设施理论来看，村镇绿地建设也是公平、共享的基础工程。村镇绿地的服务对象是生活在村镇中的所有居民以及来村镇旅游观光的城市居民。因此，基于村镇绿色休闲游憩的村镇绿地布局必须遵循公平性、均好性和可达性原则，充分协调村镇不同性别、不同年龄、不同社会阶层的居民对村镇绿地利用的不同需求、不同行为和不同意愿，寻找一定的内在规律，从而建立多层次、多内容的绿地网络结构。

对于村镇居民来说，休闲游憩用地主要依靠村镇体系下各居民点建设用地内的，满足日常交流、娱乐等需求的公共性质的绿地，可以拉近邻里关系，协调社会和谐发展。在布局时应充分调查村镇各居民点内人们的活动特征和规律，依据"绿地服务半径"理论，参考村镇居民点的实际规模，确定绿地服务半径，进而确定绿地的空间位置。

而在村镇各居民点建设用地外部，则存在广域的、大面积的游憩绿地。这些游憩绿地，一方面能为村镇居民所使用，另一方面也是村镇对外开发旅游项目的重要场所。在村镇绿地网络布局中，应该了解和分析其游憩价值，同时也应该考虑居民如何便捷地到达游憩区域。对于绿地网络中新建的一些游憩空间也需要平衡开发其与自然生态环境保护之间的矛盾。

实现村镇体系下游憩空间的网络连接是村镇绿地网络布局的重点。构建联系村镇居民点建设用地内外游憩绿地的绿色网络，做好各类游憩资源的整合，形成村镇空间下游憩廊道联系游憩点的基本空间布局。更广泛地说，基于绿色休闲游憩的村镇绿地网络也是城乡一体化的游憩网络的一部分，拉近了村镇与城市的距离。通过绿地网络布局可大力提升村镇作为城市居民绿色旅游目的地的认可度，为促进村镇绿色旅游发展和绿色经济增长注入新的活力。在我国珠三角平原地区，涵盖村镇的游憩绿道建设便是一个很好的案例。

3．生态基础设施维度

（1）基于生物多样性保护的视角

村镇绿地是村镇体系下生物重要的栖息地场所，生物多样性保护是村镇绿地功能价值的重要体现。基于生态多样性保护的村镇绿地网络是在分析评价现状绿地布局对生物种群潜在影响的基础上，通过绿地网络的构建将现有的生物生境有机地融入绿地网络体系中，加强对一些退化生态环境的修复，并通过绿地系统规划创建新的生物自然栖息地和生态廊道。

基于生物多样性保护的村镇绿地网络布局实质上就是在对现有良好的自然生境进行保护的基础上，连接和修复村镇区域中破碎的自然生境。著名生态学家福曼（Forman）基于生态空间理论提出了一种生物多样性保护模型，包括七种景观生态属性：大型自然植被斑块、粒度、风险扩散、基因多样性、交错带、小型自然植被斑块与廊道。通过集中使用土地以确保大型植被斑块的完整，充分发挥其生态功能作用；引导和设计自然斑块以廊道或细部形式分散渗入人为活动控制的建筑地段或农耕地段；同时沿自然植被斑块和农田斑块的边缘，按距离建筑区的远近布设若干分散的居住处所；在大型自然植被斑块和建筑斑块之间增加农业小斑块。显然，这种规划原则的出发点是对景观中存在着的多种组分进行管理，对于较大比重的自然植被斑块，可以通过景观空间结构的调整，使各类斑块大集中、小分散，确立景观的异质性来实现生态保护，以达到生物多样性保持和视觉多样性的扩展。

因此，基于生物多样性保护的村镇绿地网络的最佳布局（图6-10）可以归纳为：为了确保村镇生物生息繁殖的良好空间，以生态廊道连接大型的、具有一定规模的、近圆形生态斑块而形成的网络结构，是基于生物多样性保护目标的最理想的布局模式。

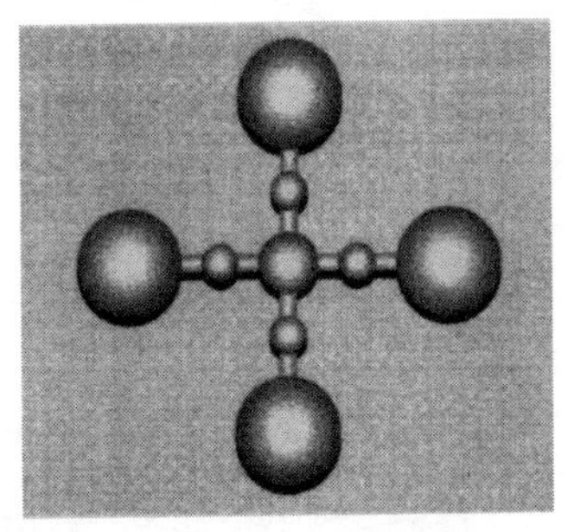

图6-10 生物多样性保护的最佳布局模式

在现状绿地破碎的基础上，充分利用村镇体系下不同类型和不同规模的绿地，将其视为绿地网络结构的有机组成部分，建立村镇体系下完整的绿地空间格局；同时，重视绿地结构中较为脆弱和薄弱的区域，及时进行修复。充分利用河流、高压输电线路、铁路、道路等线形绿地和插入式楔形绿地等，在各绿地斑块之间以及村镇与城市之间，尤其在影响生物群体的重要地段和关键点修建绿色廊道和“暂息地”，形成绿色网络结构，避免出现“岛屿状”生境的零散而孤立的状态，增加开敞空间和各生境斑块的连接度和连通性，保证合理的绿带宽度。但对于不同区域的不同生物来说，绿带的宽度是不一样的，这要根据所在村镇的实际条件和环境资源进行设定，表6-9是针对不同生物所提出的最小廊道宽度。基于多样性保护的村镇绿地空间实际上也是绿色基础设施网络体系的基本格局，从而印证了基于绿色基础设施理论的村镇绿地系统规划在保护自然环境、创造村镇健康发展方面的科学性和合理性。

生物廊道宽度 表6-9

目标物种	宽度值（m）	说明
草本植物	12～60	维持植物多样性的宽度
乔木植物	30～200	维持物种多样性，促进种子扩散
无脊椎动物	3～30	小于30m的廊道有助于降低无脊椎动物被捕食的风险
两栖动物	15～60	两栖动物迁移通道的适宜宽度
爬行动物	15～61	爬行动物迁移通道的适宜宽度
鸟类	30～400	当宽度大于400m时鸟类丰富度无明显增加
小型哺乳动物	12～200	小型哺乳动物迁移通道的适宜宽度
大型哺乳动物	200～600	大型哺乳动物迁移的适宜宽度

（2）基于自然风貌保护的视角

村镇空间下自然资源所形成的自然肌理结构是大自然给予村镇及当地居民最淳朴的景观。自然山水起伏构成不同的气候带，可谓

我国北方村镇主要自然风貌景观特色类型　表 6-10

村镇所在环境	行政区域	自然风貌特色
东北平原	黑龙江省、吉林省、辽宁省和内蒙古自治区东部区域	森林—农田景观
华北平原	山东、北京、天津、河北中南部、河南大部、安徽北部、江苏北部等	防护林—农田景观
内蒙古高原	内蒙古自治区、宁夏回族自治区北部等	草地景观
黄土高原	陕西、山西、宁夏、甘肃等省区的大部	农田—林、草景观
河西走廊	甘肃省中西部	戈壁荒漠—农田景观
新疆沙漠	新疆	戈壁滩—农田景观

一方风土养一方人。环境不仅是建筑、园林创作之源，而且对于处在自然环境大背景下的村镇来说，也是村镇景观创作的绝佳素材和源泉。表6-10总结了我国北方村镇所处的主要自然风貌景观特色类型。人类定居点的相地选址、规划布局都取决于自然形胜。景观与山水为友，而非为敌。首先要学习和了解地方志，传承前人以相地选址、概括形胜和因借地宜的方式，以及从建设的历史成就中学习。其后，通过用地现场勘查了解从古至今的演化变迁，以求延续发展之道。

因此，城市也好，村镇也好，必须根据所在环境不同的自然条件，最大限度地延续村镇地域山水格局和乡土风貌，通过村镇绿地系统规划来整合村镇体系下充满地域色彩的自然条件。充分利用江河、海洋、山丘、湖泊等自然资源，让这些大自然赐给人类的礼物从被占有、被剥夺的状态变成村镇绿地系统网络结构构建的可利用资源，将这些自然资源进行整合并与村镇各居民点内的绿地共同形成一个大体系，使之成为村镇规划布局的“绿色骨架”，成为村镇建设发展的绿色基底和村镇居民生产生活的共享场所。

6.2.5　我国平原村镇绿地系统布局方法的适用层面

本书2.4.3节中对村镇绿地系统规划的层次进行过讨论与分析，将村镇绿地系统规划分为村镇体系绿地系统规划、镇区绿地系统总体规划、镇区绿地控制性详细规划、镇区绿地修建性详细规划和村庄绿地建设规划。这五个层次对应着村镇体系下的镇（乡）域和各居民点（一般建制镇、乡村集镇和村庄）两个空间层级。

本章“村镇绿地适宜性评价”的绿地网络布局方法是基于我国平原村镇实际情况而提出的。但由于村镇体系含有不同的空间层次和内容，所提出的“村镇绿地适宜性评价”的绿地网络布局方法也应具有不同的适用性（图6-11）。

对于镇（乡）域层面，村镇体系是一个整体的空间领域，村镇绿地是其中存在的基本空间之一，也是村镇体系的核心内容，构成了村镇体系的绿色基底。这个层面的绿地系统规划主要解决的是村镇体系空间下广域绿色大环境的保护和利用问题。通过“村镇绿地适宜性评价”的方法，寻求在村镇体系大空间下建立绿色网络的整体框架结构，从整体大空间体系入手形成村镇体系的绿地格局。该方法不但可以为村镇体系下的自然资源、生产资源、人文资源保护提供基本保障，还为村镇建设发展提供了自然资源和土地利用的科学依据，为村镇的发展方向提供了理性的视角。

对于村镇居民点层面来说，主要包括村镇体系下一般建制镇，乡村集镇和村庄居民点三个内容。通过运用“村镇绿地适宜性评价”方法，合理规划居民点范围内的绿地布局空间，改善居民点的人居环境，提供宜人的游憩空间并传承历史文脉。从规划内容上讲，该方法从保护、利用等不同的土地利用角度出发，构建村镇体系下各居民点最合理的绿地系统布局结构。这一阶段将直接影响到居民点内的绿地建设质量，甚至影响到整个村镇体系下绿地系统的建设发展。这一层面的绿地布局可以继续细化以指导具体的绿地设

图6-11 不同空间层次下村镇绿地网络布局方法的应用框架

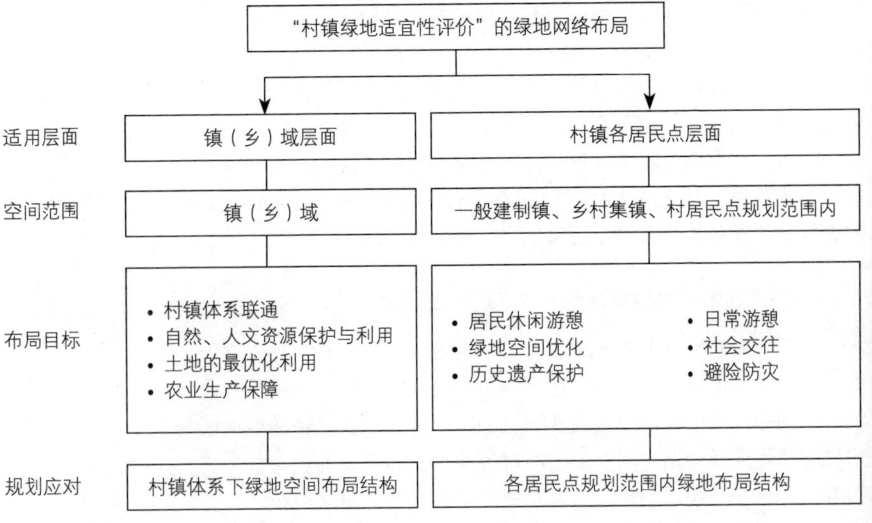

计，让居民点范围内的绿地融入区域的绿地网络结构中，能够满足生态、生产和生活等多种需求，让绿地发挥最大的效益。在村庄或规模较小的乡村集镇，由于尺度相对较小，因而这一阶段可以直接深化到绿地的详细规划阶段。

6.2.6　镇（乡）域层面绿地系统布局方法的运用——怀柔科学城科学田园专项景观研究

本研究以怀柔科学城为研究对象，以科学田园景观规划为研究切入点，以绿心串联城乡区域，作为城市中心和郊区村镇的过渡空间，利用绿色空间溶解城乡边界，通过改善整体景观风貌提升城乡吸引力，为城乡居民打造集工作、生活于一体的绿色源地，构建生态宜居范本。

1. 项目背景

怀柔科学城科学田园位于北京市东北部的怀柔科学城中部地区，距离中心城区大约50km，处于北京市怀柔区与密云区之间的核心地带，规划面积约32km²。怀柔科学城科学田园以广域林田生态空间为载体，西望雁栖长河、东眺密云组团，衔接多个规划后的科学城片区。科学田园规划范围包括26.6km²的非建设用地区域、5.4km²的城乡建设用地。创新是科学田园的显著特色和明显标志，其着力打造绿色生态、智慧人文、宜研宜读、宜业宜居的现代科学城市典范，创建蓝绿交织、山水林田共融的生态园区，建设绿色田园尖端科技创新孵化基地。

怀柔区非建设用地空间是承载首都生态涵养功能的重要组成部分，具有十分重大的生态意义。《北京城市总体规划2016年—2035年》提出未来北京将构建多类型、多层次、多功能、成网络的高质量绿色空间体系，不断扩大绿色生态空间，其中生态涵养区是首都重要的生态屏障和水源保护地，也是城乡一体化发展的敏感区域。

怀柔区属于生态涵养区，是首都北部重要的生态屏障和水源保护地，是京津冀西北部生态涵养区的重要组成部分，是保障首都可持续发展的关键区域。为了满足成为“首都北部重点生态保育及区域生态治理协作区，服务国家对外交往的生态发展示范区，绿色创新引领的高端科技文化发展区”的目标，怀柔区内的非城市建设用地承载着重要的生态提升、绿色涵养的功能。应坚持生态保育、生态建设和生态修复并重，持续加强水源涵养、流域治理、林地保育、废弃矿山修复，协同周边地区实施沙河、雁栖河等流域综合治理，推进水库上游地区生态保护和治污修复。统筹山水林田湖草等生态资源保护利用，严格保护生态用地，提升生态服务功能。推进绿化造林工程，统筹城镇组团间的大尺度绿色空间建设，在雁栖河、怀河、沙河、小泉河等滨河地区建设滨河森林公园及郊野公园，展现林海起伏、碧波叠翠的生态风景线，让绿满怀柔、蓝绿交织成为幸福美丽现代化新怀柔的生态底色。平原地区重点完善生态网络建设，构建系统稳定、物种多样的森林生态系统，提升农田生态效益。重点推动潮白河、雁栖河、沙河、怀河等河流生态岸线恢复和景观建设，实现森林绕城、水城交融、林田穿织的优美环境。

2．现状解读

（1）土地利用现状

城乡建设用地面积约5.4km²，非建设用地面积为26.6km²。在城乡建设用地中，居住用地面积约3.0km²，产业用地约1.9km²；在非建设用地中林地面积约8.9km²，耕地面积约9.6km²，水域面积约1.9km²。

对怀柔科学田园现状土地利用类型，如耕地、林地、水域、城乡建设用地、特交水建设用地等进行分析，发现现状耕地及城镇建设用地分布较广，林地及水体呈带状分布，且现存条件较差。

（2）自然资源梳理

1）地形地貌。科学田园位于怀柔南部，处于北京市总体规划的生态涵养区范围内。规划区域内部总体地势较为平坦，地形起伏不大，呈现北高南低的趋势，其间散落一些谷地和丘陵。

2）水系资源。规划区内自然河流贯通全域，水体资源较为充沛，水域面积约1.9km²，有河流、溪道等多种自然水体，同时有水网、沟渠等人工水利设施。沙河和牤牛河自北向南穿过科学田园区域，场地北部有京密引水渠，东部有干渠、云西排水渠。规划区红线外围更有众多河流小溪，共同形成水网，为科学田园的形成提供充足的水系资源基础。

3）林田资源。怀柔科学田园内部林地面积8.9km²，主要分布在西北侧的沙河与牤牛河交汇处、北部的京密引水渠周边、中部的农田用地周边以及道路两侧。

科学田园地区的主要林地类型包括生态公益林地以及一般林地两大类型，主要的树种包括国槐、柳树、毛白杨、侧柏、青杆等北京北部地区常见树种；林地资源分布相对集中，但片林面积小且相对较为破碎，有待整合与提升；森林类型比较单一，林地树种搭配不够合理，多采用单一树种集中连片种植的模式，林地层次单调，缺乏生物多样性，林木生长力和抗性不强，需要进一步完善提高其景观性和生态性。

规划区域内的耕地面积广阔，约有9.6km^2，主要分布在中部及东部。该地区的主要农作物为小麦、玉米、大豆等，其中玉米为种植面积最大的农作物。

4）野生动植物资源。规划区域所在怀柔区野生动植物种类多样，具有良好的生物多样性资源。怀柔区域内有野生动物188种，其中两栖类有3种，爬行类有14种，鸟类有139种，兽类有32种；同时包含材用植物、药用植物、果品类植物、观赏植物、蜜源植物等多种类型的野生植物资源。

（3）社会资源梳理

交通资源。规划区域内的道路主要分布在东半部，现状交通通达性较差，尚未形成完善的道路体系，有待结合现有交通路网组织特定的生态观光游憩绿道。科学田园区域内有两条主要道路穿过，公交站点主要集中在这两条道路两侧。现状乡村公路及居民点聚集区的村庄道路多为混凝土路面，其余小路大多为碎石路面或土路，路面条件有待进一步优化完善。

城乡建设用地。规划区域内村镇散布，主要包括仓头村、渤海寨村、西恒河村、水洼屯村、大辛庄村、沿村、宰相庄村、安各庄村、统军庄村、清水潭村等村庄，具有较为大的景观文化潜力。

服务资源。规划区域内有教育基础设施6处，包含幼儿园3处、小学3处；养老设施共6处，包含机构养老服务设施2处，农村幸福晚年驿站4处；村级公共文化设施共2处；社区卫生服务中心2处。现有的服务资源可为居民、科研工作者的各类需求提供便利。周边基础设施和游憩资源类型多样且较为分散。另有采摘园、农家乐、风景旅游区、文化活动中心等游憩资源，但此类资源数量较少、分布较分散。

3．方法运用

（1）生态适宜性评价

1）技术路线

生态适宜性是指在一个具体的生态环境内，环境中的要素为环境中的生物群落所提供的生存空间的大小以及与其正向演替的适合程度。对规划区域的生态适宜性进行科学合理的评价，是制定区域地质环境合理开发方案、保护生态环境的前提。

在环境的生态适宜性评价中确立评价指标体系是关键。首先确定评价因子，并将这些评价因子分为自然因素和社会因素，然后通过系统分析研究区域的生态环境特征，筛选出合适的评价因子作为评价指标。

生态适宜性的评价由评价因子及权重组成，评价因子包含高程、坡度、坡向、林地覆盖、水文等自然因素和用地类型、道路交通等社会因素。在对所有因素分析的基础上，通过对GIS数据加以叠加并进行深入分析，最终便会得出生态适宜性的整体评价与分析结果。

2）评价过程

通过文献查阅，利用层次分析法（AHP）、GIS分析平台，完成了适用于研究区域的评价因子选取及其权重确定。选择的主要因子包括高程、坡度、坡向、道路交通、用地类型、林地覆盖和水文等。对以上各个因子的评价结果赋予不同权重并进行叠加，最终得到整个区域的生态敏感性状况（表6-11）。

生态因子权重表 表6-11

生态因子	高程	坡度	坡向	道路交通	用地类型	林地覆盖	水文	权重比
高程	1	1/3	1/2	1/4	1/9	1/7	1/5	0.04
坡度	3	1	3/2	3/4	3	3/7	3/5	0.17
坡向	2	2/3	1	1/2	2/9	2/7	2/5	0.07
道路交通	4	4/3	2	1	4/9	4/7	4/5	0.12
用地类型	9	3	9/2	9/4	1	9/7	9/5	0.23
林地覆盖	7	7/3	7/2	7/4	7/9	1	7/5	0.22
水文	5	5/3	5/2	5/4	5/9	5/7	1	0.15

将各因子的评估分为低适宜性、中适宜性、高适宜性3个级别，并相应地赋予这些地区分值1、3、5，然后利用GIS技术进行数据分析。

①道路交通状况评估与分析

低适宜性区：距离道路100～300m范围内，噪声大、污染重，生态环境不佳。

中适宜性区：距离道路300～500m范围内，生态环境一般。

高适宜性区：距离道路500～800m范围以上，干扰程度小，生态环境良好。

结果表明，科学田园内距离道路最远的河流两岸绿地及林地受道路及通行车辆的噪声及尾气污染少、受干扰程度小，生态适宜性高，生态环境质量好，整体上优于距离道路较近的城市区域（图6-12）。

②用地类型状况评估与分析

低适宜性区：未来科学田园建设的主要区域，多为建筑用地及主要道路沿线。

中适宜性区：主要为裸地和草地，生态环境一般。

高适宜性区：主要为耕地和林地，广泛分布在区域内，生态环境良好。

结果表明，科学田园内耕地、林地和靠近水域的地区的生态适宜性最高，生态环境最为良好；而建筑量密集的建设区适宜性较低，生态适宜性较差（图6-13）。

③高程状况评估与分析

低适宜性区：主要集中于区域北部，占地小，分布少，生态环境不佳。

中适宜性区：主要分布在区域北部，占地广，生态环境较好。

高适宜性区：分布较少，但生态环境良好。

结果表明，科学田园多缓坡地区，中适宜性区域分布范围广，多集中在中部农田用地范围内，生态环境质量较好，优于最北部地区（图6-14）。

④坡向状况评估与分析

低适宜性区：坡向为西、北向，生态环境不佳。

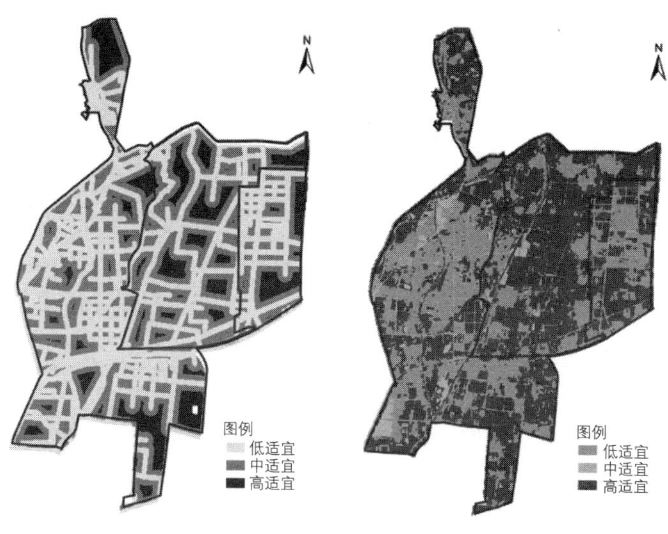

图6-12 道路交通状况评估与分析图（左）

图6-13 用地类型状况评估与分析图（右）

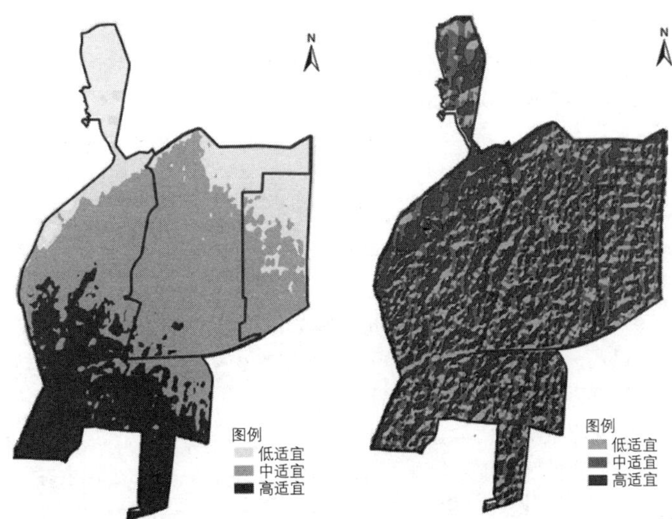

图6-14 高程状况评估与分析图（左）

图6-15 坡向状况评估与分析图（右）

中适宜性区：坡向为西南向，生态环境一般。

高适宜性区：坡向为东、南，平地，光照充足，生态环境良好。

结果表明，科学田园内靠近河流的带状区域生态适宜性强，生态环境优越、生物资源丰富；而其他区域多为中、高适宜性混合区域，生态质量较好（图6-15）。

⑤坡度状况评估与分析

低适宜性区：坡度较陡，主要分布在北部、东部，占地小。

中适宜性区：坡度中等，生态环境一般。

高适宜性区：坡度较缓，在区域内广泛分布，生态环境良好。

结果表明，科学田园全区域坡度较缓，生态适宜性强，生态效果好（图6-16）。

⑥植被种类状况评估与分析

低适宜性区：主要为科学城的建设用地，散点分布在区域内，占地小。

中适宜性区：主要为农田和草地，广泛分布在区域内，生态环境一般。

高适宜性区：主要为水域和林地，分布在区域中部，生态环境极好。

结果表明，科学田园河流附近及中部森林区域植物种类丰富，具有良好的生物资源和生态环境，生态适宜性极高，其他区域多农田和草地，植物资源较少，生态环境较为一般（图6-17）。

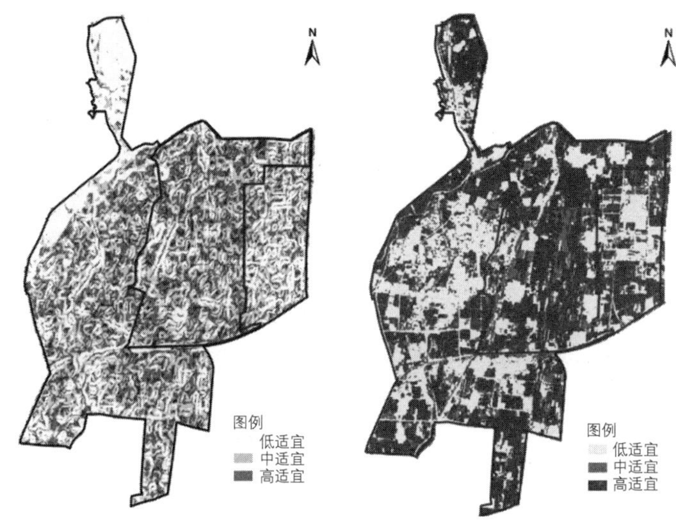

图6-16 坡度状况评估与分析图（左）

图6-17 植被种类状况评估与分析图（右）

⑦水文状况评估与分析

低适宜性区：离水域200～500m，呈现带状分布，生态环境不佳。

中适宜性区：离水域100～200m，呈现带状分布，生态环境一般。

高适宜性区：离水域100m范围内，呈现带状分布，生态环境良好。

结果表明，距离水域越近的带状区域生态适应性越高，生态环境越优质，生物种量越丰富（图6-18）。

3）评价结果

通过对高程、坡度、坡向、道路交通、用地类型、林地覆盖和水文这六大因子的各数据的权重加权分析，综合得出生态适宜性的评价结果，并将其分为低、中、高三个等级，并在针对每个等级进行详细分析后得出了评价结果。整体上，科学田园区域整体生态适宜性较高；其中，西北部和中部区域生态适宜性较高，城镇及边缘区域生态适宜性较低。现有农田、湿地、林地区域生态适宜性较高，具有较好的生态环境和生态调节能力，生态环境良好，生物资源丰富，小气候优良，生态基底较好；城市边缘和道路沿线整体生态适宜性较低，环境受到人类开发影响较大，易受到干扰破坏，应在遵循开发与保护并重的理念的基础上，进行区域重点保护。

科学田园内的生态低适宜区主要分布在人类聚居的城镇建设用地中，在进行城镇化建设时，应进行科学、合理的生态规划，严格控制建设用地占地面积。生态中适宜区分布在城乡用地中间过渡区域中，此类用地为控制开发区，区域生态环境较脆弱，较易受人类活动的影响，应遵循开发与保护并重的理念。而生态高适宜区主要分布在自然生态型的滨河与林地片区，生态环境良好，具有丰富的动植物资源和优良的小气候，此区域应视为生态保护区。

综合各项各类的生态适宜性分析后得出结论，科学田园生态适宜性较高、生态环境较好的区域主要集中在林地、水域、农田等自然生态空间（图6-19）。因此，如何保护和整治生态空间，如何利用良好的自然资源，如何充分发挥绿色山林、蓝色水域和基本农田的生态功能，是亟待解决的首要任务。

（2）以“绿林”为目标，开展林地空间综合整治

1）提高林地景观与生态

①林地景观质量提升

怀柔科学田园地区现有平原区绿化建设主要源于防护林建设，如沿河、沿路的林带和农田防护林网，有些片林面积小而破碎，森林类型比较单一。林地景观层次单调，缺乏生物多样性，林木生长力和抗性不强，需要进一步完善提高其景观性和生态性。林地景观整治应遵循以下原则：

推动林业产业结构调整，提高林地景观性和观赏价值。遵循森林生态系统经营的理论，优化森林生态系统格局，规划好各区域造林的主导功能，按照不同森林类型编制森林经营规划及方案。鼓励

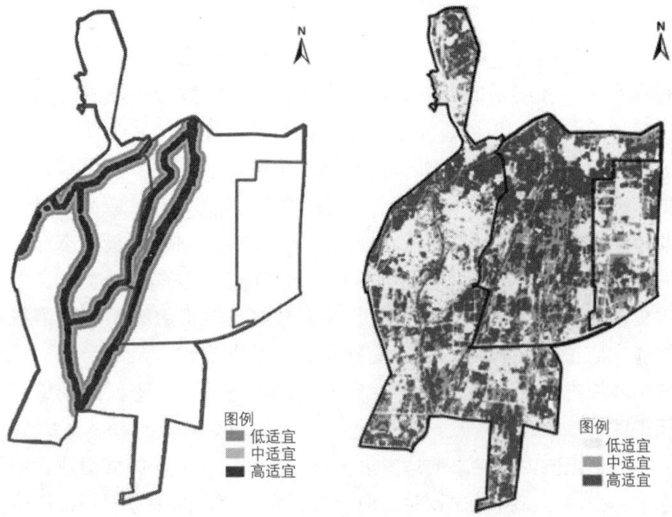

图6-18 水文状况评估与分析图（左）

图6-19 生态适宜性评价图（右）

种植具有观赏价值的树种，并结合美丽乡村旅游产业的建设，打造新的游赏景点。

恢复闲置、弃置场地的生态功能。对于破坏严重的林业地块回铺地表土，尽可能地恢复原有土壤的使用功能；其次，可进行植被恢复，以自然恢复过程的方式为主，通过种植野生耐旱的本土植物，依靠植物根系维持和恢复土壤的生命力，使弃置的土地恢复耕地或者林地的功能；在保留原有当地乔木植被的基础上，以乡土植物为主，采用“复层、异龄、混交”的造林模式，构建物种丰富的近自然地带性植被群落结构。

林地景观整治与美丽乡村建设相结合。建设生态林业景观，打造美丽乡村根基。充分考虑林地分布格局，分析现有景观要素及相互之间的空间、实践联系或障碍，提出优化方案，并充分利用场地现有的绿篱、湿地、林地、池塘等景观板块。在现有景观格局的基础上，引入新的景观板块，增加景观的多样性和异质性，为多种生物创造适宜的生存条件，进而实现林业生态系统的可持续发展。

②林地景观改造模式

依据林地周边不同的自然基底特征打造不同类型的林地景观风貌（图6-20），主要分为以下三类。

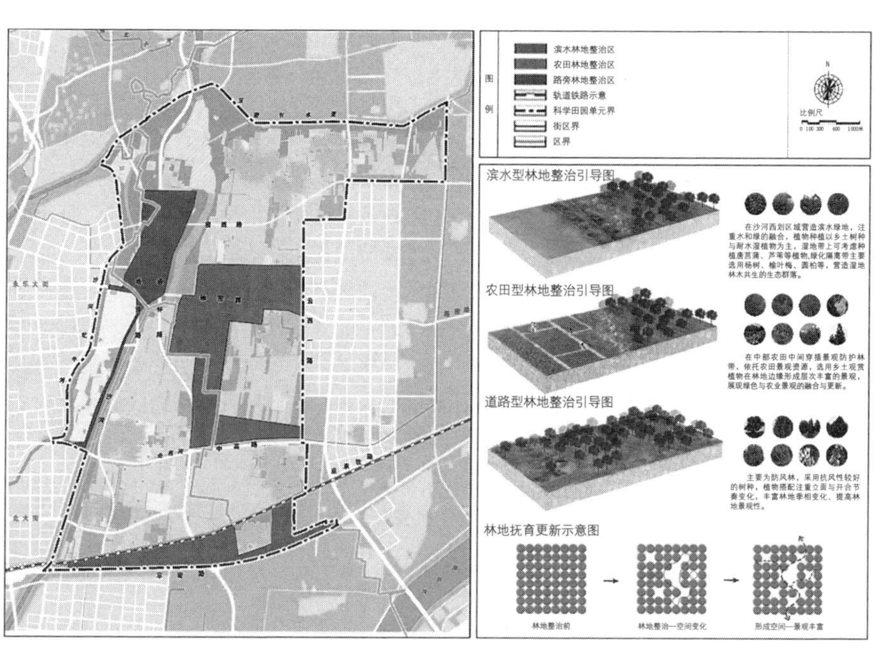

图6-20 林地整治引导图

滨水型林地。在沙河西侧区域营造滨水林地，注重水绿融合，植物种植以乡土植物与耐水湿植物为主，湿地带上可考虑种植唐菖蒲、芦苇等植物，绿化隔离带主要选择杨树、榆叶梅、圆柏等，整体打造湿地林木共生的生态群落。

农田型林地。科学田园的中部农田穿插着景观防护林带，依托现有的农田景观资源，选用乡土观赏植物在林地边缘形成层次丰富的景观，展现绿色林带与农业景观的融合与更新。

道路型林地。主要分布在道路两侧，多为防风林，采用抗风性较好的树种，植物搭配注重立面的节奏变化，在道路两侧形成形态多变、有着丰富季相变化的林地景观。

③具体举措

基于微地形、水文和土壤的具体要求进行播种。基于怀柔科学城科学田园地区土壤、地形、气候等条件，选择当地乡土植物，例如流苏树、柳树、槐树等植物种类。林地景观区除了增加防护树木以外，应适当增加经济树种和景观树种的种植，丰富林地季相变化、提高林地景观性。在水环境较好的地带补充种植水生植物，完善林田生态体系，提高景观多样性。

通过增加植物的多样性来增加野生动物栖息地。增加林带种植树木的种类，补充乔木、灌木、草本形成多层次植物组团，为不同生境的动物提供充足的栖息地，吸引野生动物定居、繁殖。

在生态交错带边缘管理外来物种入侵。在怀柔科学田园地区外围交错地带进行监测管理，实时防控野生动物的入侵繁殖，维护当地生态圈的生态平衡，保持食物链的完整性，从而保护生态安全。

保护敏感的栖息地，并用架高木栈道的方式以供观赏。在怀柔科学田园西北部森林湿地景观区严格保护生物栖息地环境，禁止一切破坏行为。可适当开发观赏湿地景观活动，采取架高木栈道的方式避免游客的使用对地面生境的破坏，同时解决汇水排水问题。

审慎保留枯树，增加林地空间异质性。在特定条件下，科学保留一定比例的枯立木、倒木、腐木，并采取谨慎的管理措施，确保不会因此引发林地整体健康的损害，在增加野生动物栖息环境的多样性的同时也增加了林地观赏的类型。枯死的枝干、落叶丧失了健康植物应有的抗虫害能力，更易遭受害虫侵害；而害虫易于啃食枯枝落叶，其生存需求得到满足，从而会大大减少对健康树木的侵害，使得健康树木能够形成良好的观赏效果，并和枯树形成鲜明对比，达到自然观赏、科普教育的目的。

发展下层林地植被的层次。增加林下种植层次，补充种植小乔木、灌木和草本植物，增加树种多样性，维护林带生态环境的稳定。

2）探索林地生态修复模式

林地生态修复主要是对林地及其生活环境的保护，是对受到破坏的林业用地的生态恢复和生境整治。在林地生态修复的建设过程中应禁止滥砍、滥伐林木等破坏行为，对已破坏的地区进行生态恢复，提高森林植被的覆盖率，建设连续的生态廊道。林地生态修复需要严格保护林业用地，确保生态安全。注重林地生物栖息地保护与森林自然景观生态构建。根据生态修复的作用原理，林地景观生态修复可以有以下几种修复方式：植物修复、生物修复和物理或化学修复。

①植物修复

植物修复是生态景观修复的基本形式。通过种植乡土树种、形成多样化的植物组团、提高绿地覆盖率，在提高植物多样性的同时提升景观质量，也为动物提供良好的生境条件。在生态环境治理中，从表面上来看，似乎主要是植物在起作用，但实际上在植物修复过程中，往往是植物、根系分泌物、根际圈微生物、根际圈土壤物理和化学因素等在共同起作用。总的来看，植物修复几乎包括了生态修复的所有机制，是生态修复的基本形式。

②生物修复

生物修复是生态修复的基础。生物修复是指利用生物特别是微生物催化降解有机污染物，从而修复被污染的环境或消除环境中的污染物。生物修复为一个受控或自发进行的过程，成功与否主要取决于以下3个方面：微生物活性、污染物特性和环境状况。通过投放微生物提高土地质量、增加土壤有机物并应监测相关数据，实时反馈林地状况，反映修复情况。

③物理或化学修复

对于污染程度较高且不适于生物生存的污染环境来说，生物修复很难实施，这时就要采用物理或化学修复的方法，尽量降低污染水平，若此时仍达不到修复要求，就要考虑采用生态修复的方法。而在生态修复实施之前，先要将环境条件控制在能够利于生物生长的状态。但一般来说，简单地直接利用修复生物进行生态修复，其修复效率还是很低的，这就需要采用一些强化措施，进而形成整套的修复技术。

3）提高林地综合效益

统筹协调规划区域农田，提出“林田+”复合发展概念，因地制宜引导基本农田的多元发展，构建林粮复合、林水复合、林旅复合、林禽复合、林药复合等复合利用新模式，探索怀柔地区区域高效现代农业新路径。

怀柔科学田园区域具有大面积林地产业，通过打造林粮、林畜、林禽、林菌、林药和林渔等发展模式，不仅可以改善土壤肥力，还可以高效利用林下空间，如利用林下空间种植喜阴农作物、中药材等经济作物等。

（3）以“丰田”为目标，开展农业空间综合整治

1）农地景观风貌提升原则

怀柔区特殊的历史文化背景与地理特征为形成良好的农地景观提供了现实支撑。农地景观应综合考虑周边村庄的地理区位、资源特色，与周边整体风貌相协调，赋予农地景观丰富深刻的人文内涵和地域特征。

促进农地景观生产性与审美性相结合，按照“宜农则农、宜景则景”的原则，对粗放散乱的田地进行整合美化，丰富农田景观的空间层次，满足参观、采摘农作物、浇水、施肥等农耕乐趣，让体验者感受到淳朴的田园气息。

2）农地景观风貌提升内容

依托科学田园的中心农林片区，突显林田交织的自然田园风景特色，并与周边科研区的现代风貌碰撞产生亮点。结合科学田园内现有村落与农田，种植多种农作物，形成大面积农田景观，局部区域借助农田塑造大地艺术景观，同时建立农田缓冲带、田埂等生态基础。梳理农田内部的道路体系，实现游览和农业生产的便捷易达同时又互不干扰，在道路体系当中引入绿道，增加人群的体验感。在农田区域形成具有现代特色的田园景观风貌，并依此提升科创区周边环境的整体品质。

（4）以“清水”为目标，开展水空间综合整治

1）规划自然型滨水岸线，塑造生态滨水空间

①生态滨水空间整治原则

滨水空间的重塑遵循生态性原则，以改善生态环境为核心、综合修复为指导，将怀柔科学田园的滨水空间看成一个有机的整体，结合周边的社会、文化、环境等因素做出适合科学田园特色的滨河空间规划；遵循空间性原则，在构建滨水空间新的模式体系的同时，还要做好与周边其他区域的衔接，尤其是整个科学田园的空间衔接关系，在滨水空间的改造与整治过程中需要渐进式地解决片区的发展矛盾。

②生态滨水空间整治内容

怀柔科学田园内主要打造两种不同的生态滨水空间，分别为湿

地生态景观空间与滨河游览景观空间。其中沙河与牤牛河分流处，展现绿洲群绕、芳草萋萋、水清林绿的生态湿地景观。人为介入生态修复，通过采用人工湿地等手段介入自然环境生态修复的过程，恢复、保护自然栖息地环境，设置少量远距离的游步道，打造人与自然和谐共生的湿地生态景观风貌。依托牤牛河及其沿线绿化景观，打造绿堤潆洄、波涛奔流的滨河游览风光，形成以水生植物为主的滨水景观带，利用水边栈道、景观平台等设施形成滨水线性休闲游览体系。

两种不同类型的生态滨水空间与周边农田肌理相融合，形成蓝绿交织、清新明亮的景观格局。

2）塑造景观风貌各异、生态质量较高的绿道空间

①滨水生态休闲绿道

滨水生态休闲绿道主要有两种模式，其一以沙河为主要依托，是紧贴驳岸的滨水步行道，驳岸以自然缓坡式为主，保证水体河岸原有的生态功能。慢行道以砾石道、碎石道、木栈道等生态材质为主要选材。植物种植以乡土滨水防护树种与耐水湿植物为主，水生植物可考虑睡莲、水葱等，水陆绿化缓冲带可种植唐菖蒲、马蔺等植物，隔离带可选用碧桃、白蜡、圆柏等植物种类。考虑植物层次上的丰富和季相搭配，营造良好的景观效果和水陆兼具的丰富的生态群落，在保护和恢复生态环境的同时为人们提供亲水的自然空间。

滨水生态休闲绿道的第二种模式以云西河为主要依托，滨水驳岸以人工性较强的硬质驳岸为主。选用杨树、榆叶梅、丰花月季、垂柳等营造绿化隔离带，绿化缓冲带主要选用圆柏和垂柳，水边和水中主要种植芦苇、水葱、金鱼藻等植物，在满足水体生态功能的同时，打造亲水平台，赋予绿道休闲娱乐的功能，使水体与周边环境融合在一起，为人们提供一处宜人的亲水空间。

②田园农业体验绿道

田园农业体验绿道设置在区域内农田分布密度较高的平原地区，依托农田景观资源和近郊农业的发展，以防护功能与农田景观观赏体验为主。慢行道路以砾石、碎石等材质为主，保证通行的同时提升雨水渗透率。绿道周边以农田植物种植为基础，形成富有高低层次的农作物景观，绿化隔离带以乔木与地被为主，可选用国槐、沙地柏等植物，保证农业田园基本生产功能，在提供道路间绿色防护的同时提升区域景观效果。

③森林观光游憩绿道

依托区域内林地资源，开拓林间观光游憩绿道。以人行道组织的慢行道系统为主，贯穿机动车道，沿线布置相应的游客服务站与

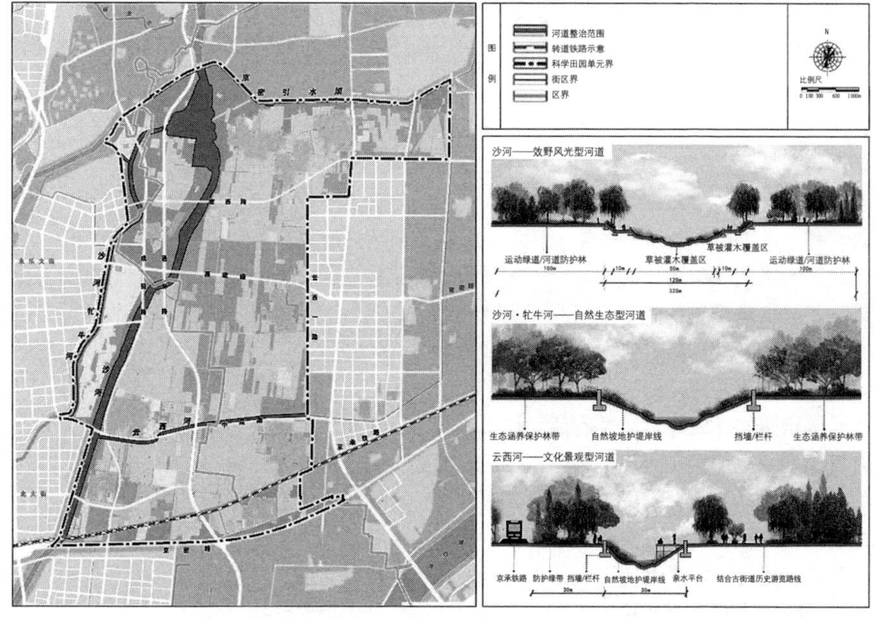

图6-21 河道整治引导图

休息处，保证出行居民能够有休息停留空间。注重植物景观的营造和季相结合，选用遮阴效果较好的树种和观赏性较强的树种，考虑常绿树与落叶树、观花与观叶植物相互搭配，打造四季有绿、常有花开的森林观光游憩绿道。

科学田园河道整治见图6-21。

6.2.7 村镇居民点层面绿地系统布局方法的运用——漠河北极镇镇区绿色廊道规划研究

村镇居民点是指村镇体系下的一般建制镇、乡村集镇和村，它们是村镇空间内居民的各种集居地。各种居民点都是社会生产发展的产物，它们既是村镇人们生活居住的地点，又是从事生产和其他活动的场所。村镇居民点的绿地系统规划是村镇建设发展的重要实施计划。通过居民点绿地布局和安排来改善村镇人居环境和景观风貌，利用居民点绿地资源为居民提供日常交流和休闲游憩的户外绿地空间，并积极保护村镇居民点的地域文化，同时兼顾村镇居民点的社会、经济和生态的多重效益，确保居民点的均衡发展。

相对于镇域大空间，村镇居民点内人、自然和土地的关系更为复杂，尚待解决的问题更为棘手。因此，居民点层面的村镇绿地系统规划与村镇居民关系最为紧密，规划目标也比较明确，解决的问题也更贴近村镇居民日常的生活生产实际，能够直接影响到村镇的人居环境质量。

北极镇是中国最北的镇，位于东北三江平原北端、黑龙江河谷平原腹地。由于受大陆性气候影响，该镇具有黑龙江沿江平原的温和性小气候特点，土地肥沃，自然资源丰富，是具有典型东北平原特征的绿色小镇。北极镇并非一般意义上的镇，其丰富的自然资源和环境条件让其绿地系统规划不能简单地遵循一般的村镇绿地系统规划方法。量体裁衣、重点突出，根据北极镇的特点和实际需要来确定绿地系统规划内容并进行合理操作是北极镇镇区绿地系统规划的重点。受漠河市北极镇政府的委托，北京林业大学园林学院承担了《漠河北极镇镇区绿地系统规划》课题，笔者作为课题负责人，有幸参与了其中主要的工作。

本研究以北极镇镇区绿地系统规划为研究对象，以镇区绿色廊道规划为研究切入点，从构建村镇居民点绿地连接网络的角度，对本研究所提出的村镇绿地系统布局方法进行进一步分析和阐述。

1. 项目背景

北极镇地处我国最北端，处于东经122°21′05″至122°21′30″，北纬53°27′00″至53°33′30″之间。北极镇位于漠河县城西北部，是北极镇政府所在地，与漠河县政府所在地西林吉镇相距约98km，其间有漠北公路与县城、机场相接，依托县城其他交通如公路、铁路、水运与空运航线，可达北京市、黑河市、哈尔滨市、佳木斯市等地。镇区地处黑龙江上游南岸、大兴安岭山脉北麓的七星山脚下，与俄罗斯阿穆尔州隔江相望。镇区被黑龙江所环抱，漠河和十里长湖水系由西北向东南穿过镇区南部。北极镇因其独特的北极光和白夜的自然天象景观，已成为我国最北端的旅游胜地。

漠河北极镇镇区绿地系统规划研究是一个十分复杂而又综合的专项研究课题，其关键在于充分结合北极镇的特殊的现状条件和未来发展方向，在村镇人居环境建设方面，重新审视镇区绿色空间格局的发展方向。而根据北极镇沿黑龙江平原带状布局的特点，镇区建设用地、农林用地、游憩景点等都沿江分布，由此可以充分发挥这样的空间特征建立合理的绿色廊道体系，整合镇区内的水系廊道、生物多样性保护廊道、风景游憩廊道、交通廊道、农业生产设施廊道等，构建独具地域特征的绿色基础设施网络结构。在保证山水生态廊道连通性的同时，为居民提供高品质的绿色空间，促进镇居民交流沟通等其他多种服务，满足镇区发展的多重需求。

可见，北极镇镇区绿色廊道规划是构建镇区绿色基础设施网络结构的基础，也是基于绿色基础设施理论的北极镇镇区绿地系统规划任务的重中之重。而镇区绿地又是村镇体系绿地系统的重要组成部分，其建设的质量直接关系到村镇体系环境的整体发展，所以，本次北极镇镇区绿色廊道规划实践具有十分重要的实践意义。

2．意义与目标

北极镇镇区绿色廊道规划将积极应对北极镇绿地系统建设过程中的各种挑战，旨在解决北极镇在建设开发中日益严峻的生态问题，深入挖掘具有北极镇特色的生态文明内涵；通过镇区居民点绿色廊道规划构建镇区绿色基础设施网络体系，展示北极镇独特的自然魅力，构建北极镇完整的生态景观体系；实现村镇生态、社会、经济的协调和可持续发展。而这一规划也将为北极镇建设“生态旅游名镇”提供科学依据和技术支持。笔者尝试在北极镇绿色廊道规划中融入绿色基础设施理论，在对北极镇现状条件及资源现状进行研究基础上，从构建镇区绿色基础设施网络结构的角度出发，运用“绿地适宜性评价”的绿地布局方法对镇区绿色廊道进行规划，指导北极镇镇区绿地空间的实施建设。

作为北极镇可持续发展所依赖的支撑系统，基于绿色基础设施理论的镇区绿色廊道规划目标包含以下三点：①整合北极镇镇区的生态人文资源，构建一个健康的、人性化的、生态和谐的开放空间，为北极镇营造一个舒适宜人、景观丰富的综合绿色廊道；②具有北极镇典型地域特征，形成大兴安岭北坡生态多样性系统的展示场所；③镇区绿色廊道将成为北极镇其他建设项目的指导性和基础性规划。从更大意义上来说，北极镇镇区绿色廊道规划是在北极镇现代社会构建、经济发展下新的村镇绿色功能支撑体系。

3．现状解读

北极镇地区冬季漫长，寒冷多雪，大部分时间被茫茫冰雪覆盖，是寻求寒冷刺激的冬季旅游胜地；夏季则呈现草长莺飞的绿色景象，是清凉避暑的好去处。在地理位置上，北极镇位于大兴安岭北坡，寒带自然生态环境良好，整个规划区林海雪原的自然风貌既淳朴又富有特色。独特的地理位置和地域环境让北极镇的城镇品牌早已蜚声中外。

（1）现状竖向高程分析

北极镇位于三江平原北端，南靠大兴安岭北麓，北依黑龙江，镇区建设用地沿江分布，镇区范围内高程由南向北、由山地向河谷地带逐渐降低（图6-22）。

（2）现状地形空间分析

北极镇除镇区西侧拥有山地外，其他均为沿江平原，地形较为平坦（图6-23）。

（3）现状水系分析

北极镇镇区森林植被、河流水系数量众多，自然资源丰富。北极镇镇区北侧临中俄界河——黑龙江，南侧是由南山山体汇水所形成的十里长湖水系，并拥有一定规模的湿地资源（图6-24、图6-25）。

（4）现状游憩分析

北极镇的文化特色别具一格，极北文化、塞北民俗文化等极具

图6-22 现状竖向高程图（图片来源：漠河北极镇镇区绿地系统规划）

图6-23 现状地形空间图（图片来源：漠河北极镇镇区绿地系统规划）

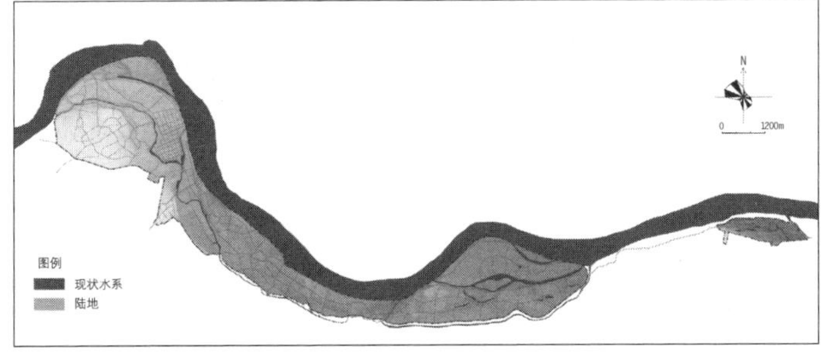

图6-24 现状水系图（图片来源：漠河北极镇镇区绿地系统规划）

浓厚地域色彩的人文景观与北极镇的天然原生态风景交相辉映，现有“极北十景”均分布于北极镇镇区内（图6-26）。

4. 方法运用

北极镇居民点（镇区）绿地布局研究框架如图6-27所示。

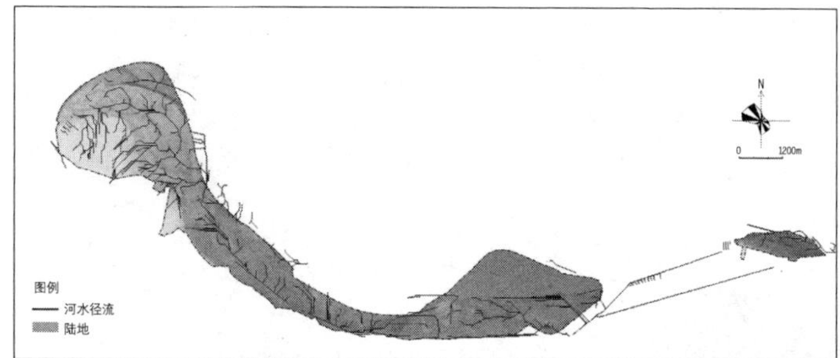

图6-25 现状径流分析图（图片来源：漠河北极镇镇区绿地系统规划）

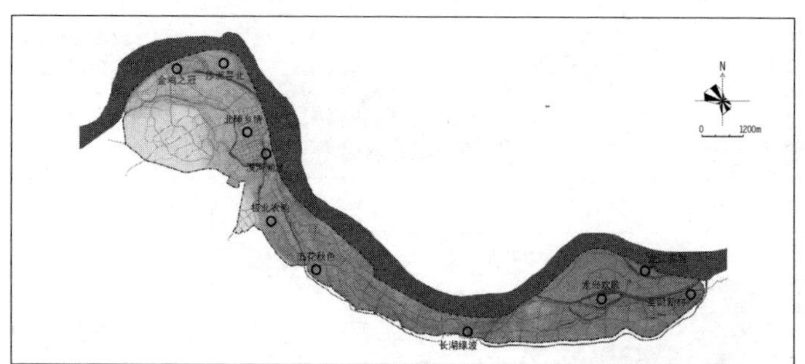

图6-26 现状游憩点分布图（图片来源：漠河北极镇镇区绿地系统规划）

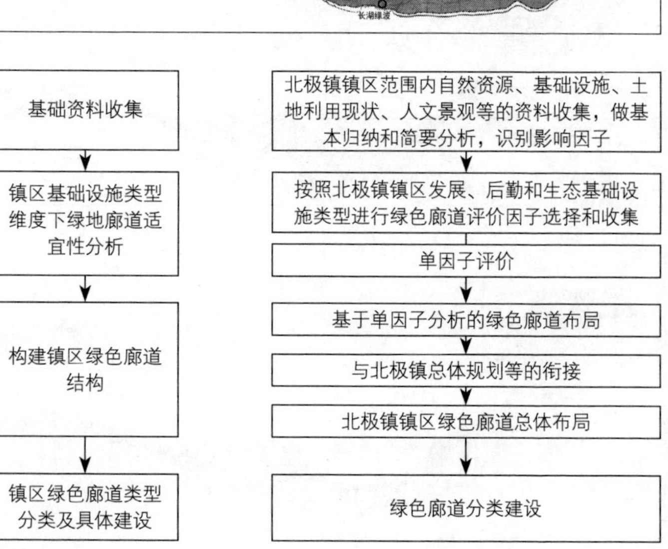

图6-27 村镇居民点（镇区）绿地布局研究框架图

（1）影响因子

根据本研究所提出的“村镇绿地适宜性评价”绿地布局方法，依托北极镇镇区现状条件，在村镇发展、后勤和生态基础设施三种维度下梳理北极镇绿色廊道构建的影响因子，分别选择不同基础设施维度下的影响因子作为代表，进行单因子的分析评估（表6-12）。

北极镇镇区绿地布局影响因子一览表　　表 6-12

基础设施类型	绿色廊道影响因子识别
发展基础设施维度	村镇建设用地
后勤基础设施维度	游憩体系
	交通体系
生态基础设施维度	水系廊道

资料来源：笔者自绘。

（2）绿色廊道适宜性分析与评价

1）发展基础设施维度——村镇建设用地

北极镇用地发展受南山、河流（界江、漠河及十里长湖）等自然条件限制，镇区沿界江作“带状组团”式发展，组团间由绿地、河流及森林分隔。北极镇用地类型以文体科技用地、医疗保健用地、商业金融用地、居住用地和绿地为主。

依镇区的功能区划分，居住用地分为三个片区，分别为北极镇老城居民片区、新村东南安置片区和龙岛西侧新建居住片区（图6-28）。北极镇老城居民片区以保护、整治为主，以延续原有村貌的同时改善人居环境；新村东南安置片区主要用作村民安置用地，开发低层和多层住宅；龙岛西侧新建居住片区以多层居住用地为主，建设生态居住区。

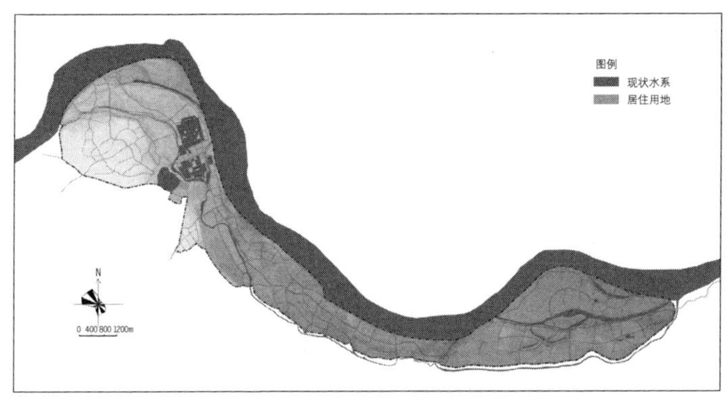

图6-28 镇区规划居住用地图（图片来源：漠河北极镇镇区绿地系统规划）

北极镇镇区绿地系统规划应在遵循大的森林生态网络基础上，延续自然生态系统的规划原则。主要通过十里长湖绿带、山体森林带、界江沿岸绿带等几条大的绿林网带，将森林、湿地等自然空间引入到镇区中来，并在今后的发展中完全保留这些自然的联通网络。北极镇镇区规划绿地已具“两带、六廊”的雏形（图6-29）。“两带”分别为黑龙江滨水绿带和十里长湖滨水绿带所形成的外江内湖、长短呼应的两条滨水生态绿化景观带；“两带”串联起纵向的“六廊”，6条南北向的绿色通廊分别位于北极镇、农业观光区、十里长湖公务接待区以及龙岛东侧。通廊是山体楔形绿地的延伸，是镇区南北通透的6条生态视线廊道，是联络南北“两带”的桥梁。

基于上述对北极镇镇区建设用地的分析，镇区绿色廊道应该充分利用镇区周边的自然风貌和绿地格局，尽量延伸到居住用地，连接各类绿地和学校、商场、社区文化中心等主要的公共设施（图6-30）。

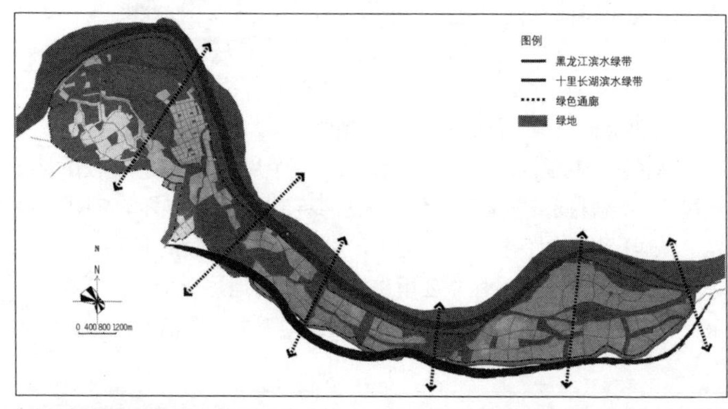

图6-29 镇区规划绿地图（图片来源：漠河北极镇镇区绿地系统规划）

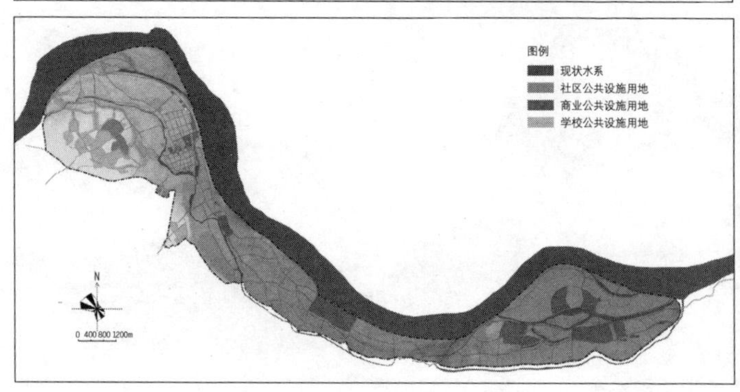

图6-30 镇区规划公共设施用地图（图片来源：漠河北极镇镇区绿地系统规划）

2）后勤基础设施维度——交通体系、游憩体系

基于北极镇镇区布局特征，镇区整体道路结构为环状和方格网状的叠加格局。道路组织以非机动车和公交导向为原则，在生活性道路设计中强化人车混行的共享型交通理念。

作为旅游名镇，北极镇在旅游服务和设施建设中应体现生态环保观念，城镇内的道路严格控制外来车辆行驶，推行使用混合动力车、电动车、自行车以及步行等环保方式。镇内道路交通以环保车辆与步行交通为主，分为主干路、干路和支路三类体系。

主干路红线宽度为24m，机动车车行道14m；干路红线宽度为17m，机动车车行道10m；支路红线宽度为14m、10m，机动车车行道7m。

绿色廊道的建设必须依托北极镇镇区完整而健全的道路体系（图6-31），建立联系整个镇区内外及各旅游景区、度假区之间的绿色动线，构建便捷、快速、立体的复合型绿色网络体系，实现北极镇镇区绿色廊道与镇区其他功能区的无缝化对接。反过来，镇区绿色廊道规划也促使交通体系充分融入镇区绿地空间和游憩景点之中，实现交通对绿色廊道建设的支撑和促进作用。

以北极镇“极北十景”为主体形成的北极镇镇区游憩体系，整合了北极镇已有的游憩景点，延续了北极镇特色的极北文化和圣诞文化，同时也深入挖掘北极镇区域的特质内涵（人文、历史、自然

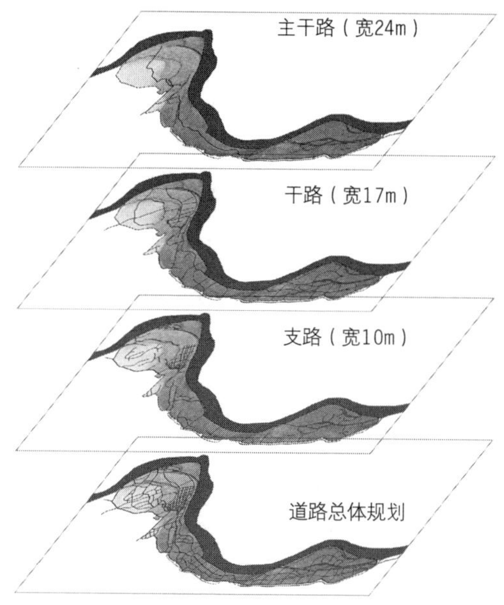

图6-31 镇区道路等级分析（图片来源：漠河北极镇镇区绿地系统规划）

等），将北极镇品牌深化和提升，可谓是北极镇的景观风貌和地域特色的缩影和最佳诠释。“十景”分布于整个镇区范围内，既有建设用地内的历史民俗景点，也涵盖了建设用地以外的农田、湿地和森林，它们所构成的绿色廊道必将成为具有高识别性和地域性的游憩体验廊道体系。

北极镇“极北十景”包括：金鸡之冠、沙洲寻北、北陲乡情、漠河溯源、极北农韵、五花秋色、长湖绿波、龙江霁雪、龙岛欢歌和圣诞新村（图6-32）。

3）生态基础设施维度——水系廊道

北极镇水资源丰富，除了黑龙江之外，镇内的主要河流还有漠河水系和十里长湖等。黑龙江和十里长湖两条主要的水系廊道成为镇区南北主要的生态保护廊道和景观游憩廊道。在北极镇老城和龙岛区域建设用地内还存在一些泄洪渠，实现了从南侧山体向黑龙江的泄洪。在未来村镇建设发展中，应该通过水系廊道构建线性绿色开放空间（图6-33），从而实现镇区水资源良好保护的目标。而绿色廊道的建立同样可以整合沿水系廊道所形成的连通性空间，借助

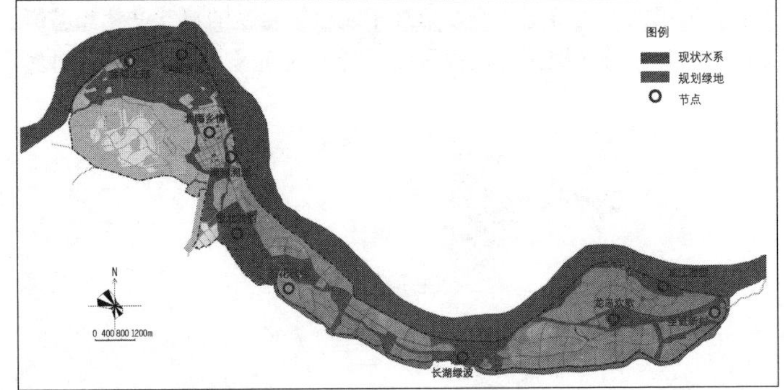

图6-32 镇区游憩绿色廊道体系（图片来源：漠河北极镇镇区绿地系统规划）

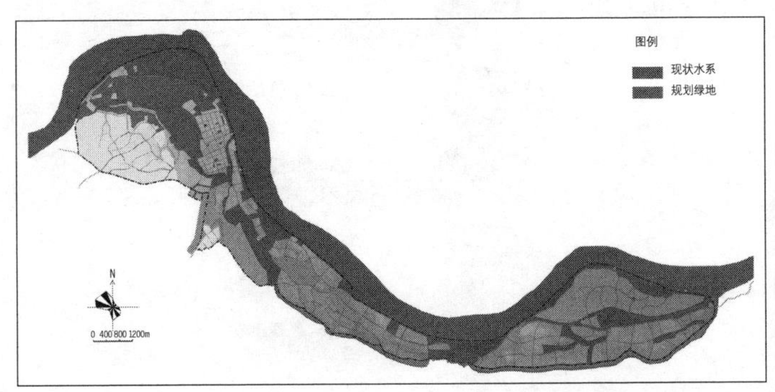

图6-33 镇区水系绿色廊道体系（图片来源：漠河北极镇镇区绿地系统规划）

现状水系和周边良好的绿色环境，与镇区其他绿色空间联系在一起，共同为镇区居民提供可达性较强的公共活动空间。

（3）北极镇镇区绿色廊道的确定

基于上述发展、后勤和基础设施维度下的绿色廊道分析和评价，可以初步规划出北极镇镇区内以交通网络、水系网络等为主体，并渗透到镇区建设用地内部，沟通镇区内外的绿色廊道。它不仅是连接镇区内外重要的生物廊道，局部也可以成为供居民步行和自行车专用的绿色休闲空间。

北极镇镇区绿色廊道作为绿色基础设施网络结构的连接通道，构建起整个北极镇镇区的绿地网络体系（图6-34）。它基本满足了以下四方面的需求：一是充分利用镇区现状水系的自然条件，连接重要生态区域，为野生动植物创造生态走廊，为人类创造亲水空间；二是连接了镇区内各类重要的公共设施，为居民出行提供了便捷舒适的交通廊道；三是通过镇区居住用地内的绿地建设让绿色廊道尽可能地延伸至基础设施内部，积极地将镇区中外向型的公共生活生产空间与内向型的居民生活空间相融合，营造和谐的生活环境；四是将镇区建设用地内部绿地空间与镇区周边自然环境及生态核心区相互串联，形成镇区内外能量交换和物质流通的重要廊道。

建立在土地利用最优化、绿地效益最大化的绿色基础设施规划

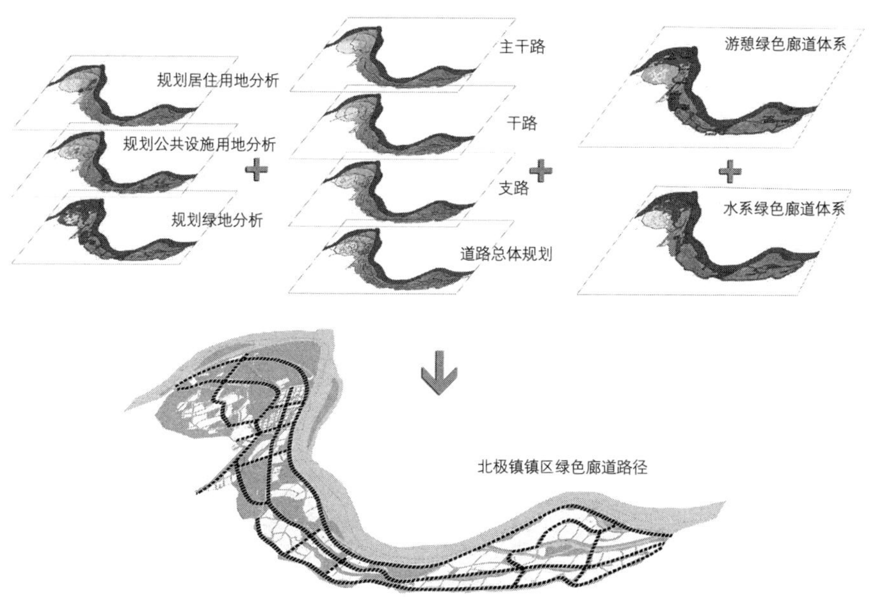

图6-34 北极镇绿地网络布局图

原则基础上的镇区绿色廊道成为一个可以全面提升镇区居民的绿色生活质量、完善镇区生态功能、强化地方自然风貌特征、提升绿色生态发展品位的城市绿色线性网络，为最终构建北极镇镇区绿地系统网络结构打下了坚实的基础。

作为绿色基础设施网络结构中重要的连接通道，北极镇镇区绿色廊道规划是北极镇镇区绿地系统规划的重要环节。本次规划已摒弃以往“绿地填空城镇建设用地”的旧思维，提出并贯彻落实“绿色自然为底、规划用地填充”的绿地规划理念，以实现“林绕城植，城在林中”的绿地网络格局。通过林地的优化与补充，建立连通镇区内绿地与镇区外自然山林的绿色廊道，将周边生态资源引入北极镇，构建以“山水为底、林城交融”的城市生态资源本底，强化北极镇“林城一体”生态大环境。而在“城在林中，城在园中”的生态格局逐步形成的同时，林城交融的模式也提升了北极镇镇区内的绿色环境质量，为北极镇村镇提供更多的休闲、游憩、度假的绿色生态环境，凸显北极镇的“生态品牌”。特别在北极镇老城区域，在规划中将北极镇老镇的生态修复和老城外围的生态环境建设相结合，重建北极镇北部区域的生态景观格局。老城区域以街道绿化和邻里绿地为绿色空间基础，构建老城的绿地网络体系。北极镇镇区绿色廊道的构建打造北极镇“林围城、林抱城”的绿色网络体系格局，同时也是绿色基础设施网络结构规划的实践；它与北极镇未来生态低碳旅游发展蓝图相协调和呼应，成为北极镇“绿色发展、生态优先”的行动导则，将有利于在北极镇其他规划建设中村镇合理用地开发和发展的引导，确保生态资源的保护与结构的完善，最终实现绿色廊道规划的综合效益（图6-35）。

（4）北极镇镇区绿色廊道的分类

绿色基础设施理论下的北极镇镇区绿色廊道具有良好的连通性、开放性和生态性。基于北极镇镇区绿色廊道的基本形态和景观结构，结合北极镇的自然和人文内涵以及绿色廊道所串联的区域，本次规划作了进一步探索延伸，将连通北极镇绿地系统结构中各大中心控制区的绿色廊道等连接通道进行分类（图6-36），并进行具体的概念设计。

1）龙江滨河绿色廊道

龙江流域环绕着北极镇，为北极镇提供了良好的生态资源和景观游憩资源。从北极沙洲到龙岛区域长约19km的滨江沿线成为一条天然的生态绿色廊道和景观展示廊道。规划结合龙江河漫滩、龙江滨河绿带和滨江游步道体系，打造一条线性绿色廊道，不但能

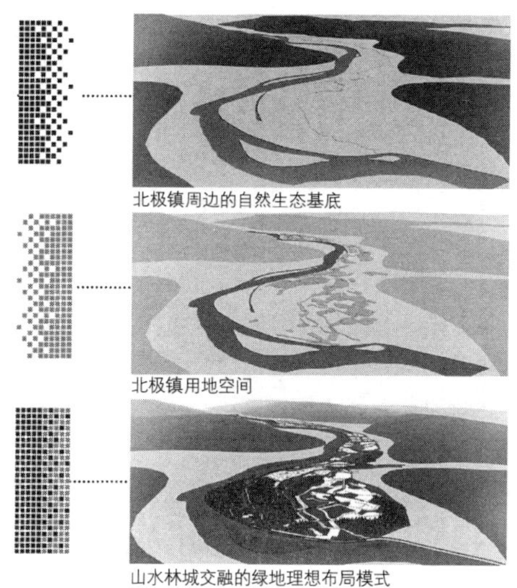

图6-35 北极镇绿地理想布局模式（图片来源：漠河北极镇镇区绿地系统规划）

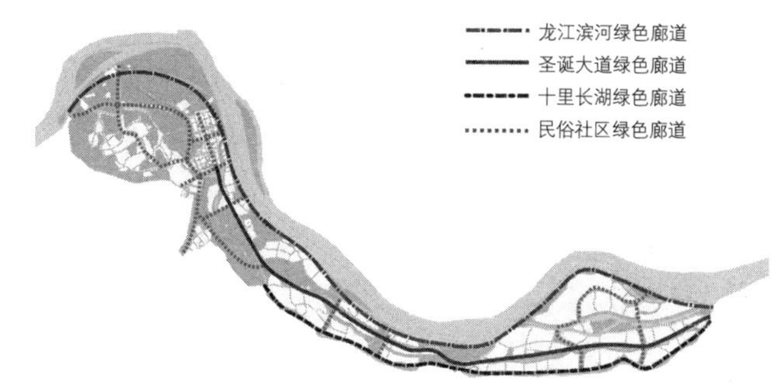

图6-36 北极镇镇区绿色廊道分类（图片来源：漠河北极镇镇区绿地系统规划）

够创造良好的绿色环境，增加北极镇沿江的景观多样性，因地成景，形成北极镇靓丽的滨河绿带；还能够维持龙江完整的生态系统，丰富生物生境，增加物种的多样性。龙江沿着北极镇向东流经规划区的四个区域，规划中根据不同区域的属性和功能赋予了滨江绿色廊道不同的景观风格，创造出具有地域特色与时代特色的沿河景观绿廊，并使景观与廊道的生态功能和游憩功能相互协调(图6-37)。

2）圣诞大道绿色廊道

在《北极镇总体规划（2011—2030）》中规划有一条贯穿北极镇东西的主干道——圣诞大道，它不但是一条交通干道，更是一条能够串联重要绿色空间，减少因镇区开发而带来绿地景观破碎化负面影响的绿色生命线。圣诞大道串联北极老城、公务接待新区、龙岛商务区和圣诞村，贯穿了城镇、农田、河滨和自然林地等多类型用地，不同的生态类型通过这一条极北的绿轴联系在一起；将城镇街旁绿地、带状公园等城市绿地与农林用地、自然林地等有机融合在一起，边与周边居住用地、公共设施用地等其他用地彼此联通，为居民日常生活和生产工作提供了连接通道（图6-38）。另外，在规划中，将圣诞大道生态林道作为北极镇特色文化的展示廊道，将极北独特的民俗文化、圣诞文化等融入绿色廊道规划之中，通过绿地的串联将自然景观和人文景观连接起来，让绿色廊道成为延续地域文化和历史文脉的载体。

3）十里长湖绿色廊道

十里长湖是北极镇镇区南侧自然山体积水形成的天然湿地，是山体自然与北极镇镇区之间的生态过渡带。带状的绿色空间布局形态和北国特色的湿地风光及绿色资源让这里成为最具有原生态自然特色的生态廊道，其是镇区南侧的生态屏障，同样也是一条景观展示廊道。规划中充分利用现有的自然资源，突破长湖现有景观观赏季节短暂和景观环境单调的局限，将四季丰富的景观变幻融入长湖自然风光中。将十里长湖重新提升为一处季季是景、处处是景的自然山水绿色廊道。以低干扰、低介入的景观设计手段，在尊重现状自然环境的前提下，在靠近建设用地的位置合理进行人工景观引导，使游人能够便捷地进入十里长湖区，提升十里长湖绿色廊道的可达性（图6-39）。

图6-37 龙江滨河绿色廊道剖面图（图片来源：漠河北极镇镇区绿地系统规划）

图6-38 圣诞大道绿色廊道剖面图（图片来源：漠河北极镇镇区绿地系统规划）

4）民俗社区绿色廊道

北极镇镇区中的街道空间尺度宜人，具有典型的北国乡村气息环境氛围。北极镇村镇街道体系也是镇区重要的基础设施，它以一种网络化的空间结构出现。纵横交错、相互交叉的道路网络体系也为绿地空间的网络化提供了可能。北极镇镇区民俗社区绿色廊道是依附于北极镇镇区交通网络体系下的绿色景观廊道。规划站在宏观的战略高度，通过构建北极镇民俗社区绿色廊道弥补了北极镇老城中建设用地有限、面状绿地空间紧缺的缺陷，运用“以绿线串绿点”的模式将北极镇区域内的道路绿地、街旁绿地和宅前绿地等进行整合，形成体现镇区社区尺度和风貌的线性景观廊道。不但合理地提升了城镇内的绿地率和绿化覆盖率，优化了绿地服务半径范围，将传统园林中的“不出城郭而获山林之怡，身居城内而有林泉之趣”的意境进行规划实践；同时也通过绿色廊道的建设将镇区内各类绿地斑块和外围自然山体相连接，提高了镇区整体的绿色环境质量（图6-40）。

图6-39 十里长湖绿色廊道剖面图（图片来源：漠河北极镇镇区绿地系统规划）

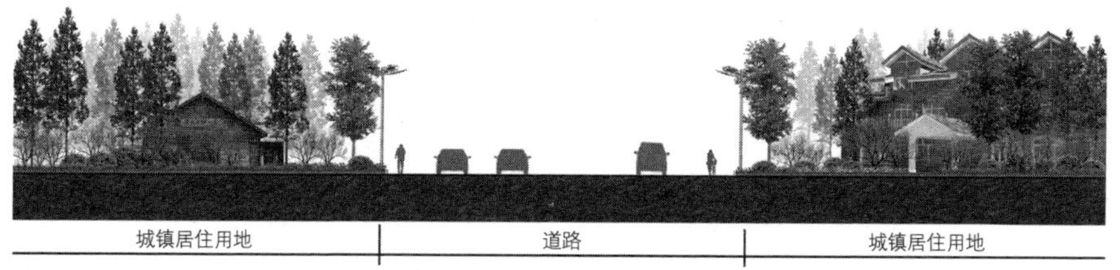

图6-40 民俗社区绿色廊道剖面图（图片来源：漠河北极镇镇区绿地系统规划）

6.3 基于“绿色基础设施网络连接度”的村镇绿地系统指标评价途径

6.3.1 我国村镇绿地系统指标评价的现状及分析

1. 现阶段我国村镇绿地系统指标评价的现状

目前，我国村镇绿地系统规划尚未形成一套完整的衡量与评估指标体系，仅仅是针对镇、乡和村庄单个居民点的绿化指标。究其原因，主要有以下几点：第一，和村镇绿地系统规划所面临的问题一样，由于长期以来我国规划界“重城镇、轻乡村”，导致村镇绿地系统规划的缺失和滞后，村镇绿地系统规划指标评价方法的落后与空白随之而来。第二，就我国村镇的现实来说，由于我国地理上幅员辽阔，各地经济发展不均衡，导致我国不同区域的村镇在发展状况、人口规模等方面差异很大，村镇绿地系统规划只能针对单个居民点，通过参考城市绿地评价体系来设立指标。第三，由于我国城镇化发展速度较快，各种“改县建市”“撤乡建镇”的体制改革使村镇的行政区划和土地管辖所属等方面存在极大的不确定性和易变性，这导致村镇绿地系统评价指标没有落地实践的基础条件。

从笔者所掌握的资料来看，我国现阶段村镇绿地系统规划指标评价中针对居民点绿地进行评价，主要还是依据我国城市绿地系统规划的传统“三大指标”的方法。

（1）《镇规划标准》GB 50188—2007相关指标要求

比如在《镇规划标准》GB 50188—2007 5.3（建设用地比例）条中，对镇区建设用地中公共绿地的比例作了规定，如表6-13所示。

《镇规划标准》绿地相关指标 表6-13

类别代号	类别名称	占建设用地比例（%）	
		中心镇镇区	一般镇镇区
G1	公共绿地	8～12	6～10

资料来源：《镇规划标准》GB 50188—2007。

该标准还指出，邻近旅游区及现状绿地较多的镇区，其公共绿地所占建设用地的比例可大于上述所占比例的上限。

（2）《国家级生态乡镇申报及管理规定（试行）》相关指标要求

我国环境保护部门也积极提倡村镇开展“国家级生态乡镇”及“国家级生态村”等的建设。国家环境保护总局于2002年发布的《全国环境优美乡镇考核验收规定（试行）》中的部分指标已无法满足当前农村环境保护工作的形势需要，已不适合各地的现实特点。为贯彻落实全国农村环境保护暨生态建设示范工作现场会议精神，加快农村环境保护工作的推动，建设农村生态文明，中华人民共和国环境保护部按照转换生态建设示范工作思路的原则，于2010年将《全国环境优美乡镇考核标准（试行）》更名为《国家级生态乡镇申报及管理规定（试行）》，并进行了修订。

在《国家级生态乡镇申报及管理规定（试行）》中针对生态保护与建设部分所拟定的评价指标，对乡镇绿地建设提出了一些指标要求（表6-14）。

表6-14中指标的具体解释及说明如下。

1）人均公共绿地面积

指标解释：人均公共绿地面积指乡镇建成区（中心村）公共绿地面积与建成区常住人口的比值。公共绿地，是指乡镇建成区内对公众开放的公园（包括园林）、街道绿地及高架道路绿化地面，企事业单位内部的绿地、乡镇建成区周边山林不包括在内。

数据来源：县级以上城建部门。

2）主要道路绿化普及率

指标解释：指乡镇建成区（中心村）主要街道两旁栽种行道树（包括灌木）的长度与主要街道总长度之比。

数据来源：县级以上城建部门、园林部门。

3）森林覆盖率

指标解释：指乡镇辖区内森林面积占土地面积的百分比。森林，包括郁闭度0.2以上的乔木林地、经济林地和竹林地。同时，依据国家特别规定的灌木林地、农田林网以及村旁、路旁、水旁、山旁、宅旁林木面积折算为森林面积的标准计算。高寒区或草原区考核林草覆盖率，具体指标值参照山区森林覆盖率标准执行。

数据来源：县级以上统计、林业部门。

《国家级生态乡镇申报及管理规定（试行）》绿地相关指标　表6-14

<table>
<tr><th>类别</th><th>序号</th><th colspan="2">指标名称</th><th>指标要求</th></tr>
<tr><td rowspan="6">生态保护与建设</td><td>12</td><td colspan="2">人均公共绿地面积（m^2/人）</td><td>≥12</td></tr>
<tr><td>13</td><td colspan="2">主要道路绿化普及率（%）</td><td>≥95</td></tr>
<tr><td rowspan="3">14</td><td rowspan="3">森林覆盖率（%，高寒区或草原区考核林草覆盖率）*</td><td>山区、高寒区或草原区</td><td>≥75</td></tr>
<tr><td>丘陵区</td><td>≥45</td></tr>
<tr><td>平原区</td><td>≥18</td></tr>
<tr><td>15</td><td colspan="2">主要农产品中有机、绿色及无公害产品种植（养殖）面积的比重（%）</td><td>≥60</td></tr>
</table>

资料来源：《国家级生态乡镇申报及管理规定（试行）》。

注：标“*”指标仅考核乡镇、农场。

4）主要农产品中有机、绿色及无公害产品种植（养殖）面积的比重

指标解释：指乡镇辖区内，主要农（林）产品、水（海）产品中，认证为有机、绿色及无公害农产品的种植（养殖）面积占总种植（养殖）面积的比例。其中，有机农、水产品种植（养殖）面积按实际面积两倍统计，总种植（养殖）面积不变。有机、绿色和无公害农、水产品种植（养殖）面积不能重复统计。

数据来源：县级以上农业、林业、环保、质检、统计部门。

（3）《绿色低碳重点小城镇建设评价指标（试行）》相关指标要求

2011年，根据《财政部 住房和城乡建设部关于绿色重点小城镇试点示范的实施意见》（财建〔2011〕341号），按集约节约、功能完善、宜居宜业、特色鲜明的总体要求，组织编制《绿色低碳重点小城镇建设评价指标（试行）》。

《绿色低碳重点小城镇建设评价指标（试行）》分为社会经济发展水平、规划建设管理水平、建设用地集约性、资源环境保护与节能减排、基础设施与园林绿化、公共服务水平、历史文化保护与特色建设7个类型，分解为35个项目、62项指标。其中，在基础设施与园林绿化类型中，对绿色低碳重点小城镇绿地建设制定了相应的指标评价标准（表6-15）。

2．现阶段我国村镇绿地系统指标评价的局限性分析

从上述所列举的现有评价途径可以看到，目前我国村镇绿地系统指标评价还是跳不出现行的城市绿地系统指标体系的圈子。我国城市绿地系统规划仍以绿地率、绿化覆盖率、人均公共绿地面积三大指标为主要评价标准，方法过于陈旧，已经不能完全反映城市绿

《绿色低碳重点小城镇建设评价指标（试行）》绿地相关指标　表6-15

类型	项目	指标	总分	评分方法		
五、基础设施与园林绿化	27. 园林绿化	（48）建成区绿化覆盖率（%）	1	≥35%，1分	—	否，0分
		（49）建成区街头绿地占公共绿地比例（%）	2	≥50%，2分	25%～50%，1分	＜25%，0分
		（50）建成区人均公共绿地面积（m^2/人）	2	≥12，2分	8～12，1分	＜8，0分

资料来源：《绿色低碳重点小城镇建设评价指标（试行）》。

化建设要求；其对城市绿地系统规划的不利影响在这里不做深入讨论，本研究更着重分析基于我国村镇绿地系统规划建设现实情况及发展需要下的现阶段指标评价的局限性。

（1）重视结构控制型指标，轻视过程分析型指标

现阶段村镇绿地系统评价指标如绿地面积、人均绿地面积、绿地所占建设用地比率等都是对村镇绿地规划建设成果的一种控制。确立控制目标后，便于规划确定后村镇绿地具体建设有方向性地推进，这给村镇绿地系统规划的实施和操作都带来一定的促进作用。但是，村镇绿地系统规划是一个复杂的研究体系，其评价指标应该准确地体现这个复杂体系研究的来龙去脉，应该与系统的发展形成严密的逻辑关系。而基于绿色基础设施理论的村镇绿地系统规划更是综合了村镇所在区域各种自然资源生态过程、土地利用过程等一系列理性分析过程。如果仅仅是单一地通过控制性指标进行绿地系统规划评价，就严重脱离了村镇绿地系统规划的构建村镇生态系统与村镇人类社会发展共轭关系的本质定位。完善的评价指标体系应该实现结构控制型指标和过程分析型指标之间的合理搭配，如村镇绿地系统的生物多样性指数、绿地可达性指数、景观破碎度指数等都应该成为重要的分析指标。

（2）重视数量型指标，轻视质量型指标

单单追求绿地的数量对于村镇绿地系统规划来说将失去对村镇绿地系统规划成果衡量与评价的意义。因为村镇所在的环境与城市不一样，从基本的村镇体系空间来看，村镇除了居民点建设用地内少许绿地以外，在整个体系空间下存在着大面积的绿地，绿量对于村镇绿地系统规划评价指标来说，不是核心问题。而相比之下，面对我国村镇各居民点空间分散、建设规模不相一致、绿地资源类型复杂多变等诸多现实情况，追求村镇绿地的“质量”才是重点。在保证绿地数量的同时，更应该把关注点放在村镇绿地建设对人类、自然、村镇发展等所产生影响的评价上，走出“重数量、轻质量”的误区。

（3）重视固定型指标，轻视发展型指标

绿地率、绿化覆盖率这些评价指标是用来估算绿地在一个时期的固定的区域范围下所占的空间比例。目前来说，不管是城市还是村镇，这个指标计算时所确定的区域范围仅为建成区或建设用地。然而对于村镇来说，村镇体系下各居民点的建成区和建设用地毕竟只是很小的一部分，其建成区或建设用地内部的绿地所起的作用相对有限，一旦外围生态环境恶化，必然会影响其内部环境。简单地

追求建成区或建设用地的绿地率等一些固定型绿地指标就显得相对落后和不合理。另外，现阶段的评价指标缺乏可持续性发展眼光。因为随着城乡一体化建设进程的加快，村镇人口和村镇规模必定会发生变化，村镇居民赖以生存的土地在逐步减少。如果一味地追求高绿地率，必然会降低村镇土地的利用率。所以绿色基础设施理论下的村镇绿地评价指标更应该重视绿地对村镇可持续发展的引导和协调。

（4）重视单一目的型指标，轻视多重效益型指标

现阶段村镇绿地系统评价指标就是用来衡量绿地建设是否达标，其目的性非常明确。但这种单一地满足绿地规划建设目标的评价指标往往忽视了村镇绿地的功能效益。由于村镇绿地的功能涉及生态、社会、经济、景观功能等多方面，采用单一目的型评价指标往往难以客观评价村镇绿地系统规划的成果，无法合理地表达村镇绿地对于村镇综合发展的影响。所以，应当关注村镇绿地的综合效益，从不同侧面、不同层次对村镇绿地进行考察和评价，建立一个衡量评价村镇绿地多重效益的指标体系。这样才能够全面而系统地评估村镇绿地生态功能、社会服务功能、村镇形象等多功能融合下的综合效益，有利于对村镇绿地系统规划建设中的制约条件、发展优势等进行明确把握，以便采取恰当的发展策略和规划手段，为村镇绿地系统规划建设提供科学而合理的依据。

6.3.2 建立基于“绿色基础设施网络连接度”的村镇绿地系统指标评价的意义

从前述讨论中，我们可以看到，单一的、追求一个固定区域内一定数量控制目标的绿地指标并不足以检验和评价我国村镇绿地系统规划。我国村镇绿地的特殊性，要求村镇绿地系统应该紧靠我国村镇各项实际，进一步建立硬性目标控制标准与弹性过程发展引导标准相结合的指标评价体系，使村镇绿地系统规划具有可操作性。这样，既可有效地保障村镇绿地的面积和数量规模，同时也能充分反映村镇绿地建设管理水平的高低和衡量绿地所带来的各种效益。由此能够判断村镇绿地规划的合理性和有效性，准确及时地调整规划方案。

本研究以绿色基础设施作为村镇绿地系统规划的理论基础，通过构建绿色基础设施网络体系下的村镇绿地系统实现村镇生态系统的价值和功能，也为人类提供多样的社会和经济利益。对于这样一个以追求村镇绿地功能最大化、效益综合化为目的的规划过程，衡

量其效能和质量的指标评价将更关注绿地系统规划过程的合理性和对村镇综合发展的引导性。除了村镇绿地数量的刚性控制指标外，基于绿色基础设施网络结构的绿地布局合理性、村镇生态功能完整性、土地利用适宜性等对村镇绿地规划和土地利用具有引导作用的分析评价指标都应该通过定性或定量的方法进行表达，全面地衡量基于绿色基础设施理论的村镇绿地系统的合理性，指导控制我国村镇绿地系统规划过程，使规划能够优化完善。

为此，本研究以村镇绿地布局合理性为切入点，分析村镇绿地系统规划所构建的绿色基础设施网络结构的空间布局合理性，尝试提出基于绿地网络布局的村镇绿地系统规划指标评价途径，为村镇绿地系统布局方案的选择与优化提供科学依据。

进一步讲，基于绿色基础设施理论的村镇绿地系统规划提出了构建自然系统与村镇发展的共轭关系的绿地网络结构。村镇绿地的网络体系化构建成为绿色基础设施理论指导我国村镇绿地系统规划建设的核心内容之一，通过绿地网络搭建的既符合村镇生态环境发展又能满足村镇可持续建设的战略平台，是运用新理论解决我国村镇绿地实际问题的关键所在。村镇绿地网络的构建包括保护和完善已经在村镇体系下存在的村镇绿地，建设空间内新的绿地节点，以及建立连接各个节点之间的绿色廊道。在对绿色网络连接进行评价时，除了对现有连接进行定量的分析之外，更为重要的是需要为规划创造应该连接但尚未连接的廊道，即评估空间中潜在性较大的网络廊道，从而对这些网络廊道加以建设与重点保护。而绿地网络连接度是全面引导与合理控制绿地网络结构发展的重要指标和衡量绿地网络复合功能的基本评价因素。

因此，建立一系列能够评估绿色网络连接度的指标是非常有必要的。本研究以村镇绿地的网络连接度为评价目标，对绿色基础设施网络构建下的村镇绿地布局进行指标评价，形成基于“绿色基础设施网络连接度”的村镇绿地系统规划评价途径。

从客观事实上来分析，若要对村镇绿地系统的布局进行评价，仅依据绿地网络连接度这一单方面内容是远远不够的。鉴于村镇绿地所处的多尺度空间和多重功能，需要多方位、多角度、多层次地进行全面的评估，如对村镇自然资源保护、村镇生物多样性保护、游憩行为、村镇景观建设、村镇农林产业保护、村镇历史文化遗址保护、村镇防灾避险等等进行评估。当然，由于绿地系统规划的关注点不同，其评价方法和评价的内容也会不同，而这些层面上的问题的解决则有待于今后更加深入的研究。

6.3.3 基于“绿色基础设施网络连接度”的村镇绿地系统指标评价途径

1. 本研究对“绿色基础设施网络连接度”的解析

广义上的连接度是指在所有网络体系中用来描述空间延续性和物体间相互联系、相互作用的程度。

对于绿色基础设施来说，构建不同中心控制区之间的网络连接是保证其功能运行的关键。很多学者都把连接度作为衡量绿色基础设施网络结构连接性和连续性的指标。而本研究所谈论的“绿色基础设施网络连接度”并非单指两个中心控制区之间依靠连接通道而相互联系，而更着重考虑连接的科学基础和生态学原理。在这样的研究需求下，笔者将景观生态学作为研究绿色基础设施网络连接度的理论基础。作为研究景观单元的类型组成、空间配置及其与生态过程相互作用的综合性学科，景观生态学强调了一定区域内研究对象空间格局及生态过程之间的相互作用与紧密联系。

在景观生态学的发展过程中，“连接度”的概念是在1984年由梅里亚母（Merriam）首次提出的，他认为连接度是测定景观生态过程的一种指标，通过这种生态过程，景观中一些生物亚群体之间相互影响作用，形成一个有机整体。在而后的发展中，景观生态学家们不断地丰富“连接度”的内涵。比如费曼（Forman）和戈登（Gordron）给出的景观连接度的定义为：景观连接度是描述景观中廊道或基质在空间上如何连接和延续的一种测定指标。泰勒（Taylor）进一步认为连接度是景观促进（或者阻碍）资源斑块之间运动的程度，他综合考虑整体景观对更广泛生态过程（流）的影响作用，扩展了连接度的应用范围。总体上来讲，以景观生态学视角理解的连接度包含两方面内容：一、空间结构层面的内容，即结构连接度；二、生态功能层面的内容，即功能连接度。除了保证结构体系下的连接之外，连接度的概念还应该进一步表述其和景观自然形态特征相联系的生态过程和生态功能。

绿色基础设施所构建的网络结构提供了土地的生态、社会、经济多重功能运作过程的协调配合的基础平台，积极支持土地的最优化利用，不管是结构还是功能都成为一个统一的整体。所以研究其连接度也应该以结构和功能为出发点，两者互为配合，缺一不可。但是需要说明的是，受到我国村镇规划条件和资料的限制，很难在短时间内对村镇空间各种生态过程进行翔实的分析。面对村镇复杂的生态环境，生态功能连接更需要对内部所有的生态物种进行系统分析，才能突出其全面性。回归到本次研究，村镇绿地系统规划的研究重点落实于绿色网络，结构下的村镇绿地系统布局，对于深层次下绿地作为生态系统要素，而其内部的具体功能行为过程，本书不作为研究重点。所以，本书讨论的“绿色基础设施网络连接度”是以空间格局为侧重点，以绿地合理布局的角度来对村镇绿地网络结构连接度进行研究。

2．连接度与村镇绿地网络布局的关系

基于绿色基础设施理论的村镇绿地系统规划布局结构是由作为中心控制区（hubs）的绿地节点和作为连接通道（links）的绿地廊道组成的村镇绿地网络结构。连接度作为衡量网络结构的一种评价指数，两者之间有着重要的相关性。

（1）连接度与绿地节点

在绿色基础设施网络构建中，如何优化系统连通成为当前的研究重点。在村镇绿地系统规划研究领域，相邻的村镇绿地节点（特别是大型的核心绿地）之间的联系对于整体区域的生态系统有着重要的意义，同时对于人类的游憩活动空间构建、历史文化遗址保护等都有积极的作用。因此，连接度可以用来体现同一类或不同类型村镇绿地节点间的空间连接程度。

（2）连接度与绿地廊道

绿地廊道本身就是连接的一种方式，它让孤立的绿地节点串联起来，保持生物生存环境的延续性，它的存在维持了自然系统的基本价值和服务功能。用来表达绿地廊道连接质量的因素有很多，重要的因素包括单位长度上廊道间断点数量、廊道数量以及廊道密度等。

（3）连接度与村镇绿地网络结构

村镇体系下连接绿地节点的绿地廊道相互交叉或相连形成了村镇整体的绿地网络结构。可以看出，村镇绿地网络结构是由“点—线—网”构成的空间格局。村镇绿地网络结构连接度的表达，除了上面已讨论过的“点”与“线”的连接程度以外，还包括整个网络结构的密集程度或网络交错程度等。所以衡量网络结构复杂或简单程度的度量指标也属于连接度的评价内容。

3．村镇绿地网络连接度指标评价途径的建立

基于连接度与村镇绿地网络布局的关系，本书将村镇绿地网络连接度定量分析指标评价划分为以下三类（表6-16）——村镇绿地节点连接度指标、村镇绿地廊道连接度指标和村镇绿地网络连接度指标，分别对应为村镇绿地网络中中心控制区、连接通道和整体布局的评价指标。

村镇绿地网络连接度指标 表 6-16

连接度评价指标名称	连接度类型	研究对象	理论基础
村镇绿地节点连接度	结构连接度	绿地节点	景观生态学
村镇绿地廊道连接度	结构连接度	绿地廊道	景观生态学
村镇绿地网络连接度	结构连接度 功能连接度	村镇绿地网络	景观生态学 地理学

本章借鉴景观生态学和地理学上的相关距离指数，如斑块破碎化、分离度、连接指数等，结合村镇绿地系统规划的实际情况和绿色基础设施网络构建的技术要点，将这类专业指数作为评价村镇绿地网络连接度的指标。希望能够改变以往单一的、目的性数量控制指标评价模式，为村镇绿地系统规划的指标评价体系加入更加理性而科学的过程分析环节。

需要说明的是，这类用于表征某一特定绿地节点与其相邻绿地节点间关系或网络密集度的指标有很多，本章只选用了一些具有代表性的指标。同时，这仅仅是对村镇绿地“空间布局”层面的探究，如果要深入研究村镇绿地的“功能联系”，还需要深入研究绿地之间的生态流动过程，提取相应的指数参量。

（1）村镇绿地节点连接度指标

村镇绿地节点连接度，是描述绿地节点的联系程度的指标。本章选用景观生态学的景观破碎化指数和分离度指数作为衡量村镇绿地节点的连接度的指标。

1）景观破碎化指数

景观破碎化是指由于自然和人文因素的干扰所导致的景观斑块类型由简单到复杂的过程，即景观由单一均质向复杂异质的转变过程，也就是说，某种斑块类型由大到小的过程是现存景观的一个重要特征，反映了景观被割裂的破碎程度。它在一定范围内反映了人为活动对景观的干扰程度，也是景观异质性的一个重要组成。景观破碎化的主要表现为：斑块数量增加而面积减少，形状趋于不规则，内部生境面积缩小；作为物质、能量和物种交流的廊道被切断，斑块彼此被隔离。景观破碎化指数的取值从0～1，0代表景观无破碎化存在，1代表景观已经完全破碎化，其计算式如式（6-1）所示。

$$C=\sum N_i/A \qquad (6\text{-}1)$$

式中，C为景观破碎度；A为研究总面积；$\sum N_i$为所有绿地节点斑块的总个数。

2）分离度指数

分离度是指某一区域中不同绿地斑块个体空间分布的离散（或聚集）程度。其计算式如式（6-2）所示。

$$N_i=D_i/S_i \tag{6-2}$$

式中，N_i为绿地类型i的分离度指数；D_i是绿地类型i的距离指数，D_i=0.5×（n/A）×0.5，其中n为绿地节点斑块数，A为研究区总面积；S_i为绿地类型i的面积指数，$S_i=A_i/A$，A_i为绿地类型i的面积。分离度用来分析景观要素的空间分布特征。如果计算得出的分离度指标越大，就说明各绿地节点斑块之间的联系越离散，绿地节点斑块之间的距离越大。

（2）村镇绿地廊道连接度指标

为了衡量绿地廊道的连接度，本章选用廊道间断点分析指标和廊道密度指数作为评价指标的代表。

1）廊道间断点分析指标

廊道间断点分析指标是衡量和评估绿色廊道空间上连接的延续性的指标。单位长度上断点的数量测算是该指标最简单的计算方式。廊道间断点数量分析包括：单位长度下廊道被中断的次数、廊道穿越道路的次数、廊道片段中缺口面积的比例等。

2）廊道密度指数

廊道密度指数也是评价绿色廊道连接度的重要指标。廊道的疏密程度可以用单位面积内廊道的长度来指示。用公式表示为：

$$D_i=L_i/S_i \tag{6-3}$$

式中，L_i为某一类型景观的总廊道长度；S_i为景观的总面积。

（3）村镇绿地网络连接度指标

1）γ指数

γ是网络中连线的数目与该网络最大可能的连线数之比。从理论上来说，当节点数是3个时，则存在3条连接线；当节点数是4个时，则节点之间的连接数最多可增加3条，即共有6条。按照这样的规律，如果不形成新的交叉点，那么每增加一个节点，最大可能连接线数就会增加3条。γ指数的公式表示为：

$$\gamma=L/L_{max}=L/3(V-2) \tag{6-4}$$

式中，L表示网络中实际存在的连线数；V表示网络中实际的节点数；L_{max}为最大可能的连线数，它由V来确定；γ的值在0～1之间，0表示节点间没有连线，1表示每个节点间都连通。对于绿地网络连接来说，$1/3<\gamma<1$。当γ接近1/3时，网络呈树状；当γ接近1

时，网络近似于最大平面网络。

2）α指数

α指数为环通度的量度指标。最小的连接线数比节点数少1，即$L=V-1$，若增加1条连接线，则将有1条环路形成。因此，若有环路，则$L>V-1$。而$L-V+1$表示网络出现的独立环路数，即用现有环路数减去无环路网络的连接数。α指数的公式表达为：

$$\alpha=\text{实际环线数}/\text{最大可能环线数}=(L-V+1)/(2V-5) \tag{6-5}$$

式中，L表示网络中实际存在的连线数；V表示网络中实际的节点数。α指标为环通度的量度，代表连接点间的巡回路线存在的程度，而巡回路线是提供的可选择的环线。网络连接度的α指数又称环度，是环通度的量度，也就是连接网络中现有节点的环路存在的程度。该指数的变化范围为0～1，0代表网络无环路，1代表网络具有最大环路。

3）β指数

β指数也称为线点率，是指网络中每个节点的平均连线数。

$$\beta=L/V \tag{6-6}$$

式中，L表示网络中实际存在的连线数，可以直接数出；V表示网中实际的节点数；β指数是度量一个节点与其他节点联系难易程度的指标。

从以上三种村镇绿地网络连接度指数的分析中我们可以看出，在村镇绿地网络连接度指标评价中，由于α环通度本身就是一种连接方式，所以α指数在一定程度上可视为计算网络连接度的另一种方法。β指数可以用来度量一个绿地节点与其他绿地节点之间联系的难易程度，得出相应指标。若同时使用γ指数和α指数，就能更全面地评估绿地网络的复杂程度。综上所述，对上述指数的评价是以图论为基础，重点研究绿地生态网络的节点和连接线的评估途径。此类研究方法相比传统数据控制型评价方法，具有效用的抽象性。

6.4　基于绿色基础设施理论的我国村镇绿地系统规划程序

“程序”的基本含义是为进行某一活动或过程所规定的途径。作为现代人居环境营造建设的重要环节，绿地系统规划是对人类居住空间中的绿地作理性规划，提出合理解决思路，并指导实施的一项系统性工作。从绿地系统规划的性质可以看出其工作过程可以分为“现状—分析—规划—实施”四大板块，其实就是一个“发现问题—提出办法—制定措施—解决问题”的逻辑过程。

目前，由于我国村镇绿地系统规划的各项研究尚不成熟。在已开展的村镇绿地系统规划实践中，大多依照我国现今较为传统的城市绿地系统规划进行操作，其规划程序也基本遵循城市绿地系统规划的程序组织框架，即“前期研究—现状调研—分析评价—问题诊断—目标确定—策略制定—规划编制—规划实施”八个步骤。这八个步骤相互关联、互为依存，成为一个完整的逻辑体系。但在实践过程中，由于绿地系统规划是一个动态的过程，很多情况下，几个步骤可以结合并行，相互穿插。

笔者尝试构建基于绿色基础设施理论的村镇绿地系统规划的编制程序（图6-41），对目前城市绿地系统规划程序中的部分内容进行调整和完善，以加强新理念下我国村镇绿地系统规划编制程序的合理性和实用性，从而为我国村镇绿地系统规划的实际操作提供一套依据性强的引导性程序。主要调整和完善的内容可归纳为以下几个方面。

1. 规划前期调研的深入——寻找与绿地系统规划项目的利益相关者

基于绿色基础设施理论的村镇绿地系统规划的研究平台不仅仅是绿地本身，因为绿色基础设施理论更加关注整体效益，强调各方利益的叠合。在前期准备和现状调研过程中，除了对村镇绿地相关的自然资源、经济社会发展状况、绿化现状等信息进行调查收集外，村镇绿地系统规划团队还应深入仔细地寻找该村镇绿地系统规划项目可能涉及的利益相关者。通常，项目会涉及村镇居民、农林业实体、旅游开发商和绿地规划相关专业团队等。尽管我国的绿地系统规划项目往往由政府（城建或园林部门）牵头，但是大量的利益相关者是整个项目成功的保障，规划的前期调研应该寻求与其项目利益相关者的沟通，获取信息和建议，同时查寻各领域的专家，如风景园林师、城市规划师、生物学家、地理信息系统（GIS）专家等，并邀请他们参与规划，这都是规划前期需要做的工作。这样一来，前期工作会占用很多时间，但是笔者认为是非常有必要的。

利益相关者的寻找能够帮助规划团队找到不同的利益需求，这使村镇绿地系统规划更能够贴近村镇实际，规划在结合了大量的、细致的前期资料普查工作和研究工作后，最终以村镇土地利用最优化的方式制订各项工作计划。

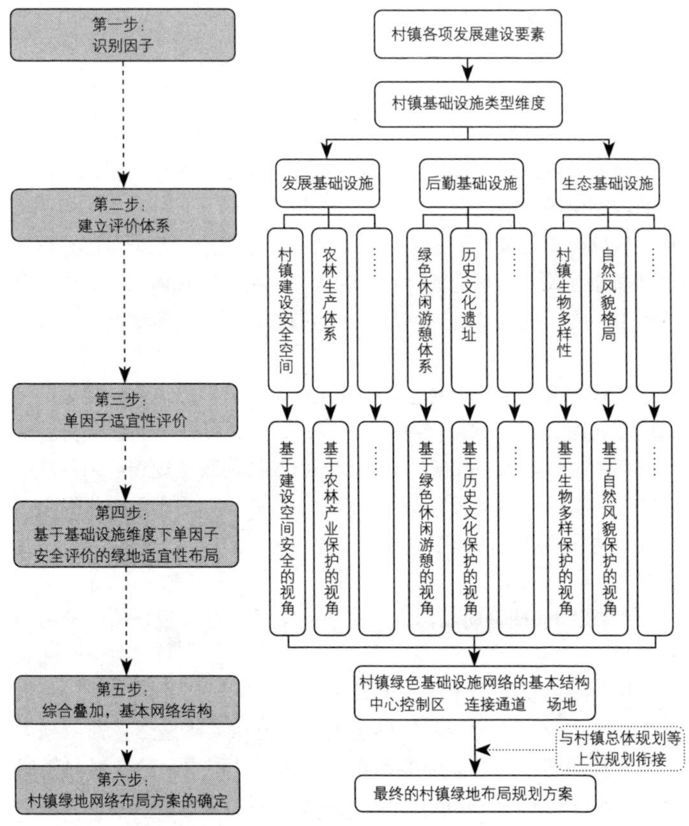

图6-41 基于绿色基础设施理论的我国村镇绿地系统规划程序

2. 规划新方法的运用——绿色基础设施理论与村镇绿地系统规划程序的融合

任何新的规划方法都会带来规划程序的更新。绿色基础设施理论指导下的村镇绿地系统规划确立了“重建自然系统与村镇发展共轭关系”规划理念，以及“绿地适宜性评价”的布局方法。因此，在村镇绿地系统规划程序中，新的规划方法也影响到了分析评价、目标确定、策略制定和规划编制等程序的更新。虽然规划过程变得更加复杂化，但其真正的意义在于能够充分落实村镇绿地系统规划的目标和任务，让绿地系统规划方案的实际操作更趋于科学和合理。

3. 规划后期成果收集——提供分析条件和实施保障

绿色基础设施理论倡导依据土地利用战略，设计不同的发展目标，提出相应的成果方案。除了如同一般规划展示图纸文件以外，绿色基础设施理论指导下的村镇绿地系统规划还需要在一些技术（比如GIS）的配合下，收集规划的有关结果并得出一定结论，以严谨而客观的后期成果，为下一步开展深入的定量化分析提供数据，更是为规划实施提供坚实的保障和依据。其中，针对村镇绿地网络结构信息的部分数据收集内容如下。

（1）规划村镇绿地网络中心控制区：具体空间位置、形状、面积和数量，并进行编码。

（2）规划村镇绿地网络连接通道：空间位置、形状结构、长度、宽度和数量等基本信息，并进行编码。

（3）规划村镇绿地网络重要节点场地：具体空间位置、形状和结构、面积和数量等，并进行编码。

4. 村镇绿地系统规划评价机制的完善与丰富——规划各个阶段的评估修正

作为一个理性的规划过程，肯定少不了有逻辑的推导过程，这使规划的每一步都前后关联，以成为完整的体系。作为规划逻辑推导的重要媒介，规划评价是规划程序中不可缺少的必要步骤，它既是村镇绿地系统规划的基础和依据，也是检验村镇绿地系统规划成功与否的重要标准。在现行的绿地系统规划程序中，仅仅在前期研究中存在绿地现状评价这一过程，主要是对现状的绿地进行评价，客观地揭示其优劣程度和存在的问题，为下一步提出目标和解决策略、指导具体规划操作提供参考的依据。但是面对我国村镇复杂的外部环境和多样的绿地资源条件，单单通过前期的现状分析是绝对不够的。为了让村镇绿地系统规划更加完善和合理，笔者认为应该在规划前、中、后不同阶段进行定期或不定期的评估，随时检验规划是否达到预期目标，并有针对性地提出修正。基于绿色基础设施理论的村镇绿地系统规划的评价方式方法有很多，一般采用指标评价、效益评价、过程评价等。

5. 村镇公众参与模式的确立——构建绿色基础设施的支持系统

绿色基础设施理论勾勒了人类发展与自然资源保护之间良好互动的愿景。如何才能保障愿景的实现？让普通民众参与到绿地系统规划中就是一种行之有效的方式。这一程序过程可能会直接关系到规划的最终成果是否能够解决实际问题。

在我国，村镇的自然环境条件虽比城市要好，但是村镇居民的文化水平、受教育程度、环境保护意识等却远远落后于城市居民，这使村镇绿地系统规划的完成、实施和推进会遇到不少的阻力。因此在整个村镇绿地系统规划的各个阶段，让村镇居民充分了解规划及其进展，甚至参与规划就显得非常重要。在规划过程中村镇公众的角色越重要，他们给予项目的支持也就越大。另外从唤醒村镇公众的环境资源保护意识和道义方面来看，公众参与也是相当有必要的。

一方面，村镇公众的参与能够帮助村镇绿地系统规划确立准确的规划目标，让规划行为更加具有针对性和实际性；另一方面，公众的参与会不断地为村镇绿地系统规划提供更多的反馈信息，帮助规划团队不断完善村镇绿地系统规划方案，让绿色基础设施理论的共享性、公平性理念能够在村镇人居环境规划建设中完整地体现出来。

村镇公众参与在理论上是简单的，但是在实际操作中却往往困难重重。首先，由于我国政府管理体制的客观限制，绿地系统规划更多还是以完成领导决策为目的；其次，随着城镇化发展的加快，村镇人口流动性不断增加，居民之间开始关系疏远，甚至隔绝，许多村镇居民的群体感逐渐丧失，村镇昔日良好的人际环境已不再有；另外，公众思想观念落后，始终把经济发展凌驾于绿色环境建设之上，这也无疑给村镇居民的共同参与带来了障碍。但是面对不断恶化的村镇环境，我们还是应该积极鼓励村镇公众参与机制的推进，从村镇和谐发展的大局出发，逐步培养公众参与村镇绿地系统规划建设的意识。

第 7 章

结语

村与镇是我国经济发展和全面建成小康社会的重要环节。但在工业化、城镇化和全球化共同冲击之下，村镇发展正经历着全面而深刻的变革，呈现出村镇经济模式调整、社会结构转型、城乡发展融合、人居环境改变、地域文化变迁等多种态势。现阶段，我国村镇绿地系统规划与城市绿地系统规划还是彼此独立的命题。但村镇城镇化、现代化、信息化是我国村镇发展的必由之路，在努力推进城乡一体化建设的当下，应把创建良好村镇绿地环境作为城乡统筹的阶段性目标，进一步促进城市绿地建设与村镇自然环境、农林产业相融合，构筑城市园林与村镇绿色资源、农林资源相融合的大绿地系统。将村镇绿地视为改善生态和城乡景观的重要组成部分加以合理利用，使城市与村镇之间具有良好的绿色联系，进行频繁的物质、能量与信息的交换，疏导并承载城市扩张和村镇城市化发展中产生的各种生态压力，从而创造优美舒适、健康安全的人居环境。所以，随着我国全面推进城乡统筹建设，对村镇人居环境的关注和建设必成为我国社会发展和经济建设的一大基本保障。

村镇是我国重要的居民点类型之一，具有完整的功能结构、经济活动和社会组成。从村镇绿地所承担的复合功能和我国村镇发展的趋势来看，村镇绿地系统建设已不是“植树造林”低级层面的问题，而是作为村镇人居环境建设的基本保障，协调着村镇和自然间的关系，并服务于人类社会，其科学性和合理性将直接影响我国村镇建设发展的质量。显然，如果继续沿用传统城市绿地系统规划的理论和方法来进行我国村镇绿地系统规划建设，不仅无助于村镇绿地问题和矛盾的解决，更不利于我国村镇的长远发展。因此，必须调整思路，重新梳理我国村镇绿地系统规划的种种问题，从我国村镇现实条件出发，全面分析村镇各个方面、各个层面上村镇绿地的需求和面临的挑战，根据村镇的整体发展要求，寻求新环境下适用于我国村镇绿地系统规划的理论，并以此进行规划方法的更新。

此外，村镇较城市而言，有更为灵活的机制和经济社会活动方式。参与、配合村镇绿地系统规划建设是使公众参与到村镇建设管理中来的一项有意义而行之有效的方式。村镇绿地系统规划建设的方案应该公开、公平和透明，并获得广大村镇居民的支持。在整个规划过程中居民应该有机会参与其中，这样才能保证村镇绿地功能的综合化和利益的最大化。所以，公众在未来的村镇绿地系统规划建设中将扮演关键的角色，这不是绿地系统规划的最终目标而是一种达到切实效果的必然途径和必备措施。

本文阐述了村镇的概念、村镇绿地的本质以及村镇绿地系统和规划的相关内容，并对现阶段我国平原村镇绿地系统规划建设中的问题从表面到实质进行了深入分析。经研究得出，在技术层面缺乏与村镇实际条件相适应的村镇绿地系统规划理论和方法是我国平原村镇绿地系统建设问题的主要根源之一。在深入研究绿色基础设施理论的基础上，将之作为指导我国平原村镇绿地系统规划的理论，搭建基于绿色基础设施理论的平原村镇绿地系统规划方法体系框架，进而探讨了村镇绿地分类、绿地系统布局、绿地系统指标评价等具体的操作方法，以及规划程序的建立完善。同时通过对相关规划实践的分析，多角度、多层次、多方位地提出了绿色基础设施理论在平原村镇绿地系统规划中的应用对策。

本文站在我国平原村镇实际情况和村镇绿地现状问题的基础上，构建了一个基于绿色基础设施理论的我国平原村镇绿地系统规划体系，使国外的规划理论能够充分结合我国国情而进行“中国村镇化”的转型并得以实际运用，指导我国村镇绿地系统规划建设的各项工作，完成了该理论由“通用”向“特殊”的升华。但是，我国虽幅员辽阔、地大物博，但各地区发展并不平衡，甚至在同一地区的不同村镇也在诸多方面存在着较大的差异。由于时间和精力有限，笔者所开展的基于绿色基础设施理论的村镇绿地系统研究在核心的规划体系建立上仅以我国平原村镇为研究范围，未能斟酌我国其他类型村镇的实际情况，导致本文未能形成一个可在我国推广运用的村镇绿地系统规划基本导则。

在村镇绿地分类层面上，本研究遵循“绿色基础设施网络要素与村镇绿地功能纵横联合”的分类思路，提出了基于绿色基础设施理论的村镇绿地的三级分类体系。既融合了绿色基础设施理论连接性、尺度协调性和功能复合性等先进理念，又能与我国村镇实际有较为紧密的结合，为新理论下的村镇绿地系统规划研究奠定了基础。在村镇绿地系统布局层面上，明确了以村镇基础设施为导向的村镇绿地布局思路，提出基于“村镇绿地适宜性评价”的绿地布局方法，并积极与村镇其他规划相协调和衔接，最终构建一个以展现村镇绿地功能的多样化和土地利用的最优化为目的的绿色网络结构。借鉴“适应性分析”的思想和技术，突破过去绿地规划中的“填空”手法，形成适合平原村镇实际条件的“绿地适宜性评价”方法，为提高规划的科学性和合理性提供技术支撑，并与我国实际条件和发展要求相协调。但由于我国现阶段村镇资料的不翔实和规划要求的限制，在本次研究的实际案例中，并没有完整地将该方法进行实践。在村镇绿地系统指标评价层面上，提出了基于“绿色基础设施网络连接度”的村镇绿地系统规划指标评价途径，科学地丰富了我国村镇绿地系统规划的评估体系，但仅仅提出了评价的方法和路径，未能继续往下深入探讨该指标评价标准的建立。在村镇绿地系统规划程序层面上，进一步完善我国村镇绿地系统规划的程序：在整体程序上融入“评价机制”和“公众参与机制”，并有针对性地对规划前期调研、后期规划成果收集进行补充完善；而在规划编制程序上则加入绿色基础设施理论下新的绿地系统规划方法和内容。

在我国快速城镇化的当下，我国村镇从幕后走到台前，正在经历着前所未有的变革。作为村镇建设发展的一项基本保障，村镇绿地系统规划不可能仍然沿用传统的绿地系统规划方法，仅仅作为一种被动性服从和落实上位规划的基础工作，回避村镇的时代特征和现实需求。寻求与村镇发展的耦合和与时代的对接，找到适合我国村镇发展的绿地系统规划已成为今后的新课题。本研究正是基于这样的目的，通过引入绿色基础设施理论并结合我国平原村镇的实际，在相关规划内容及规划方法体系上做了一定的探索工作。由于笔者知识有限、经验不足，加上我国村镇绿地相关资料和数据欠缺等客观条件，本研究还有很多问题未能得到解决。

村镇尺度绿地系统建设道阻且长，笔者希望能够为拓展我国在村镇尺度和该层级下的人居环境建设和绿地系统规划等相关研究工作贡献一点绵薄之力，不负一位风景园林人的使命，为我国最基层的村镇人居环境建设贡献力量！

参考文献

[1] 汤铭潭，谢映霞，蔡运龙，等. 小城镇生态环境规划 [M]. 北京：中国建筑工业出版社，2007.

[2] 张云路，李雄，章俊华. 风景园林社会责任LSR的实现 [J]. 中国园林，2012，28（1）：5-9.

[3] 汝信. 社会蓝皮书：2012年中国社会形势分析与预测态 [M]. 北京：社会科学文献出版社，2011.

[4] 韩伟强. 村镇环境规划设计 [M]. 南京：东南大学出版社，2006.

[5] 金兆森. 村镇规划 [M]. 第3版. 南京：东南大学出版社，2010.

[6] 王进，陈爽，姚士谋. 城市规划建设的绿地功能应用研究新思路[J]. 地理与地理信息科学，2004（6）：99-103.

[7] 国务院新闻办. 中国的环境保护（1996—2005）白皮书 [Z]. 北京：国务院新闻办，2006.

[8] 步雪琳. 环境污染造成年经济损失逾五千亿元 [N]. 中国环境报，2006-09-08 [2024-03-01].

[9] 张杰. 村镇社区规划与设计 [M]. 北京：中国农业科学技术出版社，2007.

[10] 进士五十八，等. 乡土景观设计手法：向乡村学习的城市环境营造 [M]. 李树华，等译. 北京：中国林业出版社，2008：2.

[11] 刘黎明. 乡村景观规划的发展历史及其在我国的发展前景 [J]. 生态与农村环境学报，2011，17（1）：52-55.

[12] 付军，蒋林树. 乡村景观规划设计 [M]. 北京：中国农业出版社，2008.

[13] 王敬华，等. 村镇布局形态与生态建设初探 [J]. 村镇建设，2000（12）：28.

[14] 吴良镛. 基本理论、地域文化、时代模式——对中国建筑发展道路的探索 [J]. 建筑学报，2002（2）：6-8.

[15] 迈克·克朗．文化地理学［M］．杨淑华，宋慧敏，等译．南京：南京大学出版社，2005.

[16] 吴源林，晓文．英国保护乡村运动八十年［J］．世界博览，2007（4）：48-53.

[17] 徐璞英．国外农村建设的有关经验和做法［J］．资料通讯，2006（4）：44-53.

[18] 陈春英．富有特色的日本农村建设［J］．城乡建设，2006（20）：63.

[19] 顾小玲．新农村景观设计艺术［M］．南京：东南大学出版社，2005.

[20] 雷芸．持续发展城市绿地系统规划理法研究［D］．北京：北京林业大学，2009.

[21] 陈俊愉．重提大地园林化和城市园林化——在《城市大园林论文集》出版座谈会上的发言［J］．北京园林，2002，18（3）：3-6.

[22] 方明，董艳芳．社会主义新农村建设丛书（3）·新农村社区规划设计研究［M］．北京：中国建筑工业出版社，2006.

[23] 陈晓华，张小林，马远军．快速城市化背景下我国乡村的空间转型［J］．南京师大学报（自然科学版），2008，31（1）：125-129.

[24] 王铁良，白义奎．乡镇规划［M］．哈尔滨：东北林业大学出版社，2002.

[25] 陈永生，佟永宏，吴志勇．首都园林小城镇和绿色村庄创建纪实［N］．中国绿色时报，2011-06-28（A03）［2024-03-01］.

[26] 许学强，周一星，宁越敏．城市地理学［M］．第2版．北京：高等教育出版社，2009.

[27] 宇振荣，郑渝，张晓彤．乡村生态景观建设理论和方法［M］．北京：中国林业出版社，2011.

[28] 成都市城乡建设委员会．成都市城乡建设委员会关于报送2010年世界现代田园城市示范建设林盘整治目标完成情况的报告［R］．成都：成都市城乡建设委员会，2011.

[29] 俞孔坚，李迪华，刘海龙．“反规划”途径［M］．北京：中国建筑工业出版社，2005.

[30] 张敏．城市规划方法研究［D］．南京：南京大学，2002.

[31] 熊和平，陈新．城市规划区绿地系统规划探讨［J］．中国园林，2011，27（1）：11-16.

[32] 徐波，赵锋，李金路．关于城市绿地及其分类的若干思考［J］．中国

园林，2000（5）：29-32.
[33] 何兴华．中国村镇规划：1979—1998 [J]．城市与区域规划研究，2011，4（2）：44-64.
[34] 赵德义，张侠．村庄景观规划 [M]．北京：中国农业出版社，2009.
[35] 倪琪．村庄绿化 [M]．北京：中国建筑工业出版社，2010.
[36] 刘之浩，金其铭．试论乡村文化景观的类型及其演化 [J]．南京师大学报（自然科学版），1999（4）：120-123.
[37] 俞孔坚，李迪华．城乡与区域规划的景观生态模式 [J]．国外城市规划，1997（3）：27-31.
[38] 陈爽，张皓．国外现代城市规划理论中的绿色思考 [J]．规划师，2003（4）：71-74.
[39] 赵兵．农村美化设计新农村绿化理论与实践 [M]．北京：中国林业出版社，2011.
[40] 中华人民共和国建设部建设司．城市绿化历程——建国以来城市绿化重要文件汇编 [Z]．1992：130.
[41] 吴良镛．人居环境科学导论 [M]．北京：中国建筑工业出版社，2001：170.
[42] 于志熙．城市生态学 [M]．北京：中国林业出版社，1992.
[43] 吴晓敏．国外绿色基础设施理论及其应用案例 [M] //中国风景园林学会．中国风景园林学会2011年会论文集．北京：中国建筑工业出版社，2011：1034.
[44] 沈清基．《加拿大城市绿色基础设施导则》评价及讨论 [J]．城市规划学刊，2005（5）：102-107.
[45] 吴伟，付喜娥．绿色基础设施概念及其研究进展综述 [J]．国际城市规划，2009，24（5）：67.
[46] Benedict M A, McMahon E T. Green Infrastructure: Smart Conservation for the 21st Century[J]. Renewable Resources Journal, 2002(3): 56-61.
[47] 毛华松，张兴国．基于景观生态学的山地小城镇建设规划 [J]．山地学报，2009，27（5）：612-617.
[48] 马克・A・贝内迪克特，等．绿色基础设施理论[M]．黄丽玲，等译．北京：中国建筑工业出版社，2010：24-25.
[49] 张庭伟．构筑21世纪的城市规划法规——介绍当代美国“精明地增长

的城市规划立法指南”[J]. 城市规划，2003，27（3）：21-24.

[50] Timothy C M, Alan T M. Connectivity change in habitat networks [J]. Landscape Ecology, 2009（24）：89-100.

[51] 周艳妮，尹海伟. 国外绿色基础设施规划的理论与实践 [J]. 城市发展研究，2010（8）：88.

[52] 张伟，车伍，王建龙，等. 利用绿色基础设施控制城市雨水径流[J]. 中国给水排水，2011，27（4）：22-27.

[53] Carol K, Stephen O. Renewed prospects for green infrastructure planning in UK[J]. Planning Practice and Research. 2006, 21(4): 483-496.

[54] 都市计画教学研究会. 都市计画教科书 [M]. 第2版. [出版地不详]：彰国社，1995.

[55] 李倞. 现代城市景观基础设施的设计思想和实践研究 [D]. 北京：北京林业大学，2011.

[56] 马强，徐循初. “精明增长”策略与我国的城市空间扩展 [J]. 城市规划汇刊，2004（3）：16-22，95.

[57] Leigh A, Me Donald K, William L, et al. Green Infrastructure plan Evaluation Frameworks[J]. Journal of Conservation Planning, 2005, 4(5): 89-92.

[58] 仇保兴. 仇保兴在国际风景园林师联合会（IFLA）第47届世界大会开幕式上的致辞 [J]. 中国园林，2010（6）：5-8.

[59] 曹志勇. 新农村基础设施 [M]. 北京：中国社会出版社，2009.

[60] Steinitz C. A framework for theory applicable to the education of landscape architects(and other design professionals) [J]. Landscape Journal, 1990, 9(2): 136-143.

[61] 伊恩·麦克哈格. 设计结合自然 [M]. 芮经纬，译. 北京；中国建筑工业出版社，2005：130-132.

[62] 宇振荣，郑渝，张晓彤. 乡村生态景观建设理论和方法 [M]. 北京：中国林业出版社，2011.

[63] 张海金. 防灾绿地的功能建立及规划研究 [D]. 上海：同济大学，2008.

[64] 滕明君，周志翔，王鹏程，等. 基于结构设计与管理的绿色廊道功能类型及其规划设计重点 [J]. 生态学报，2010（6）：1604-1614.

[65] 孟兆祯．师法自然 天人合——论中国特色的城市景观 [J]．建筑学报，2003（5）：68-69.

[66] 富伟，刘世梁，崔保山，等．景观生态学中生态连接度研究进展[J]．生态学报，2009（11）：6174-6182.

[67] Brandt J, Agger P, Merriam H G. Connectivity: a fundamental ecological characteristic of landscape patterns[D]. [S.l.]: Roskilde University, 1984.

[68] Taylor P D, Fahrig L, Henein K, et al. Connectivity is a vital element of landscape structure[J]. Oikos, 1993, 68(3): 571-573.

[69] 陈利顶，傅伯杰．景观连接度的生态学意义及其应用 [J]．生态学杂志，1996（4）：37-42.

[70] Forman R T T. Land Mosaics: The Ecology of Landscape and Regions [M]. [S.l.]: Cambridge University Press, 1995.